U0128543

徽商·徽州·族谱——明清家训研究

明清徽州家训研究

MINGQING HUIZHOU JIAXUN YANJIU

陈孔祥◎著

安徽师范大学出版社
ANHUI NORMAL UNIVERSITY PRESS
·芜湖·

图书在版编目(CIP)数据

明清徽州家训研究 / 陈孔祥著. — 芜湖：安徽师范大学出版社，2021.2
(徽商·徽州·族谱:明清家训研究)
ISBN 978-7-5676-3707-8

Ⅰ.①明… Ⅱ.①陈… Ⅲ.①家庭道德—研究—徽州地区—明清时代
Ⅳ.①B823.1

中国版本图书馆CIP数据核字（2018）第174419号

国家社会科学基金项目(2019)“明清徽州族规家法研究”阶段性成果

徽商·徽州·族谱——明清家训研究
明清徽州家训研究　　陈孔祥◎著

总 策 划:张奇才　执行策划:蒋　璐　汪碧颖　牛　佳
责任编辑:蒋　璐　责任校对:汪碧颖　牛　佳
装帧设计:张　玲　责任印制:桑国磊
出版发行:安徽师范大学出版社
芜湖市北京东路1号安徽师范大学赭山校区
网　　址:http://www.ahnupress.com/
发 行 部:0553-3883578　5910327　5910310(传真)
印　　刷:浙江新华数码印务有限公司
版　　次:2021年2月第1版
印　　次:2021年2月第1次印刷
规　　格:700 mm × 1000 mm　1/16
印　　张:16.75
字　　数:249千字
书　　号:ISBN 978-7-5676-3707-8
定　　价:75.00元

如发现印装质量问题,影响阅读,请与发行部联系调换。

序

家训，从狭义上说，是家庭长辈（先辈）对后辈的训诫、教导和约束，也是家庭所有成员的行为指南。家训如能得到有效的落实，它的作用是相当大的。首先，家训能促进子弟健康成长。家训多为教育子弟如何做人、如何做事。在中国古代社会，士农工商都是正当职业，子弟只要学会做人做事，那么无论从事哪个行业，都会干好的。其次，家训有助于形成良好的家风。家风是家庭成员的行为习惯、风格和一以贯之的传统。良好的家风得益于良好的家训，由于家庭是社会的细胞，良好的家风自然也有利于社会的稳定。正因为如此，我国自古以来就非常重视家训。目前有明确历史记载的最早的家训，恐怕要追溯到上古黄帝时期，《吕氏春秋》记载了黄帝对颛顼的教诲，教他如何行事，方能“为民父母”。这实际上就是家训。其后武王伐纣灭殷，将殷遗民分封康叔，周公为教育康叔，作《康诰》《酒诰》《梓材》，这也是家训。此后的千百年来，家训又有长足的发展，不仅古代帝王、官员重视家训，就是寻常百姓家也视家训为必不可少的了。历代有识之士留下的家训是中华传统文化中的宝贵财富，可谓一座巨大的宝藏，值得我们好好发掘、提炼。中国几千年来，虽然朝代迭更，战乱频仍，中华民族仍能形成优良的传统和正确的价值观，社会风气在大多数时间内还是相对较好的，这固然与儒家思想的影响有关，但绝对与良好的家庭教育分不开，而家训正是家庭教育的重要形式之一。

我国改革开放四十年，可谓“天翻地覆慨而慷”。与此同时，我们的思想观念也发生了空前巨变。人们在突破很多陈腐观念、解放思想的同时，一些人的价值观颠倒了，表现出来的行为让人焦虑揪心：对父母不孝不敬，甚至弃而不养，兄弟反目成仇，不讲诚信，道德沦丧，坑蒙拐骗，利欲熏心，见义勇退或视而不见，不愿艰苦奋斗，贪图享受等。这一切为什么会发生？追根溯源，个中原因十分复杂，但家庭教育的缺失或异化，不能说不是重要原因之一，这是人们的共识。有识之士呼吁，要扭转这种社会风气，需要回归家庭教育、重视家庭教育，从家庭做起。研究历史上的家训正是在这样的背景下兴起的。近二十年来，有关历史上的家训著作相继问世，家训研究更是硕果累累，这些确实为我们进行家庭教育提供了极好的思想资料。

随着家训研究的深入推进，徽州家训这座宝库开始引起学者的注意。陈孔祥教授可以说是较早系统地对徽州家训进行研究的学者。多年前他在读博期间就开始研究这个问题，本书也是他在当年博士论文的基础上修改完成的。

说到徽州，真是一个非常奇特的地方。据统计，明清两代徽州出了一千多名进士，举人更多，这些人大多在各级政权为官，甚至位极人臣。但是我们发现，徽人为宦，大多做到清、慎、廉，贪官极少；除了徽官外，徽商更加闻名。徽商前后延续六百年，足迹踏遍全天下，他们坚守商业道德，热心公益事业，代代传承，发扬光大，创造了执商界牛耳三四百年的奇迹。这无疑与他们的良好家训是分不开的。

略举几例：王茂荫是马克思在《资本论》中提到的唯一一位中国人。他是徽州歙县人，清朝货币理论家、财政学家，道光十二年（1832）进士，在京城为官三十年，累官至兵部左侍郎、吏部右侍郎等高职。然而，他“京宦三十载，恒独处会馆中……未尝携眷属”。在王茂荫去世后，李鸿章专门为他写了近两千字的墓志铭，给予了高度评价，其中写道：“居官数十年来，未尝挈妻子侍奉，家未尝增一瓦一陇，粗衣粝食，宴如也。故海内称大臣清直者，必曰王公。”这是多么难能可贵！王茂荫之所以如此，与他的家风、家训有很大关系。王茂荫生下后刚断奶，母亲就去世了，主要靠祖母抚养。当他考中进士自京师回家探亲时，祖母就对他说：“吾始望汝辈读书，识义理，念不及此。今幸天相我家，汝宜恪尽乃职，毋营财贿，愿汝无忝先人，不愿汝跻显位、致多金也。”在这样的家庭长大，自然一身正气。

再说徽商，他们有一个共识“富而教不可缓也，徒积资财何益乎”，教育子弟绝不仅仅是文化知识，而是以“立品为先”。如清代嘉庆年间的歙县商人许仁，得知儿子许文深即将赴任海南巡检，专门写了一首《示儿》长诗送给他，诗云：

昨读尔叔书，云尔赴广东。交亲为尔喜，我心殊忡忡。此邦多宝玉，侈靡成乡风。

须知微末吏，服用何可丰？需次在省垣，笔墨闲研攻。懔慎事上官，同侪互寅恭。

巡检辖地方，捕盗才著功。锄恶扶善良，振作毋疲癃。用刑慎勿滥，严酷多招凶。

勿以尔是官，而敢凌愚蒙。勿以尔官卑，而敢如聩聋。我游湘汉间，声息频相通。

闻尔为好官，欢胜列鼎供。况承钜公知，宜副期望衷。勉尔以篇章，言尽心无穷。

同样是徽商的吴廷枚，某年嫁女，他并没有为女儿准备丰厚的嫁妆大摆阔气，而是写了一首《嫁女诗》赠送女儿：

年刚十七便从夫，几句衷肠要听吾。只当弟兄和妯娌，譬如父母事翁姑。

重重姻娅厚非泛，薄薄妆奁胜似无。一个人家好媳妇，黄金难买此称呼。

以上这两首诗不正是极好的家训吗？类似这样的家训在徽州文献中是很多的。

因此，陈孔祥教授研究徽州家训是很有意义的。为了写好这本书，他以锲而不舍的精神，尽可能收集了关于徽州家训的所有资料，潜心研究。他呈现给我们的这本新书，是他多年心血的结晶。本书的最大特点是理论色彩较浓，通篇对徽州家训进行宏观把握和分析，既梳理了徽州家训的发展脉络，也分析了影响明清徽州家训的主要因素，并且重点论述了徽州家训的主要内容，分别从仕宦、忠君、孝悌、礼教、名分、读书、人伦、为妇、义行、积善等十个方面进行概

括论述，基本上涵盖了徽州家训的方方面面，其中披露了不少新的资料。书中还指出了徽州家训的功能和实践路径，又从蒙学的发达、家风的传承、徽俗的形成、儒学的普及、宗族制度的强化、世家大族的辉煌以及徽商的兴盛等七个方面，详析了徽州家训的深刻影响，其中不少观点给人以启发。最后作者还分析了徽州家训的经验与局限。每个方面的论述，犹如剥笋，层层深入。可以说，此书是目前为止我所见到的研究徽州家训比较系统、比较全面、也是比较深刻的一部著作，此书的出版，必将进一步深化徽州家训的研究，也是徽学研究的新成果。我为他感到高兴，希望他继续努力，向社会奉献更好的作品。是为序。

王世华

二〇一八年七月二十五日

目　录

第一章　明清时期徽州家训研究概说

徽学研究的不断深入，要求徽学研究者不断拓展新的研究领域。在此背景下，徽学研究者力图扩大研究的范围，有的甚至另辟蹊径，寻求新的课题进行探讨，明清时期徽州家训研究也因此终被挖掘。但是，明清时期徽州家训研究的对象性何在？可行性何在？必要性何在？规定性何在？应用性何在？学术性何在？这些事关明清时期徽州家训研究的对象性、可行性、必要性、规定性、应用性、学术性问题，恐怕还不能满足于既有研究从某一方面、某一角度给予的说法，而是要求在研究的背景、研究的价值、研究的趋向、研究的方法、研究的前景以及研究的深入性、全面性、针对性上有一个更为本质的阐述。这几个问题，随着徽学学科体系的形成，已经成为徽学研究关注的问题。

第一节　明清时期徽州家训研究的对象性

明清时期徽州家训研究的对象性，它所关切、回答和解决的是明清时期徽州家训研究的对象，即“明清时期徽州家训研究的对象到底是什么”的问题。任何一项研究都有独特的研究对象，明清时期徽州家训研究自然也不例外。明清时期徽州家训研究如果没有明确的研究对象，那么它就没有资格成为研究。明清时期徽州家训研究的对象性，涉及如何看待、对待明清时期徽州的家训问题，只有认识和回答这一问题，我们才有可能正确理解、深刻把握明清时期徽州家训研究的对象。

众所周知，家训有广义与狭义之分。广义的家训既强调它的“家庭”属性，也强调它的“家族”属性；既强调它的文本形式，又强调

它的非文本形式，不仅包括家诫、家戒、家令、家规、家法、祖训、遗令、遗训、家则、家范、家约、家礼、家箴、家语、家书、家仪、家政、家鉴、庭训、庭语、族规、族范、宗规、祠规、族约、宗约、宗仪、宗政、宗式、宗誓、宗典，还包括父祖长辈、家长、族长开展家教的各种文字记录，诸如散文、诗歌、格言、楹联等。狭义的家训则强调它的文本形式，多为成文的家训。

广义的家训更能表达家训的内涵与外延，所以，笔者更倾向于使用广义的家训这一概念。有如此看法，主要基于以下两点考虑：一是传统中国奉行的政治统治体制是“天”“国”“家”三位一体，即“天”是国的合法性基础，“国”是家的合法性基础，所谓“夏传子，家天下”，所以有了“刘汉”“曹魏”“李唐”“赵宋”“朱明”之说。正如《礼记·礼运》所云：“今大道既隐，天下为家。”在这种政治统治体制下，中国社会的组织，以国为家，以家族为家。即“家族”是“家庭”的合法性基础，“家庭”统一于“家族”。以家族为主体制订的族规、族约、祠规、宗规、宗训、宗式、宗仪、宗誓等，都无疑是家训。二是中国传统家训最早起源于非文本但有文字记载的训诫活动。被记录的可以认为是最早的训诫活动，当推《吕氏春秋·序意》中记载的黄帝“诲颛顼”。此后的颛顼、帝喾、唐尧、虞舜等还开展了许多对子弟或幼弟的训诫活动，其中非常著名的有尧训导舜、舜诲夏禹等。历史上五帝开展的训诫活动，虽然采取的不是家训的文本形式，却受到后世家长普遍认同和重视，而成为历代家训的共同做法，进而成为中国传统家训的组成部分。有文字记载的父祖长辈对子孙、家长对家人、族长对族人进行的训示与教诲，如周文王的《诏太子发》、周公的《诫伯禽》、管仲的《弟子职》、孔子的《庭训》、敬姜的《论劳逸》、楚子发母的《训子语》、孔鲋的《将没戒弟子》、刘向的《胎教》、疏广的《告兄子言》、崔瑗的《遗令子实》、范滂母《勉子》、韩暨的《临终遗言》等，无疑都是家训。

此处有一个值得注意的问题，同为家训，家训与家诫、家规、家法、家令、家礼、族训、族规、族约、祠规、宗规等，并无不同，析言之，则各有侧重。比如“家训”和“家诫”，中国最早的一批家训文本就是“家诫”，代表作有周公的《诫伯禽》、刘向的《诫子歆书》、张奂的《诫兄子书》、王修的《诫子书》、诸葛亮的《诫子书》等，但这并不意味着“家训”与“家诫”的内涵完全相同，也不意味着“家训”与“家诫”之间可以互相替代。实际上，它们相互联系，又相互区别。“家训”，许慎的《说文解字》解释是：“训，说教也。”段玉裁注：“说教者，说释而教之，必顺其理。”而“家诫”，段玉裁的《说文解字注》解释是：“诫，敕也。”前者侧重于说服训导，不具有强制性，而后者则侧重于规劝告诫，带有一定的强制性。再比如“家训”与“族训”，在“家”与“族”一致时，家训就是族训，族训就是家训，两者是没有明确分野的。但在“家”是“族”的细胞时，具体到族中的一家之家训，“家训”与“族训”还是有区别的：前者的制订者是家长，后者的制订者则是族长；前者对本家庭有效，后者则对整个家族有效；前者规范家人的日常行为，后者则规范族人的日常行为；前者调整家人之间的关系，后者则调整族人之间的关系；前者重说服训导，后者则重惩罚。然而，家训、家诫、家规、家法、家令、家要、家言、家范、家箴、家则、家礼、族训、族规、族约、祠规、宗规等又总是联系在一起而不可分割，当它们主要被强调为家庭、家族成员共同遵守的行为规范和规章制度时，相互之间的区别也就被忽略了。家庭、家族成员是在同类社会规范下使用它们的“家训”的含义。“家训”与家诫、家规、家法、家仪、家要、家则、家礼、祠规、祠约、族规、族约、宗规等的重叠，以及它们相互之间的重叠，很大程度上是基于此意义上的重叠。

明清时期徽州家训所经历的明、清两个时期的发展，均属于中国传统家训在明、清时期的具体发展形式，它是对中国传统家训的继承和补充，是中国传统家训的组成部分。张艳国定义的中国传统家训，是指在中国传统社会里形成和繁盛起来的关于治家教子的训诫，是以一定社会时代占主导地位的文化内容作为教育内涵的一种家庭教育形式[1]。陈延斌指出了中国传统家训的功能与价值：以“教家立范”“提

① 张艳国：《中国传统家训的文化功能及其特点》，《光明日报》1994年6月13日。

撕子孙”为宗旨，在强调睦族齐家的同时，十分重视对子孙进行立身、处世之道的教育灌输[①]。据此，结合家训的内涵，笔者归纳出明清时期徽州家训的两层含义：一是形成并发展于明清时期徽州社会的家训；二是以明清时期徽州文化内容作为教育内涵的一种家庭、家族教育形式，具体表现为明清时期徽州家庭、家族的家长、族长关于治家治族、睦家睦族、教家教族的诫勉文书、诫勉言论和各种文字记录。

明清时期徽州家训研究就是研究明清这个特定时期、徽州这个特定区域的父祖长辈对子孙、家长对家人、族长对族人进行训诫的家训文书，如家诫、家规、家法、家令、家要、家言、家范、家箴、家则、家礼、族训、族规、族约，以及父祖长辈对子孙的教诲、家长对家人的训示、族长对族人的要求、兄对弟的劝勉等。概括地说，古代徽州的行政区划相对稳定，据记载，徽州的行政区划在唐代大历四年（769）以前“割并不常，沿革回惑”，但在大历五年（770）废归德县，其地并入休宁等，歙州［宋宣和三年（1121）设“歙州”为“徽州”，元至元十四年（1277）升“徽州”为“徽州路”，元至正十七年（1280）设“徽州路”为“兴安府”，元至正二十四年（1287）改“兴安府”为“徽州府”］辖六县（歙县、休宁县、婺源县、祁门县、黟县、绩溪县），除婺源一度升为州外，直至清代未曾变动。形成并流行于明清时期徽州这一府六县的父祖长辈对子孙、家长对家人、族长对族人进行的诫勉文书和父祖长辈对子孙、家长对家人、族长对族人进行的诫勉言论合并为“明清时期徽州家训”，而成为“明清时期徽州家训研究”的对象。

第二节　明清时期徽州家训研究的可行性

回顾明清时期徽州家训研究的发展过程，我们发现，徽学研究的不断深化和徽学研究者对明清时期徽州家训的关注与应用，共同促成了明清时期徽州家训研究的长期性。1947年傅衣凌在《福建省研究院

① 陈延斌：《传统家训的处世之道与中国现阶段的道德建设》，《道德与文明》2001年第4期。

研究汇报》第2期上发表的论文《明代徽商考——中国商业资本集团史初稿之一》，可以看作是徽学研究的开端之作。徽学研究勃兴于20世纪80年代中期。从那时至今，随着徽州契约文书、典籍文献和家谱的大量发现，国内和海外一批史学专家，逐步展开了徽商、徽州宗族、徽州教育和徽州社会与经济等领域的研究，并相继发表和出版了一大批质量堪称上乘的研究论文和著作，由此产生了多种不同的徽学研究领域，如徽州教育研究、徽州宗族研究、徽州传统文化研究、徽州社会研究等[①]。徽学研究从20世纪80年代开始，也逐步组织化。如安徽师范大学历史与社会学院率先成立了徽商研究中心，此后，一些专门的研究机构纷纷成立，如安徽省徽学学会、徽州地区徽学会和徽州学研究所等。1999年12月，安徽大学徽学研究中心被列入国家教育部首批普通高等学校人文社会科学重点研究基地，徽学研究作为一个专业领域，在全国有了相对独立的地位。随着徽学研究的不断深入，徽学研究者更加注重所研究领域与其他已研究领域和未研究领域之间的联系，开始把研究的目光投向明清时期徽州家训研究，进而推动了明清时期徽州家训研究的开展。这既是徽学研究走向更加科学、更加繁荣的根本要求，也是明清时期徽州家训研究持续开展的动力所在。

明清时期徽州家训研究与中国传统家训研究不可分割，因此，我们在研究明清时期徽州家训时，一般从空间的广度来思考问题，即将明清时期徽州家训研究与中国传统家训研究相关联，以避免孤立和片面性。值得一提的是，我国对“传统家训”的研究由来已久，学界称之为“中国传统家训研究”。有关中国传统家训的研究，早在南北朝时期就已出现。但有文史可据的第一部家训总集却出现在北宋，它是孙颀编撰的《古今家诫》。南宋刘清之还编撰成了一部规模更大的家训总集《戒子通录》。到了清朝，皇室编纂的大型类书还将家训分部收录，如《四库全书》收录171种，《古今图书集成·家范典》收录116卷31部155类，为后人研究家训提供了便利[②]。中国传统家训在中

① 卞利：《明清徽州社会研究》，安徽大学出版社2004年版，第13页。
② 王长金：《传统家训思想通论》，吉林人民出版社2006年版，第6页。

华人民共和国成立以后，特别是改革开放以后又成为社会关注的话题，学界则更加关注家训的选编、注解与研究，发表了很多论文，也出版了一批资料选编和专著，如卢正言的《中国历代家训观止》，陆林的《中华家训大观》，李秀忠、曹文明的《名人家训》，包东坡的《中国历代名人家训荟萃》，朱永贞、张克江的《中外名人家训》，翟博的《中国家训经典》，徐少锦、陈延斌的《中国家训史》等。从本质上看，中国传统家训研究与明清时期徽州家训研究相互作用，并且中国传统家训研究的实践与经验更是推动着明清时期徽州家训研究的有效开展。

明清时期徽州家训研究作为徽学研究的一个领域显现出来，这要归功于徽学研究学者和徽学爱好者对徽州家训资料的收集与整理。自20世纪50年代以来，徽州文书、文献与家谱、族谱被大量发现，仅中国社会科学院历史研究所收藏的徽州文书就有14000余件。有人估计，目前还散落在民间的尚未面世的文书至少还有10万件[①]。徽州的典籍文献与家谱、族谱也以数量大、种类多、涉及面广、跨越历史时代长、学术研究价值高而备受人们关注。这些徽州文书、典籍文献、家谱与族谱所包含的文献种类繁多，以徽州文书为例，中国社会科学院历史研究所编纂的《徽州文书类目》将之分为“3种，9类，117目，128子目”，其中包括宗族文书、会社文书、商业文书、官府文书、财产文书、诉讼文书、土地关系文书、赋役文书、科举教育文书、徽州家训文书等。散见于徽州文书、典籍文献与家谱、族谱中的明清时期徽州家训，有的是单篇独制，有的是文中的段落，也有的是只言片语。其被收集与整理的重要意义在于提供了研究明清时期徽州教育、徽州宗族、徽州传统文化等领域所需要的徽州家训资料，也为我们研究明清时期徽州的家训、了解中国封建社会家训状况准备了极为典型的原始文字资料。因此，在徽学研究框架内展开明清时期徽州家训研究，且作为徽学研究的一个领域，有其可行性。

① 刘伯山：《徽州文化的基本概念及其研究价值》，载杭州徽州学研究会编：《杭州徽州学研究会十周年纪念文集》，1997年8月。

第三节　明清时期徽州家训研究的必要性

迄今为止，被发现的徽州传统家训，绝大多数都是明清时期的徽州家训，反映出徽州传统家训繁荣于明清时期。这种状况的出现，应该说与古代徽州教育发展的“阶段性”特征有关。宋代以前，徽州“特多以材力保捍乡土为称”[①]，“武劲之风”盛行，教育相当落后，不具备发展家训文本的条件。至于徽州传统家训活动的情况，由于既有文献没有记载，我们至今仍不得而知。而宋代以后，随着中原衣冠的大规模迁入，徽州学校教育开始发达，家庭教育得到发展，“俗益向文雅”，于是家训文本如朱熹的《与长子受之》、方振文的《积善家训》等开始先后出现。徽州传统家训于宋代以后得到发展，到明清时期达到极盛，这个“明清时期”是特定的。因此，研究明清时期的徽州家训是徽州传统家训研究的必然选择。

长期以来，徽学研究一直重视徽商、徽州教育、新安理学、徽州社会、徽州宗族、徽州文书等研究，由此产生了多种不同的研究领域，而明清时期徽州家训研究无疑是徽学研究的一个重要的组成部分。之所以如此，是因为明清时期徽州家训问题的提出，是一种伴随着徽学研究向纵深发展而出现的研究方向。徽学研究所面对的历史文献，除了徽州宗族文书、会社文书、商业文书、官府文书、财产文书、诉讼文书、土地关系文书、赋役文书、典籍文献、金石文献，还有家诫、家戒、家令、家规、家法、祖训、遗令、遗训、家则、家范、家约、家礼、家箴、家语、家书、家仪、家制、家政、家鉴、家订、庭训、庭语、族规、族范、宗规、祠规、族约、宗约、宗仪、宗政、宗式、宗誓、宗典、墓规、家书等。越来越多的明清时期徽州家训被发现，对徽学研究的深入发展起到的作用是巨大的。另外，以徽州为对象的徽学研究，也有很多问题值得探讨。诸如“徽骆驼”精神是怎么形成的？徽商“贾而好儒”根源何在？徽州为何能成为中华优秀文化传承的典型？宗族制度对徽州的影响为何特别深远？等等。明

① 李琳琦：《徽商与明清徽州教育》，湖北教育出版社2003年版，第9页。

清时期徽州家训研究不仅为徽学研究提供了必要的家训方面的徽州历史文献，而且为徽学研究解读上述问题提供了一个特有的学术视域。明清时期徽州家训研究与徽商、徽州教育、新安理学、徽州社会、徽州宗族、徽州文书等研究，一起支撑了徽学的学科体系。从这一意义上讲，明清时期徽州家训研究具有绝对的必要性。

明清时期徽州家训研究是一个涉及徽州本土徽人家训研究和徽州本土之外徽人家训研究的过程。其所以如此，在于“徽州与徽商是连为一体的，‘大徽州’与‘小徽州’的关系，已成为人们的共识”[①]。“徽州学覆盖的地区大体可以分为三个层次，徽州本土是它的核心层次，中间层次涵盖沿长江、运河的市镇农村，其中心区乃是‘无徽不成镇’的江南，外围层次则遍及全国远至海外了。”[②]徽州学这一特性向我们表明，明清时期徽州家训研究仅将研究视野放在徽州本土一府六县上的家训是不够的，还必须将徽州本土之外的徽人的家训纳入研究范围，这是保证明清时期徽州家训研究不断发展的前提和基础。所以，明清时期徽州家训研究如果不能有效地让人们认识徽州本土的家训和徽州境外徽人的家训，所起作用就会大打折扣。恰恰是基于这一点，明清时期徽州家训研究强调徽州本土徽人家训研究和徽州本土之外徽人家训研究并重。这种认同对于巩固明清时期徽州家训研究成果并推进进一步的研究非常必要。

作为徽学研究一个领域的明清时期徽州家训，通常是围绕明清时期徽州的家训，或者说是形成、发展、繁荣于明清时期徽州的家训进行的。这一家训以徽州为中心，积淀于小徽州，融汇于大徽州，体现中华传统家训文化之精华。明清时期徽州家训研究的这种区域性，决定了它与旨在剖析中国社会里形成和繁盛起来的中国传统家训研究的区别，也决定了它与中国其他地区传统家训研究的区别。尽管明清时期徽州家训研究是中国传统家训研究的组成部分，与中国其他地区传统家训研究也相互联系，但它与中国传统家训研究和其他地区传统家训研究的区别也赋予了它特定的研究旨趣，即体现徽州文化、徽州教

① 卞利：《明清徽州社会研究》，安徽大学出版社2004年版，第3页。

② 唐力行：《明清以来徽州区域社会经济研究》，安徽大学出版社1999年版，第5页。

育、徽州政治特征的徽州传统家训的特定的方面，这就是明清时期徽州家训的理论依据、组织形式、方式方法、实施途径、教育目标、历史地位等的徽州特色或徽州特征。而这种徽州特色或徽州特征的概括、归纳在相当程度上有赖于明清时期徽州家训研究的作用。

明清时期徽州家训研究从大的角度讲，就是徽学研究的一个领域和中国传统家训研究的一个方面。前者更多涉及徽学层面的内容，后者则更多涉及中国传统家训层面的内容。明清时期徽州家训研究包含了这两个方面的内容。两个方面的内容相辅相成，互相支撑，彼此依赖。明清时期的徽州，有关家训极为多样，既有徽商的家训，又有地方官员的家训，更有众多的普通百姓的家训被保存下来。这些家训对社会教化的各个方面都有涉及，真实、可靠、具体，且连续整个明清时期，既可做定性定量分析，又可做连续性追踪考察，还能为我们了解和弄清明清时期徽州家训发展的真实情况提供难得的第一手资料。中国传统家训在相当程度上显示了明清时期徽州家训发展的轨迹，经过对之进行认真的分析和研究，我们能够找出明清时期徽州家训的很多重要的特征，能够清楚地认识明清时期徽州家训诸多方面的问题。另一方面，明清时期徽州家训研究虽然所得结论具有地方性，但是，所提供的大量信息和资料，可以为中国传统家训研究的不断深入发展提供不可多得的信息和资料，并且，明清时期徽州家训研究得出的具有地方性特点的结论，也为中国传统家训研究提供了不可多得的个案和实证材料。因而对明清时期的徽州家训进行研究是必要的。

第四节　明清时期徽州家训研究的规定性

由于既有的明清时期徽州家训研究以徽学研究为特征，除了与徽州教育、徽州文化、徽州社会、徽州宗族等研究相互区别外，徽州教育、徽州文化、徽州社会、徽州宗族等研究也与明清时期徽州家训研究相互联系。由此，我们可以按照徽州教育、徽州文化、徽州社会、徽州宗族等研究者实际在做的工作，联系明清时期徽州家训特有的研究目的、研究内容、研究功能、研究范围，归纳出明清时期徽州家训

研究的规定性。

一是依徽学研究专门学术团体和科研机构的职责来判断。徽学研究进入20世纪80年代后，建立了许多专门的学术团体和科研机构，如徽商研究所、徽学研究中心等。这些学术团体和科研机构的主要职责是研究徽州政治、经济和文化的发展过程，探讨徽州政治、经济和文化的发展规律，为中国史研究提供必要的信息和资料。明清时期徽州家训研究，研究的是明清时期徽州家训的发展过程，探讨明清时期徽州家训的发展规律，总结明清时期徽州家训的成功经验，为中国传统家训研究提供必要的信息和参考。

二是依徽学研究期刊、专论的研究内容内在联系来判断。目下，徽学研究的专门期刊主要有《徽州学丛刊》《徽学通讯》《徽学》和《徽州文化研究通讯》。另外，《徽州社会科学》《江淮论坛》《安徽师范大学学报》《安徽大学学报》《安徽史学》《黄山日报》《历史研究》《中国史研究》《民俗研究》等报刊辟有徽学研究专栏，这些报刊专门和经常发表徽学研究成果。自20世纪80年代以来，特别是近几年，国内有大批徽学研究成果出现，如王廷元、王世华的《徽商》（安徽人民出版社2005年版），李琳琦的《徽商与明清徽州教育》（湖北教育出版社2003年版），周晓光的《新安理学》（安徽人民出版社2005年版），卞利的《明清徽州社会研究》（安徽大学出版社2004年版），赵华富的《徽州宗族研究》（安徽大学出版社2004年版），叶显恩的《徽州与粤海论稿》（安徽大学出版社2004年版），唐力行的《明清以来徽州区域社会经济研究》（安徽大学出版社1999年版），等等。这些研究成果探讨的主题是徽州文书、徽商、徽州宗族、徽州土地制度、徽州教育和新安理学。汪世清在为《徽州学散论》作的序中说："徽学研究的对象，总的说来就是要覆盖所有这些方面，从历史到现实，从自然到社会，从经济到文化，从农业到商业，从商人到儒宗，等等，等等，都可选定专题或综合研究，一一揭示事物的本质，探索发展的脉络，求得相互之间的固有联系，从而在理论和实践上作出科学的说明，以至最后在整体上建立严密的逻辑体系。"就是说，它们研究的内容因研究方向的不同而区别，又因落脚点相同而紧密相连。

就后者而言，它们都是丰富和拓展徽学研究的途径，它们都研究徽州社会与徽州政治、经济和文化发展的关系，揭示和探讨普遍联系、错综复杂的徽州社会各种因素如何影响徽州政治、经济和文化的发展，以及徽州政治、经济和文化在特定背景下的作用。按照徽学研究这一研究轨迹，作为徽学研究的一个领域，明清时期徽州家训研究必须研究普遍联系、错综复杂的徽州社会各种因素与明清时期徽州家训的形成、发展的关系，揭示和探讨徽州社会背景对明清时期徽州家训的影响以及明清时期徽州家训在特定背景下的能动作用。

此外，徽学研究者的研究课题，涉及明清时期徽州家训方面的研究，也从一个侧面反映了研究者对明清时期徽州家训研究重点的不同。李琳琦的专著《徽商与明清徽州教育》（湖北教育出版社2003年版）中关于明清时期徽州家训部分的论述，重在探讨明清时期徽州家训对徽州教育发展的影响，对徽州教育兴盛的意义。赵华富的专著《徽州宗族研究》（安徽大学出版社2004年版）中第六章对徽州宗族族规家法的研究，重在探讨明清时期徽州家训与徽州宗族制度的巩固、与徽州宗族统治的加强、与徽州宗族兴旺发达的内在联系。卞利的《明清徽州社会研究》（安徽大学出版社2004年版）也涉及明清时期徽州家训的问题，探讨的重点则是徽州家族的处世之道。这些不同重点，毫无疑问，也是明清时期徽州家训研究的研究内容和范围。

第五节　明清时期徽州家训研究的应用性

明清时期徽州家训研究自有应用性。该研究其实蕴涵着研究者对明清时期徽州家训的应用价值判断，而任何一种明清时期徽州家训的应用价值判断，其背后也都存在着相应的社会现实关照。明清时期徽州家训研究就存在以探讨明清时期的徽州家训为起点，并强调明清时期徽州家训当代价值的研究传统。

第一，明清时期徽州家训研究有助于实现明清时期徽州家训对当今社会的价值。明清时期，徽州家训的成熟与繁荣，促进了徽州世家大族家庭兴旺、家族兴盛，也促进了徽州传统文化的长盛不衰。“新安

自南迁后，人物之多，文学之盛，称于天下。当其时，自井邑田野，以至于远山深谷，居民之处，莫不有学、有师、有书史之藏。”[①]这也正向我们展现了明清时期徽州家训的历史价值：明清时期的徽州家训不仅增添了徽州传统文化的灿烂辉煌，而且这些家训的付诸实施，也改变了明清时期徽州人的命运、家庭的命运和家族的命运。对于明清时期徽州家训的开发和利用而言，这无疑是利民利国利千秋的事业。

第二，明清时期徽州家训研究有助于和谐社会建设，同时也是在为现代社会家庭教育、家庭伦理道德建设提供历史借鉴。构建和谐社会是我们孜孜以求的社会理想，而和谐社会建设与和谐家庭建设是密不可分的。家庭是社会的细胞，要使社会和谐首先要促使家庭和谐。这就要求社会中的每个家庭都要处理好内部与外部的关系，这两种关系的相对和谐是整个社会和谐的基础。反观现实，现代家庭却存在许多值得社会关注的问题，诸如家庭冲突问题、子女冲突问题、婚姻纠纷问题、子女犯罪问题、老人赡养问题、邻居摩擦问题、离婚率不断上升问题等。解决这些问题的方式多种多样，而借鉴传统家庭、家族成功的经验必不可少。明清时期徽州家训在维护家庭、家族稳定，解决邻居纠纷，预防子女犯罪，防止家庭、家族冲突，构建和谐徽州社会等方面发挥了极其重要的作用，积累了许多成功的经验。把明清时期徽州家训中这些经验总结、梳理出来，无疑是一件有利于当代社会的工作。另外，子孙后代的健康成长，离不开良好的家庭教育。良好的家庭教育不仅可以引导子孙后代分清是非、辨别善恶，还可以提高他们的文化素质。因此，历代都重视家庭教育。和过去相比，今天的社会对家庭教育更加重视。存在的突出问题是独生子女教育难，不少家庭难以应对，更多的家庭心存困惑。教育的结果，往往事与愿违。而明清时期徽州家训虽创造了许多行之有效的原则和方法，但也出现了许多违反教育规律的偏差与失误，深入研究明清时期的徽州家训，可从正反两个方面给今天的家庭教育以参考、借鉴。

第三，明清时期徽州家训研究有助于中国优秀传统文化的传承。

---

① 赵汸《东山存稿》卷四《商山书院学田记》。

明清时期徽州家训涉及的领域极其广泛，从现在掌握的资料看，可概括为仕官、睦亲、治家、交游、睦邻、修身、婚姻、为妇、义行、礼仪、处世、名分、廉耻等领域。而且，这些领域包含的内容也极其广泛，可概括为勤政清廉、勤劳治家、励志勉学、习业农商、审择交游、赈灾济贫、扶孤恤寡、名分序列、谨言慎行、贤妻良母等方面。这些内容从家训条目看，大致可分为以下几个方面：一是“忠”的训诫，主要涉及训忠等内容；二是“孝”的训诫，主要涉及孝道、孝亲、敬长等问题；三是“礼”的训诫，条目最多，主要涉及冠、婚、丧、祭四礼；四是“节”的训诫，主要涉及男人之道、妇人之道等问题；五是“义”的训诫，主要涉及亲亲、孝友、节义等内容；六是“名分”的训诫，主要涉及上下、尊卑、长幼的关系问题。此外，还有很多规定，如“禁止闲游”“禁止迷信”“禁止赌博”“禁溺女婴”“禁止偷盗”等。明清时期的徽州家训虽然涉及的领域极其广泛，涉及的内容极其丰富，但核心始终是围绕教子、治家、兴族展开的。从中我们可以看出，明清时期的徽州有推崇立范、齐家、修身的传统。诸如“人子须爱父母，而不可爱货财”[①]的告诫，“人所藉以光宗耀祖者，非子孙之贤智乎？然不皆生而贤智，而涵养居多……故子孙须训”[②]的思想，“处家之道以和为贵，和生于忍”[③]的见解，“天下之本在国，国之本在家，家之本在身”[④]的意识，“我愿四民各勤其业，业勤则敏而有功，将生齿日蕃，善行可兴”[⑤]的期待，“子弟辈志在国家者，固当奋志向上，自强而不息”[⑥]的境界等，这些徽州传统文化的家庭伦理道德、家训教化理论，是明清时期的徽州家训留下的宝贵历史文化遗产，与党的十八以来，全国各地为深入贯彻党的十八大“建设优秀传统文化传承体系，弘扬中华优秀传统文化”精神，广泛开展“晒家风 诵家训”活动，引领崇德向善、奋发向上的时代风尚的基本

① 绩溪《仁里程继序堂专续世系谱·家规》，程秉耀等主修，清光绪三十三年继序堂木活字本。

② 绩溪《姚氏宗谱·家规》，姚士童等纂修，清光绪十六年叙伦堂木活字本。

③ 绩溪《积庆坊葛氏重修族谱》卷三《家训》，葛文简等纂修，明嘉靖四十四年刻本。

④ 新安《武口王氏世系总谱·王氏家范十条》，作者不详，清乾隆年间刻本。

⑤ 绩溪《姚氏宗谱·家规》，姚士童等纂修，清光绪十六年叙伦堂木活字本。

⑥ 婺源《武口王氏统宗世谱·王氏家范十条》，王铣等纂修，明天启四年刻本。

宗旨相契合。深入开展明清时期徽州家训研究，将在徽州传统的家庭伦理道德、为人处世之道中，传承、弘扬中华优秀传统文化。

第六节 明清时期徽州家训研究的学术性

明清时期徽州家训问题，是徽学研究者关注的一个重要问题。1994年，赵华富在首届国际徽学学术讨论会上提交了《徽州宗族族规家法》学术论文，后被《首届国际徽学学术讨论会文集》（黄山书社1996年版）收入。该文对徽州族规家法做了专题探讨，可以说是明清时期徽州家训研究的发端。赵华富还在专著《徽州宗族研究》（安徽大学出版社2004年版）第六章中对徽州宗族族规家法做了进一步的研究。自赵华富展开明清时期徽州家训研究以后，徽学研究者也纷纷看到明清时期徽州家训研究对徽学研究深入进行的重要性与必要性，逐渐地重视利用明清时期徽州家训资料进行徽学研究。张海鹏和王廷元的《徽商研究》（安徽人民出版社1995年版）、李琳琦的《徽商与明清徽州教育》（湖北教育出版社2003年版）、卞利的《明清徽州社会研究》（安徽大学出版社2004年版）等著作，研究内容虽然不是着眼于明清时期徽州家训，只是涉及明清时期徽州家训，但它们使明清时期徽州家训资料的价值，在徽学研究中得到了较好发挥。到了王世华的《徽商家风》（安徽师范大学出版社2014年版）、卞利的《明清徽州族规家法选编》（黄山书社2014年版）出版发行，徽学研究中的明清时期徽州家训研究出现了较大的转向，以明清时期徽州家训研究为对象，对明清时期徽州家训进行了专门研究，明清时期徽州家训研究的成果也得到了学界重视。

对于中国传统家训研究而言，一个不可回避的课题是明清时期徽州家训的研究与阐释。明清时期徽州家训有多种名称，仅在家谱中就有祖训、家规、家法、族训、庭训、宗约、家范、墓规、规条、祠规等数十种。这种情况的出现与家训来源不一有很大关系。明清时期徽州家训来源有很多种，主要有：（1）家训专论。如程远甫的《家训》、黄熙的《左田家训》、汪尚和的《家训》、张用诚的《安义家训》、周世明的《中和老人遗训》、王道立的《王氏家训》、张习孔的《家训》、李绿园的《家训谆言》等。(2) 宗谱、家谱。如歙县《济阳江氏宗谱》卷一《家训》、绩溪《东关冯氏家谱》卷首《祖训》、祁门《关西方氏宗谱》卷一《家训》、婺源《槐溪王氏宗谱》卷首《庭训八则》、绩溪《西关章氏族谱》卷首《家训》、绩溪《明经胡氏龙井西村宗谱》卷首《家训》、绩溪《鱼川耿氏宗谱》卷五《祖训》、婺源《汪氏宗谱》卷首《家训十一条》、歙县《金川胡氏宗谱》卷末《家训》、绩溪《坦川洪氏宗谱》卷十一《家训》、婺源《新安管溪王氏宗谱》第二册《庭训八则》、绩溪《程里程叙伦堂世谱》卷十二《庭训》、《古歙义成朱氏宗谱》卷首《祖训十二则》、婺源《严田李氏宗谱》卷首《祠堂家训》等。(3) 族规、家法。如黟县黄氏《家规十八则》、歙县长标东陵邵氏《家规》、绩溪冯氏《家法》、婺源槐溪王氏《宗规十六条》、绩溪东关黄氏《宗法》、歙县方氏《家规》、婺源汪氏《宗规十三条》、新安管溪王氏《宗规》、新安武口王氏《宗规》、婺源余氏《家规》、休宁查氏《家规》、绩溪仙石周氏《家法》等。(4) 箴言。如程文海的《友敬堂箴》、胡炳文的《果斋箴》、王仲义的《王氏箴规》等。(5) 楹联。如绩溪上庄村胡氏支祠"敦复堂"联"率性自敦伦，须知弟友子臣不是虚成名目；为仁由复礼，即此视听言劝亦有实在功夫"；黟县宏村古民居联"万世家风惟孝弟，百年世业在读书"；歙县定潭村张家祠堂联"千秋作鉴承先泽，百忍悬图启后人"；黟县西递村存仁堂联"为道不远人，是子是臣是弟友，须要各全其道；治生惟本分，或农或读或工商，总蕲无忝所生"等。(6) 祠规、祠训。如歙县长标东陵邵氏《祠规》、绩溪山前汪氏《祠规》、绩溪古校头周氏《祠规》、新安武口王氏《祠训》、绩溪程里程叙伦堂《祠规十七则》、古歙义成朱氏《祠规》、绩溪城西周氏《祠规》、绩溪华阳邵氏《新增祠规》、新安《程氏阖族祠规条目》、绩溪《明经胡氏龙井派祠规》、绩溪盘川王氏《祠规》等。随着明清时期的徽州家训被大量发现，而突显的明清时期徽州家训的多样性、丰富性，就成了国内学者联系明清时期徽州家训研究中国传统家训的现实动力。学者对于明清时期徽州家训的研究与阐释，必将丰富我们对中国传统家训内涵与外延的理解。

任何学术研究都具有如下四个特点：第一，有特定的研究对象，各种研究因研究对象的不同而区别；第二，有一定的研究范围，没有研究范围的研究是不存在的；第三，有人研究，这个人可以是个体，也可以是群体；第四，有研究的价值。明清时期徽州家训研究作为一种学术研究，毫无例外地具有中国传统家训研究所共有的特征。但是明清时期徽州家训研究还具有区别于中国传统家训研究的特点：第一，明清时期，徽州社会的一大特色是“聚族成村到处同，尊卑有序见淳风”[①]，宗族组织成为当地社会结构的基础。与这一社会结构状况相一致，徽州的社会文化“最重宗法”。正如民国《歙县志》卷一《舆地志·风土》所云：“邑俗旧重宗法，聚族而居。每村一姓或数姓，姓各有祠，支分派别，复为支祠，堂皇闳丽，与居室相同，岁时举祭礼，族中有大事亦于此聚议焉。祠各有规约，族众公守之；推辈行尊而年齿高者为族长，执行其规约。族长之能称职与否则视乎其人矣。祠之富者皆有祭田，岁征其租以供祠用，有余则以济族中之孤寡，田皆族中富室捐置。良法美俗，兹其一也。”徽州宗法制度极其强固，被称为正统宗族制度传承的典型，徽州家训的制订、编著和活动的组织主要是宗族安排的。所以说，明清时期徽州家训不仅是家庭意义的，还是宗族意义的，是家庭和宗族互动层面上的家训。第二，徽州传统文化中最具特色的是它的理学特质。南宋理宗赵昀继位以后，理学受到高度重视。理学集大成者朱熹，因其“有补于治道”[②]而备受朝廷青睐。理宗赠朱熹为太师，追封为信国公，后改为徽国公，亲笔为婺源的朱子庙题额“文公阙里”。此后，理学成了封建王朝的正统思想。由于徽州是“程朱阙里”，人们对朱熹莫不顶礼膜拜，“凡六经传注、诸子百氏之书，非经朱子论定者，父兄不以为教，子弟不以为学也”[③]。致使程朱理学思想在徽州深入人心，渗透到社会生活的各个领域，深刻影响了南宋以后，特别是明清时期的徽州社会风俗，以至于明清时期的徽州家训无不以程朱理学的伦理思想为核心，体现的大多是重义轻利、

① 吴梅颠：《徽歙竹枝词》（手抄本），歙县博物馆藏。

② 乾隆《婺源县志》卷六四《理宗宝庆三年正月赠太师追封信国公制》，俞云耕等修，清乾隆五十二年刻本。

③ 道光《休宁县志》卷一《风俗》，何应松修，方崇鼎纂，清抄本。

遵礼崇德、理欲不容并立等理学伦理精神。例如，祁门锦营的《郑氏祖训》，内容由“和邻里”“毋胥讼”“毋虐寡弱”“毋斗争”等组成，每个方面、每句话无不是阐明理学伦理经义。不独祁门锦营的《郑氏祖训》，这一时期徽州所有家训的具体内容都应作如是观。映照于这种背景上的明清时期徽州家训问题，将会随着中国传统家训研究的反思性、开放性的学术进展，而进一步朝着地方性、民族性、当代性关联的研究方向被不断再认识、再拓展。

家训发展与家风传承的关系，始终是中国传统家训研究的基本问题，即具有家庭核心价值观的中国传统家训，为什么能够形成具有鲜明家庭、家族特征的家风，家风又依靠什么得以传承、弘扬？这一基本问题，随着现代社会转向“小家庭时代”，“小家庭时代”向制度性转化、全社会对家风建设广泛重视，再一次被置于中国传统家训研究的认识前沿，并为更多的研究者所关注。这种关注基于的前提在于，家风发展的过程是家庭、家族子子孙孙恪守家训的过程，也就是说，家庭、家族的传统风尚，形成于家庭、家族对家训文化、家训传统的代代相承。中华民族素有“礼仪之邦”之称，向来重视家庭教化和家风建设，正如习近平同志所说，家庭是社会的基本细胞，是人生的第一所学校。不论时代发生多大变化，不论生活格局发生多大变化，我们都要重视家庭建设，注重家庭、注重家教、注重家风。于是，如何将传统家训家风中的精华，融入新的家庭文化、家庭教化、家庭风尚中，也就成为重新认识家训发展与家风传承之关系的一个前沿问题。作为中国传统家训研究的一个组成部分，明清时期徽州家训发展与明清时期徽州家风的现代传承的关系，自然会被重新审视。如此就有系列问题，成了明清时期徽州家训研究的课题，诸如明清时期徽州家训家风的内涵、特征及当代价值，明清时期徽州家训与优秀家风的培育功能与途径，明清时期徽州家训家风的演化、传承与发展以及如何让明清时期的徽州家训“活”在当下？如何“激活”明清时期徽州的家训家风形式？明清时期徽州家风为什么能形成？明清时期徽州家风依靠什么传承？等等。这些课题并非只是徽学研究者研究的，中国传统家训研究者也会关注并开展积极的学术活动。

第二章　明清时期
徽州家训的发展脉络

明清时期的徽州家训，以宋元时期的徽州家训为基础，它与宋元时期的徽州家训一脉相承，不仅具有地方性的特点，更具有普遍意义上的中国传统家训单元，而且是在与徽州社会的互动中发展的。

第一节　中国家训的历史溯源

中国的传统家训起源于何时？对此学者们曾做过多种解说，归纳起来主要有以下四种：一是北齐说。明朝学者王三聘持此说法，他在《古今事物考》中把北齐颜之推的《颜氏家训》作为中国传统家训的“始祖”。这一提法曾被很多学者推崇。二是两汉说。持这一观点的学者认为，中国的传统家训起源于两汉，理由是两汉时期出现了正式的训诫文书，其中著名的有汉高祖刘邦的《手敕太子书》、刘向的《诫子歆书》、蔡邕的《女训》、匡衡的《论治性正家疏》、曹操的《戒子植》等。三是魏晋说。明人张一桂持此观点，他在《颜氏家训》的《序》中说，魏晋时期“迨夫王路陵夷，礼教残阙，悖德覆行者接踵于世。于是为之亲者，恐恐然虑教敕之亡素，其后人或纳于邪也，始丁宁饬诫，而家训所由作矣”。后世有不少学者赞成这一看法。四是先秦说。持这一说法的学者认为，中国传统的家训起源于先秦，理由是家庭是家训产生的载体，有家庭才会有家训，自从有了家庭，也就有了家训，而家庭这一概念是在先秦形成的。五是五帝说。徐少锦与陈延斌持此说法，他们认为中国传统的家训萌芽于五帝时代，产生于西周，成型于两汉，成熟于隋唐，繁荣于宋元，明清达到鼎盛，并由盛转衰[①]。以上前三种观点都经不起推敲，因为早在西周时就已经出

① 徐少锦，陈延斌：《中国家训史》，陕西人民出版社2003年版，第2页。

现了家训，如周公的《康诰》《酒诰》等。第四种观点则不合逻辑，这是因为家庭和家训并不是同时产生的。笔者赞同第五种观点，这是因为中国传统家训起源于训诫活动，而中国最早的训诫活动正是在五帝时期产生的。需要说明的问题是，中国传统家训虽然萌芽于五帝时代，但成型却在两汉时期。正如徐少锦、陈延斌所言，中国传统家训成型于两汉时期。此后的发展，也如徐少锦、陈延斌所言，中国传统家训成熟于隋唐，繁荣于宋元，明清达到鼎盛。以下分析，旨在展现成型以后中国传统家训这种变化的大致情况。

一、两汉时期的家训

家与训合用，初见于《后汉书·边让传》："髫龀夙孤，不尽家训。"它记录的是蔡邕对边让的评价。蔡邕（133—192），性笃孝，少博学，东汉著名的文学家、书法家。蔡邕所作《女诫》，影响深远。原文如下："夫心，犹首面也，是以甚致饰焉。面一旦不修饰，则尘垢秽之；心一朝不思善，则邪恶入之。人咸知饰其面，而莫修其心，惑矣。夫面之不饰，愚者谓之丑；心之不修，贤者谓之恶。愚者谓之丑，犹可；贤者谓之恶，将何容焉？故览照拭面则思其心之洁也，傅脂则思其心之和也，加粉则思其心之鲜也，泽发则思其心之顺也，用栉则思其心之理也，立髻则思其心之正也，摄鬓则思其心之整也。"[①]蔡邕撰写的《训女鼓琴》，强调弹琴技巧对加强家庭礼仪教育的重要性，对后世也产生了一定的影响。

中国传统家训成型于两汉，标志之一就是东汉时期出现了一批成文家训，如刘邦的《手敕太子书》、曹操的《戒子植》《诸儿令》《遗令》、刘备的《遗诏敕后主》、诸葛亮的《诫子书》《诫外甥书》、明德马皇后家训、樊宏父子家训、马援家训、向朗家训、汉文帝刘恒《遗诏》、卞皇后家训等。这一时期还出现了专门的女训著作，如班昭的《女诫》。班昭，东汉著名的史学家、辞赋作家，她是班彪之女，班固之妹，曹世叔之妻，世称曹大姑。班昭屡次被汉和帝召入宫中，《后汉书·曹世叔妻》载："令皇后诸贵人师事焉，号曰大家。"晚年，班

① 严可均辑；许振生审订：《全后汉文》卷七十四，商务印书馆1999年版，第756页。

昭考虑到女儿快要出嫁，如果不闻女训，不明妇礼，恐怕会“失容它门，取耻宗族”，于是撰成《女诫》[①]。《女诫》除序言外，共分七篇，第一篇为《卑弱》，第二篇为《夫妇》，第三篇为《敬慎》，第四篇为《妇行》，第五篇为《专心》，第六篇为《曲从》，第七篇为《和叔妹》。中国古籍中有关女训的专门记载不多，班昭的《女诫》可谓开了先例，成为首部女训专著，被誉为“中国女训之祖”，后世女训专著如唐代的《女孝经》《女论语》，明代的《内训》《闺范》，以及清代的《新妇谱》《女儿经》等都受其启示和影响。后来王相将东汉班昭《女诫》、唐宋若莘、宋若昭姐妹的《女论语》、明仁孝文皇后《内训》、明王相之母刘氏《女范捷录》合刻，称为《女四书》，足见班昭《女诫》在传统女训中的崇高地位[②]。《后汉书》也收录了班昭的《女诫》。

两汉时期家训的特点，可概括为以下三个方面：一是多以文献形式的训诫文书出现。“早期大多是以书信的形式出现的，然后逐渐出现遗书、遗言的形式，最后出现正式以家诫、家范、家训命名的训诫文书。”[③]如汉高祖刘邦的《手敕太子书》，刘备的《遗诏敕后主》，班昭的《女诫》，魏武帝曹操的《诸儿令》《遗令》，都是以文献形式出现的训诫文书。二是广泛采用了家书或家信的形式。汉代以后，家书或家信形式的训诫文书开始出现。之后，采用家书或家信的形式训诫子弟，成了家训的传统做法。两汉、三国时期出现了许多专为训诫的家书或家信，如马援的《诫兄子严、敦书》，诸葛亮的《与兄瑾言子乔书》《诫外甥书》，羊祜的《诫子书》，刘向的《诫子歆书》，郑玄的《戒子益恩书》，孔臧的《戒子书》，等等。这些家书或家信，均为家训名篇，千古流传。三是既重视子训，又重视女训。这一时期出现了很多子训文本，也出现了不少女训文本，如班昭的《女诫》、荀爽的《女诫》、蔡邕的《女训》等。这些女训对以后历代女训的形成与发展产生了重要的影响。它的出现，丰富了家训的内容，可以说是中国家

① 沈时蓉，刘莹：《中国传统女训的当代审视——以班昭〈女诫〉为例》，《四川师范学院学报（哲学社会科学版）》2001年第5期。

② 沈时蓉，刘莹：《中国传统女训的当代审视——以班昭〈女诫〉为例》，《四川师范学院学报（哲学社会科学版）》2001年第5期。

③ 徐建华：《中国的家谱》，百花文艺出版社2002年版，第55页。

训史上的一个巨大的创造。

二、魏晋南北朝隋唐时期的家训

魏晋南北朝隋唐时期的家训可以分为两个阶段，一是魏晋南北朝时期，一是隋唐时期。这两个时期的家训因政治局势不同而有所区别。

先看魏晋南北朝时期的家训。魏晋南北朝时期，南北分裂，战争持续不断，导致朝代革易，社会长期动荡不安，人的生死、存亡变动不定，家庭的盛衰、成败反复无常，官学、私学兴废不时，佛寺遍布各地，信佛者日渐增多，立身免祸和传家保国成为帝王、名门望族乃至一般士大夫的头等大事，也是他们制订家训的重要思想。这一时期的家训具有明显的时代印记，即直接为立身、免祸、传家而立。其目的在于训诲子孙后代，使之洁身自爱、明哲保身、循规蹈矩、知足去贪、省言省事、淡泊名利、志存高远、自强自立，进而掌握立身、处世的本领，以防止家庭衰败、没落。如：魏晋嵇康（223—262）的《家诫》把立志视为立身、传家的基本准则："人无志，非人也。但君子用心，所欲准行，自当。量其善者，必拟议而后动。若志之所之，则口与心誓，守死无二。耻躬不逮，期于必济。若心疲体懈，或牵于外物，或累于内欲，不堪近患，不忍小情，则议于去就。议于去就，则二心交争。二心交争，则向所以见役之情胜矣。或有中道而废，或有不成一匮而败之。以之守则不固，以之攻则怯弱。与之誓则多违，与之谋则善泄。临乐则肆情，处逸则极意。故虽繁华熠熠，无结秀之勋，终年之勤，无一旦之功。斯君子所以叹息也。"[①]西晋羊祜（221—278）的《诫子书》则叮嘱家人三思而后行："咨度弘伟，恐汝兄弟未之能也；奇异独达，察汝等将无分也。恭为德首，慎为行基。愿汝等言则忠信，行则笃敬，无口许人以财，无传不经之谈，无听毁誉之语。闻人之过，耳可得受，口不得宣，思而后动。若言行无信，身受大谤，自入刑论，岂复惜汝？耻及祖考。"[②]

① 嵇康：《家诫》，载广陵书社编：《历代家训》，广陵书社2009年版，第15—16页。
② 羊祜：《诫子书》，载广陵书社编：《历代家训》，广陵书社2009年版，第17页。

魏晋南北朝时期家训的另一特点是家学受到广泛重视。在官学兴废不时、教育子弟的任务主要由家庭来承担的历史条件下，父传子承，子承父业，并以此来提高子弟的文化素质和思想品质成了世家大族乃至一般士大夫的共同做法。如南齐祖冲之（429—500）“有机思”“特善算”，其子暅之“少传家业，究极精微，亦有巧思”，孙祖皓也“少传家业，善算历”。又如东晋王羲之（303—361，一作321—379）擅长书法，时人誉之为“书圣”，其次子凝之、五子献之“亦工草隶，善丹青”，被称为“小圣”。

佛学的影响日渐明显是魏晋南北朝时期家训的又一特点。魏晋南北朝时期，佛学广泛流行。受其影响，这一时期，有些家训融合了儒家、佛学观点。如南朝颜延之（381—456）的《庭诰》主张儒佛“达见同善”：“今所载，咸其素蓄，本乎性灵，而致之心用”。南朝张融（444—497）的《门律》也是著名的事例：“吾门世恭佛，舅氏奉道……欲使魄后余意，绳墨弟侄，故为《门律》。”南朝梁武帝萧衍（464—549）等都将佛学理论引入他们的家训[①]。这种情况的出现，已反映出佛学对家训的影响已经形成，也反映出秦汉以来儒家经典主宰家训的局面已被改变，尽管此时的家训仍以传统的儒家经学为主要内容。

再看隋唐时期的家训。隋唐时期，国家统一，政治稳定，社会经济、文化达到了空前繁荣，与之相联系的家训也达到了成熟阶段，形成了传统家训的又一个发展期。这一时期家训的成熟，以两本家训专著的问世为标志，一本是颜之推的《颜氏家训》，另一本是唐太宗的《帝范》。

隋唐时期出现的家训名篇多为官宦世家的家训，其中以颜之推（531—591）的《颜氏家训》最为有名。该书署名“北齐黄门侍郎颜之推撰”，但据王利器考订，它成于入隋以后[②]。该书适应了家训的需要，主要以儒家学说为依托，对子女教育、兄弟关系、家庭治理、读书学习、文章伦理、考据训诂、医学养生等各个方面的家庭教育理论

① 徐少锦，陈延斌：《中国家训史》，陕西人民出版社2003年版，第257页。
② 颜之推撰；王利器集解：《颜氏家训集解》，上海古籍出版社1980年版，第2页。

进行了系统的总结。正如沈揆在该书《跋》中所云：“此书虽辞质义直，然皆本之孝弟，推以事君上，处朋友乡党之闲，其归要不悖《六经》，而旁贯百世。至辨析援证，咸有根据。”[①]王钺的《读书丛残》称它为“篇篇药石，言言龟鉴，凡为人子弟者，可家置一册，奉为明训，不独颜氏”[②]。《颜氏家训》系治家之圭臬、处世之规范，对后世影响极大，“古今家训，以此为祖”[③]。正如张璧的《刻颜氏家训序》所云：“乃若书之传，以禔身，以范俗，为今代人文风化之助，则不独颜氏一家训乎尔。”也如赵曦明的《〈颜氏家训〉赵跋》所说：“指陈原委，恺切丁宁，苟非大愚不灵，未有读之而不知兴起者。谓当家置一编，奉为楷式。”

唐太宗李世民的《帝范》则是帝王家训的代表。在此之前，历代帝王之家不乏家训与范例，但总的来说，基本上都是就事论事，并没有形成完整的理论体系。《帝范》的问世则改变了这种状况。该书全面、系统地论述了帝王的家训思想，阐述了家训的内容、价值、原则、途径与方法，是我国最早的系统的帝王家训专论。帝王家训的系统化和全面阐述，是帝王家训的重要发展。它的刊行，标志着帝王家训趋于成熟。

隋唐时期，家训发展的另一突出表现是“家训诗”成熟起来。不可否认，此前就有家训诗传世，但普及、成熟却是在唐代以后。唐代诗界名流很多，初唐有王梵志等，盛唐有李白、杜甫等，晚唐有杜牧等。他们都有家训诗留世，如王梵志的《世训格言诗》，杜甫的《示从孙济》《宗武生日》《又示宗武》，李白的《赠从弟冽》《送外甥郑灌从军》，韩愈的《示儿》《符读书城南》，白居易的《妇人苦》《赠内子》《狂言示诸侄》《见小侄龟儿咏灯诗并腊娘制衣，因寄行简》《闲坐看书，贻诸少年》《吾雏》《遇物感兴因示子弟》，李商隐的《骄儿诗》，杜牧的《冬至日寄小侄阿宜诗》等。这些家训诗言简意明，切于实用，历史影响十分深远，都是我国家训宝库里不可多得的珍贵

① 颜之推撰；王利器集解：《颜氏家训集解》，上海古籍出版社1980年版，第545页。
② 颜之推撰；王利器集解：《颜氏家训集解》，上海古籍出版社1980年版，第1页。
③ 王三聘：《古今事物考》，上海书店1987年版，第34页。

遗产。

值得一提的是，女训在隋唐时期又有发展，出现了不少女训专著，而且不乏名篇，如郑氏的《女孝经》和宋若莘、宋若昭姐妹的《女论语》等。郑氏的侄女“特蒙天恩”，成为唐玄宗十六子永王李璘之妃，郑氏为之作《女孝经》，“戒以为妇之道，申以执巾之礼，并述经史正义”。该书载《宋史·艺文志》，仿《孝经》，共十八章，依次是开宗明义、后妃、夫人、邦君、庶人、事舅姑、三才、孝治、贤明、纪德行、五刑、广要道、广守信、广扬名、谏诤、胎教、母仪、举恶[①]。宋若莘、宋若昭姐妹的《女论语》，仿《论语》，除序言外，共十二章，依次是立身、学作、学礼、早起、事父母、事舅姑、事夫、训男女、营家、待客、和柔、守节，影响更大。陈宏谋《五种遗规》载：“此篇《论语》，内范仪刑。后人依此，女德昭明。幼年切记，不可朦胧。若依此言，享福无穷。”

三、宋元时期的家训

宋元时期的家训从总体上说始终受到名臣、名儒的重视，并得到了一定的发展，家训著作也进一步突破了家庭的局限而得以广泛的传播。但在各个不同的历史发展阶段，家训发展的情况又有所区别。

第一阶段是北宋时期。北宋的建立，结束了自唐中叶“安史之乱”以后至五代十国长期的分裂割据局面，中国又重新成为统一的中央集权的封建国家。相对稳定的社会环境，促进了社会经济、政治、文化的发展，也推动了家训的发展。这一阶段出现的家训，如司马光的《家范》《居家杂仪》《训俭示康》，范仲淹的《给诸子书》《义庄规矩》，贾昌朝的《戒子孙》，苏轼的《过于海舶，得迈寄书、酒。作诗，远和之，皆粲然可观。子由有书相庆也，因用其韵赋一篇，并寄诸子侄》等，不仅数量多，而且影响甚大，形成了繁荣的局面。

第二阶段是南宋时期。这一时期家训的发展仍然迅速。究其原因，主要是南宋时期，涌现出了一批名臣、名儒，他们的作用不可小觑。如叶梦得（1077—1148），字少蕴，苏州吴县（今江苏苏州）人，

① 徐少锦，陈延斌：《中国家训史》，陕西人民出版社2003年版，第324页。

号石林居士，文学家，绍圣四年（1097）进士，绍兴时任江东安抚制置大使，兼知建康府等职。他博学多智，精熟掌故，能诗善词，被人誉为“贯穿五经，驰骋百氏，谈笑千言，落笔万字”。《四库全书总目提要》称赞他：“实南北宋间之巨臂，其所评论往往深中窾会，终非他家听声之见，随人以为是非者比。”著作有《石林燕语》《石林诗话》《建康集》等。又如赵鼎（1085—1147），字元镇，号得全居士，解州闻喜（今属山西）人，崇宁五年（1106）进士，历官河南洛阳令、殿中侍御史、御史中丞。宋高宗绍兴初年，赵鼎两度为相，权炽一时，时称“中兴贤相”。他因与秦桧意见不同而遭到排斥，罢相为奉国军节度，后绝食而亡，死前自题铭旌曰：“身骑箕尾归天去，气作山河壮本朝。”著作有《忠正德文集》等。再如陆游（1125—1210），字务观，号放翁，越州山阴（今浙江绍兴）人，南宋著名的爱国诗人。高宗时应礼部试，屡遭秦桧陷害，仕途乖舛。孝宗时作枢密院编修官，赐进士出身，官至宝谟阁待制。陆游晚年退居家乡，仍不忘收复失地，撰有《剑南诗稿》《渭南文集》《老学庵笔记》《南唐书》等。这些名臣、名儒既重视家训的制订，又重视家训实践，为南宋家训的发展做出了极其重要的贡献。值得一提的是，叶梦得留下了极具代表性的两篇家训，一篇是《石林治生家训要略》，另一篇是《石林家训》。赵鼎存世的家训著作是《家训笔录》，共三十则，在中国家训发展史上，他是第一个专门就“制用”问题具体、详细地对子孙进行训诫的[①]。陆游今存诗歌九千一百三十八首，内有教子诗二百多首[②]。他撰写的《放翁家训》，计三千八百余字，多为阅历有得之言，是一篇脍炙人口的家训。

第三阶段是元朝时期。元朝，蒙古族实行政治上的统治和军事上的占领，与此形成鲜明对照的则是其文化上的被“同化”。随着“汉化”政策的推行、尊孔重儒现象的普及，元朝时期的家训得到了一定的发展。我国族规家法的范本《郑氏规范》就是在这一阶段出现的。据《明史》记载，郑绮的六世孙郑文融制订家范三卷，凡五十八则。

① 徐少锦，陈延斌：《中国家训史》，陕西人民出版社2003年版，第429页。

② 喻岳衡：《历代名人家训》，岳麓书社2001年版，第155页。

此后，七世孙郑钦增七十则，其弟郑铉又加九十二则。该家范到八世孙郑涛及其诸兄诸弟郑濂、郑源、郑泳、郑澳时又有较大修改，总为一百六十则。这部经过郑氏家族几代子孙修订、增删而成的《郑氏规范》，影响深远，历经宋、元、明三代而不衰，元武宗至大四年（1311）御书“孝义门”赐与郑氏家族，《元史》将之列入孝友传中。

此外，耶律楚材的教子诗通俗易懂，意味深长，流传甚广，对元朝家训的发展具有积极的意义。耶律楚材（1190—1244），字晋卿，号湛然居士，契丹族，辽太祖耶律阿保机九世孙，历经成吉思汗、窝阔台两朝，官至中书令，著有《西游录》等。他的教子诗篇数很多，后人将之编入《湛然居士文集》。许衡（1209—1281），字仲平，号鲁斋，元朝怀州河内人，官至集贤大学士兼国子祭酒。他的《训子》诗“干戈恣烂熳，无人救时屯。中原竟失鹿，沧海变飞尘。我自揣何能，能存乱后身。遗芳袭远祖，阴理出先人。俯仰意油然，此乐难拟伦。家无担石储，心有天地春。况对汝二子，岂复知吾贫。大儿愿如古人淳，小儿愿如古人真。生平乃亲多辛苦，愿汝苦辛过乃亲。身居畎亩思致君，身在朝廷思济民。但期磊落忠信存，莫图苟且功名新，斯言殆可书诸绅”[①]，为以后历代所传诵，也是元朝家训发展的标志之一。

概而言之，中国传统家训演变到宋元时期有了新的发展。第一，出现了以《戒子通录》为代表的家训总集。汇集各家家训的工作最早是在梁朝，梁元帝萧绎的《金楼子》卷二中即有《戒子》一章，采集了东方朔、杜恕、马援、陶渊明、颜延之、向朗等人语录。此后，唐代和宋初的类书，如《艺文类聚》和《太平御览》中也分类汇集了一批家训。但这些类书均未独立成家训专书，只是家训总集的前导[②]。宋元时期，出现了两部家训总集，一是北宋中叶由孙颀（字景修，号拙翁，长沙人）编撰的《古今家诫》，一是南宋年间由刘清之（字子澄，号静春，今江西清江人）编撰的《戒子通录》。前者虽为我国第一部家训总集，但今已失传，且汇集的家训篇数不成规模。后者收集

① 陈宏谋：《五种遗规》，线装书局2015年版，第65页。

② 沈时蓉：《中国古代家训著作的发展阶段及其当代价值》，《北京化工大学学报（社会科学版）》2002年第4期。

家训171篇，可称为南宋以前家训的总汇大观，极具代表性。明朝将之收入《永乐大典》；清修《四库全书》，馆臣将之辑出，厘为八卷[①]。此足以证明《戒子通录》这部家训总集在中国家训史上的地位。第二，出现了以《三字经》为代表的蒙学读物。关于蒙学教育的理论与实践，在汉代已基本成熟，而宋代的蒙学教育有了更进一步的发展，成为宋代家训的重要组成部分。宋元时期，出现了很多蒙学读物，如吕本中的《童蒙训》、吕祖谦的《少仪外传》、王应麟的《三字经》（一说《三字经》是宋末区适子所作）等。其中王应麟的《三字经》，流传时间最长，范围最广，影响也最大。王应麟是南宋著名学者，擅长写作，著作颇丰，撰有《玉海》《困学纪闻》《小学绀珠》等多部著作。所以，王应麟撰成《三字经》，似更可信。"《三字经》全书结构严谨，文字简练，概括性极强；三字成句，或三字倍数成句，句句叶韵，读来琅琅上口；通俗易懂，便于记忆背诵，许多人少年读过，竟能终生不忘；全文仅千余字，内容丰富，涵盖面极广，酷似百科全书。"《三字经》被誉为"千古一奇书"，"书中许多语句成为家喻户晓、妇孺皆知、代代相传、脍炙人口的名言警句，自宋末起，经元、明、清乃至近代，一直广为流传"。[②]宋代编撰和流行的蒙学读物，还有《百家姓》和《千字文》，与《三字经》合称"三、百、千"[③]。第三，出现了以《石林治生家训要略》为代表的"治生"家训专论。《石林治生家训要略》为南宋叶梦得所作。叶梦得在《石林治生家训要略》中说："先定吾规模。""由是朝夕念此、为此，必欲得此，久之而势我集、利我归矣。""治生非必营营逐逐，妄取于人之谓也。若利己妨人，非唯明有物议、幽有鬼神，于心不安，况其祸有不可胜言者矣，此岂善治生欤？""至于往来相交，礼所当尽者，当及时尽之，可厚而不可薄。若太鄙吝废礼，何可以言人道乎？而又何以施颜面

① 沈时蓉：《中国古代家训著作的发展阶段及其当代价值》，《北京化工大学学报（社会科学版）》2002年第4期。

② 郭齐家，王炳照：《中国教育史研究》（宋元分卷），华东师范大学出版社2000年版，第383页。

③ 郭齐家，王炳照：《中国教育史研究》（宋元分卷），华东师范大学出版社2000年版，第384页。

乎？然开源节流，不在悭琐为能。凡事贵乎适宜，以免物议也。”这反映了《石林治生家训要略》流传甚广的重要原因在于“治生”，不仅有理论，而且有方法。使用此方法，家道便可长久。叶梦得的《石林治生家训要略》，虽然篇幅不长，却是我国第一部专论“治生”问题的家训著作[1]。第四，出现了以《家训笔录》为代表的“制用”家训专著。“制用”家训著作，在宋元时期，有赵鼎的《家训笔录》、陆九韶的《居家正本制用篇》和倪思的《经锄堂杂志》。其中，《家训笔录》流传最广。该书写于绍兴十四年（1144），共三十则，按内容可分两类，一是修身治家，一是“制用”治家，后者在书中占有较大的篇幅，主要内容是保守田产、衣食分配、宅库管理、租课收支等。此书系我国第一部专论“制用”问题的家训著作[2]。“制用”治家具有重要的意义，陆九韶的《居家正本制用篇》将之概括为：“古之为国者，冢宰制国用，必于岁之杪。五谷皆入，然后制国用。用地大小，视年之丰耗。三年耕，必有一年之食；九年耕，必有三年之食。以三十年之通制国用，虽有凶旱水溢，民无菜色。国既若是，家亦宜然。故凡家有田畴，足以赡给者，亦当量入以为出，然后用度有准，丰俭得中，怨讟不生，子孙可守。”第五，出现了大量的家训专著。诸如《家范》《居家杂仪》《义庄规矩》《袁氏世范》《石林治生家训要略》《石林家训》《家训笔录》《居家正本制用篇》《经锄堂杂志》《放翁家训》《郑氏规范》《戒子通录》《教子斋规》等。其中又以《袁氏世范》最为有名。《袁氏世范》为袁采所作，成书于南宋淳熙五年，即1178年，初名为《训俗》，时任权通判隆兴军府事刘镇将之改为《袁氏世范》。全书共三卷，第一卷为《睦亲》，共六十则；第二卷为《处己》，计五十五则；第三卷为《治家》，计七十二则，巨细皆论，为以后历代所誉。该书后记称：“今若以察乎天地者而语诸人，前辈之语录固已连篇累牍，姑以夫妇之所与知能行者，语诸世俗，使田夫野老，幽闺妇女，皆晓然于心目间。”[3]可见作者作《袁氏世范》的主要目的是

① 徐少锦，陈延斌：《中国家训史》，陕西人民出版社2003年版，第424页。
② 徐少锦，陈延斌：《中国家训史》，陕西人民出版社2003年版，第429页。
③ 袁采：《袁氏世范》，中华书局1985年版，第66页。

为了“厚人伦，美习俗”。

四、明清时期的家训

关于明清时期的家训，首先要说明两点：一是从时间上说，论述的重点并不是整个明清时期的家训，而是1368年明朝建立到1840年鸦片战争这一时期的家训。二是从家训的发展过程而言，1368年明朝建立至1840年鸦片战争，是中国传统家训发展的鼎盛时期，而1840年鸦片战争以后，中国开始沦为半殖民地半封建社会，中国传统家训则逐步走向衰落。把这两个阶段区分开来，论述侧重于1840年鸦片战争以前的家训，为的是再现明清时期家训发展的繁荣程度。

明清时期是传统家训的鼎盛时期。突出表现在以下两个方面：一是明清两代十分重视家训读物的编写，出现了成批有影响的家训读物，它们是明代朱元璋的《祖训录》《诫诸子书》，朱棣的《圣学心法》，仁孝文皇后（徐皇后）的《内训》，王相的《女四书》，姚舜牧的《药言》，许相卿的《许云邨贻谋》，庞尚鹏的《庞氏家训》，袁黄的《训子言》《了凡四训》，杨继盛的《杨忠愍公遗笔》，高攀龙的《高忠宪公家训》，王刘氏的《女范捷录》《古今女鉴》，温陆氏的《温氏母训》，袁衷的《庭帏杂录》，吴黄氏的《训子诗三十韵》《百字令·戒子》，陈继儒的《安得长者言》，吴麟徵的《家诫要言》，陈龙正的《家矩》，彭端吾的《彭氏家训》，方孝孺的《家人箴》《幼仪杂箴》《四箴》，吕坤的《孝睦房训辞》《近溪隐君家训》，王守仁的《训儿篇》，徐奋鹏的《教家诀》，陈献章的《诫子弟书》，申涵光的《荆园小语》，曹端的《续家训》《诫子孙》，杨爵的《勉仕男读书》，薛瑄的《诫子书》，周怡的《示儿书》，郑太和的《郑氏规范》，李应升的《诫子书》，张居正的《示季子懋书》；明清之际朱之瑜的《与诸甥男书》，王夫之的《耐园家训跋》《家世节录》《传家十四戒》，孙奇逢的《孝友堂家规》《孝友堂家训》，张履祥的《训子语》；清代康熙的《庭训格言》，陈宏谋的《五种遗规》（《养正遗规》《教女遗规》《训俗遗规》《从政遗规》《在官法戒录》），许汝霖的《德星堂家订》，陆圻的《新妇谱》，冯班的《家戒》，毛氏宗族的《家劝》《家戒》《百字铭

训》，魏源的《家塾示儿耆》《家塾再示儿耆》，张英的《聪训斋语》《恒产琐言》，郑板桥的《十六封家书》，汪辉祖的《双节堂庸训》，蒋伊的《蒋氏家训》，石成金的《天基遗言》，刘德新的《馀庆堂十二戒》，曾国藩的《教子书》《家书》，于成龙的《治家规范》，王太岳的《家训》，洪亮吉的《谕子书》，林则徐的《训子书》，左宗棠的《与子书》，谭献的《复堂谕子书》，张之洞的《致儿子书》，林纾的《示儿书》，等。

二是明清两代也十分重视族规家法的制订，出现了大量的族规家法。仅我们看到的就有近70种。如《宜荆朱氏宗谱》卷首《拟续祠规九条》，《吴县湖头钱氏宗谱》卷首《谱例一十八条》，《淮山郝氏宗谱》卷一《条规》，《兴化解氏宗谱》卷一《木榜条规》，《开沙许氏宗谱》卷一《重修族谱条约》，《古吴陈氏世谱》卷一《宗祠规例》，《宁乡熊氏续修族谱》卷八《祠规》，《白苧朱氏宗谱》卷二《奉先公家规》，《茗洲吴氏家典》卷一《家规八十条》，《潭邑姜氏十修族谱》卷一之上《明谱家规》，《宛山卫氏续修宗谱》卷七中《倪家湾续修宗约》，《丹阳厉氏族谱》卷二《宗祠规约二十四条》，《新河周氏宗谱》卷十二《世德堂规约》，《浦阳龙溪张氏宗谱》卷首《重修宗祠禁约》，《皇甫庄朱氏宗谱》卷一《家规》，《介休马氏族谱》卷一《宗祠条例》，《丹徒陈氏族谱》卷一《家训条目》，《沅江李氏族谱》卷二《家规》，《南丰东隅吴氏支谱》卷一《旧谱祠规》，《庐江堂何氏族谱》卷二《家规》，《汀龙黄氏族谱》卷九《规约》，《华亭顾氏宗谱》卷七《家塾课程》，《菱湖王氏支谱》第三本《家塾章程》，《东阳上璜王氏宗谱》卷一《上房大宗祠添载规例八则》，《江阴任氏宗谱》卷四《家规》，《屠氏毗陵支谱》卷一《恤孤家塾规条》，《合江李氏族谱》卷八《族规十条》，《会稽东土乡王氏宗谱》卷一《家范》，《浔海施氏族谱》卷首《施氏族约》，《剡溪朱氏宗谱》卷一《家规》，《洛塘周氏家乘》卷首《宗约》，《宜兴卢氏宗谱》卷一《宗祠诫约》，《余姚兰风沈氏家谱》卷之首《宗规》，《江都孙氏族谱》卷一《条规》，《山阴州山吴氏族谱》卷首《家礼三十二则》，《毗陵费氏重修宗谱》卷一《宗规》，《映雪堂孙氏续修族谱》卷首下《家法补略》，《豫章黄城魏氏宗谱》

卷十一《宗式》，《润东刘氏宗谱》卷一《族规十则》，《山阴华舍赵氏宗谱》卷首《家规》，《桐城柳峰朱氏宗谱》卷一《家规》，《济阳江氏宗谱》卷一《祠规》，《姚江古将坛俞氏宗谱》卷首《宗约》，《姚江东山任氏宗谱》卷一《家居要约》，《山阴白洋朱氏宗谱》卷五《嗣古原禁约》，《沅江李氏族谱》卷二《家规》，《潭墅吴氏宗谱》卷一《宗约》，《洛塘周氏家乘》卷一《宗约》，《宝安南头黄氏族谱》卷上《族规》，《文海林氏家谱》卷一《家规》，《榄溪麦氏族谱》卷一《族规》，《宋泽吴氏族谱》卷一《家训》《家规》《族戒》，《西林岑氏族谱》卷一《家规》，《夏墅尹氏家乘》卷四《祠规》，《毗陵杨家桥俞氏宗谱》卷一《宗禁》，《朱子家礼》卷一《居家杂仪》，《锡山邹氏家乘》卷首《旧谱凡例》，《长沟朱氏宗谱》卷二《族范》《祠规》，《东粤宝安南头黄氏族谱》卷上《族规》，《古吴陈氏世谱》卷四《附立丛墓规条十则》，《寿州龙氏宗谱》卷一《家规》，《山西平定石氏族谱》别册《宗祠规条》，等。

明清时期族规家法的繁荣，与修谱活动的活跃密切相关。明清两代十分重视家谱的编修，形成了各种类型的家族均重视修谱的传统。在此背景下，散布于国内各地明清两代的家谱开始大量出现。这些家谱现今分别藏于北京图书馆、中国历史博物馆、中国社会科学院历史研究所图书馆、北京大学图书馆、北京师范大学图书馆、上海图书馆、天津图书馆、吉林大学图书馆、河北大学图书馆、南京图书馆、安徽省图书馆、安徽省博物馆、黄山市博物馆、歙县博物馆、绩溪县档案馆等数十家单位。此外，还有不少流散到国外。

明清两代盛行编修家谱，促进了家训的繁荣。其标志就是明清两代所修家谱增加了大量反映家训的内容，如宗规、族规、家法、祠规、族训等，这从前文列举的家谱中可得到证实。家谱中的家训，有多种名称，大致有以下这些：家训、家规、祖训、祠规、祠训、族约、宗规、宗禁、谱例、条规、条约、宗约、规约、家范、诫约、家礼、庭训、宗式、族戒、规条等。此类家训内容有相同之处，也存在不同之处。如清代江苏李起琼起草的《合江李氏族谱》中所载的《族规》《族禁》，禁止族人加入各种反政府组织，带有较浓的政治色彩。

而《湘阴狄氏家谱》中所载的《家规》，禁止强掘强牵，服毒坐拼，明显带有湖南的地方特色。又如《宜兴卢氏宗谱》中所载的《宗祠诫约》，允许“螟蛉异姓为嗣”，而《东阳上璜王氏宗谱》中所载的《涧溪小宗祠添载禁例四条》却不准外姓人在当地娶妻生子，以防“损坏族风”。再如《白苧朱氏宗谱》中所载的《家规》惩罚方式较少，也不很严厉，而《映雪堂孙氏续修族谱》中所载的《家法补略》却惩罚方式较多，也很严厉。

此外，明清两代还注意继承并发展明代以前家训著作的编写经验，取得了许多新的进展。以下两点尤为突出：一是出现了嘉言类编式的著作。如明代薛梦李的《教家类纂》八卷，即是薛梦李将收集到的前人家训粹语分类以图说、敦伦、治家、省事为目编辑而成的。清代彭绍谦的《闲家类纂》、胡达源的《治家良言汇编》十六卷，也是采用这种办法编辑而成。此类图书以清修的大型类书《古今图书集成》为代表，其中的《家范典》达116卷，共分31部，各又再分5类，辑录了先秦至清初的大量家训资料[①]。二是出现了汇集多部家训的丛书。此类图书在明清两代有明秦坊的《范家集略》六卷，清陈宏谋的《五种遗规》、贺瑞麟的《养蒙书十种》《福永堂汇钞》《诲儿编》和阎敬铭的《有诸己斋格言丛书》以及张承燮的《东听雨堂刊书》。在这类图书中，陈宏谋的《五种遗规》最有名，其中《教女遗规》和《训俗遗规》都是家训丛编的必选图书[②]。

比较明清以前的家训，可以看出，明清时期的家训更趋多元化。从家训内容看，有帝王家训、仕官家训、名儒家训、义士家训、百姓家训、商贾家训、母训、女训等；从训主身份看，有帝王、贵族、教育家、文学家、诗人、商人、父亲、母亲、中下层官僚、平民百姓等；从文献形式看，有家规、家法、家范、家箴、家书、家礼、宗规、宗训、祖训、族约、祠规等；从家训侧重点看，有的侧重于劝

① 沈时蓉：《中国古代家训著作的发展阶段及其当代价值》，《北京化工大学学报（社会科学版）》2002年第4期。

② 沈时蓉：《中国古代家训著作的发展阶段及其当代价值》，《北京化工大学学报（社会科学版）》2002年第4期。

说，有的偏重于惩罚，还有的是前部分劝诫，后部分惩戒[1]；从家训种类看，有嘉言类编、家训丛书、训蒙读物、训俗歌谣、家训汇编等。因此，明清时期家训的繁荣还表现在制订家训的家庭、家族逐渐增多，其内容和形式也渐趋成熟。

第二节　徽州家训的历史血脉

徽州家训的形成、发展与中国家训的形成、发展有密切的联系，而宋元明清时期徽州家训是于宋元明清时期在徽州形成、发展的，与中国传统家训有联系，也有区别，具有地方性的特点。因此，梳理这一时期徽州家训的历史血脉，对于拓宽视野，理清徽州传统家训与中国传统家训的联系和区别是有益的。

一、宋元时期徽州家训的形成

明清时期徽州家训是在宋元时期徽州家训的基础上发展起来的。其家训中的绝大部分来自对宋元时期徽州家训的传承，带有宋元时期徽州家训的特点。明清时期的徽州家训实践，除了发展明清时期的徽州家训外，继承宋元时期的徽州家训也是极为重要的任务。

宋元时期，徽州不仅“名臣辈出”，而且“名儒云集”。他们崇儒尚教，既重学校教育，又重家庭教育。受此影响，宋元时期徽州的名臣、名儒的家训意识加剧了自觉的进程，进而促进了宋元时期徽州家训的形成。

表现之一，出现了不少训诫文书。其中著名的有朱熹的《训子帖》、方振文的《积善家训》、陈栎的《与子勋书》、唐元的《舟喻示儿桂芳》、程文海的《友敬堂箴》等。这些家训的作者不是名臣，就是理学名儒，有的既是名臣又是理学名儒，他们大多勤于家训。现择其要者，略作介绍。

朱熹（1130—1200），字元晦，改字仲晦，别号晦庵、晦翁、云谷老人，别称紫阳，徽州婺源县（今属江西）人，南宋哲学家、教育

① 王长金：《传统家训思想通论》，吉林人民出版社2006年版，第87页。

家。绍兴进士，曾任福建泉州同安县主簿、知南康军、提举浙东常平茶盐公事、知漳州、秘书阁修撰等职。长期从事书院教育，主持白鹿洞书院、岳麓书院。《朱子语类》载："无所不学，禅、道、文章、《楚辞》、诗、兵法，事事要学，出入时无数文字，事事有两册。"对经学、史学、文学、乐律、自然科学均有研究。《宋史·朱熹传》称："其为学，大抵穷理以致其知，反躬以践其实，而以居敬为主。"朱熹著有《四书章句集注》《周易本义》《诗集传》《楚辞集注》等，后人编纂的有《晦庵文集》《朱子遗书》《朱子语类》等。朱熹撰写的《朱子训子帖》，由数封教育长子的家书合编而成，很有价值，备受世人推崇。此帖系统地阐述了穷理、正心、修书、治人与从学的关系以及从学之道，告诫其子要勤学。这里将其内容照录如下，以供参照：

早晚受业请益，随众例不得怠慢。日间思索有疑，用册子随手札记，候见质问，不得放过。所闻诲语，归安下处，思省切要之言，逐日札记，归日要看。见好文字，录取归来。

不得自擅出入，与人往还。初到，问先生有合见者见之，不合见则不必往。人来相见，亦启禀然后往报之，此外不得出入一步。

居处须是居敬，不得倨肆惰慢。言语须要谛当，不得戏笑喧哗。凡事谦恭，不得尚气凌人，自取耻辱。

不得饮酒，荒思废业，亦恐言语差错，失己忤人，尤当深戒。不可言人过恶，及说人家长短是非。有来告者，亦勿酬答。于先生之前，尤不可说同学之短。

交游之间，尤当审择。虽是同学，亦不可无亲疏之辨。此皆当请于先生，听其所教。大凡敦厚忠信，能攻吾过者，益友也；其谄谀轻薄，傲慢亵狎，导人为恶者，损友也。推此求之，亦自合见得五七分，更问以审之，百无所失矣。但恐志趣卑凡，不能克己从善，则益者不期疏而日远，损者不期近而日亲，此须痛加检点而矫革之。不可荏苒渐习，自趋小人之域。如此则虽有贤师长，亦无救拔自家处矣。

见人嘉言善行，则敬慕而纪录之，见人好文字胜己者，则借来熟看，或传录之而咨问之，思与之齐而后已。不拘长少，惟善是取。

以上数条，切宜谨守。其所未及，亦可据此推广。大抵只是勤谨二字，循之而上，有无限好事。吾虽未敢言，而窃为汝愿之。反之而下，有无限不好事。吾虽不欲言，而不免为汝忧之也。

盖汝若好学，在家足可读书作文，讲明义理，不待远离膝下，千里从师。汝既不能如此，即是自不好学，已无可望之理。然今遣汝者，恐汝在家汩于俗务，不得专意。又父子之间，不欲昼夜督责，及无朋友闻见，故令汝一行。汝若到彼，能奋然勇为，力改故习，一味勤谨，则吾犹有望。不然则徒劳费，只与在家一般；他日归来，又是旧时伎俩人物。不知汝将何面目归见父母亲戚乡党故旧耶？

念之，念之。夙兴夜寐，无忝尔所生，在此一得，千万努力。[①]

陈栎（1252—1334），字寿翁，号东阜老人，徽州休宁人，元代理学名儒。陈栎3岁从祖母学诵《孝经》《论语》，7岁精通科举之业，15岁乡人都拜他为师，后师从新安理学名儒黄常甫。南宋灭亡后，他隐居乡间，以教授生徒为业，“四方来学，谆谆善诱”[②]，同时致力于儒学研究，“不出门户者数十年”。揭傒斯称赞他：“栎居万山间，与木石俱，而足迹未尝出乡里，故其学必待其书之行，天下乃能知之。及其行也，亦莫之御，是可谓豪杰之士矣。”[③]陈栎著有《四书发明》《书传纂疏》《礼记集成》《口义书解》《论孟训蒙》《六典撮要》《增广通略》《读诗记》《读易编》。家训有《与子勋书》存世。起因是陈栎的儿子到外地任教，陈栎特意写了一封信，交代任教前、任教中、任

① 朱熹：《与长子受之书》，载唐松波：《古代名人家训评注》，金盾出版社2009年版，第158—161页。

② 程曈辑撰；王国良，张健点校：《新安学系录》卷第十二《陈定宇墓志铭》，黄山书社2006年版，第225页。

③ 陆林：《中华家训大观》，安徽人民出版社1994年版，第366页。

教后的诸种事情，要求儿子要自我独立、自己争气、自求上进、靠自己成长；告诫儿子要守住“勤、谨”二字，为人师表。兹辑录如下以观之：

我本未欲遣汝出，偶遇机会，故如此。汝须是自卓立、自争气、自求长进、自做取成人，不可如前日悠悠见笑于人。今幸遇亲家执敬老师、重厚典刑，可亲炙取法。姊夫子静先生博淹修洁，可以资问请益。好文字、好说话，随手录取，归日要观。仲文非特益友，实足为汝师，渠之言一一谨守，不可一毫违之。按渠之言而力行之，永永无失。

今受人子弟之托，须是且以教人为急，自己事且放缓。然教人读书，即是我读；教人做文字，即是如我自做；教人解书，即是我自解；教人熟而记得，即是我自熟自记得。教人便是自学。如此力行，不特人有长进，我亦自有长进。又，教人读书，今虽不必与人尽解，然我却不可不自晓得。须是每日随人所上之书逐段自检，看解得晓得，不可徒读其句读而不晓其道理，如和尚念经也。

每日早起晏眠，除登厕外莫妄出一步，不可与人闲说一句惹是非，待学生必正色端庄，如此，决不遭侮。夏楚人家多不乐此，不宜施。须是勤而有常、谨审而不敢轻易。能守得“勤”与“谨”二字，万万无失。言语要简而当、从容而分明，最不要夸张妄诞。学生事业与主人商量，各人具一日程而日日谨守之。[①]

唐元（1269—1349），字长孺，号筠轩，徽州歙县人，元代学者。泰定四年（1327）任集庆路南轩书院山长，后以徽州路学教授致仕。曾以文学授平江路学录，迁分水教谕。他博学多智，精熟掌故，能诗善词，与洪焱祖、俞赵老号称“新安三俊”，著作有《筠轩集》。传世的家训是《舟喻示儿桂芳》。这部家训全文不足160字，是一篇体小而精、寓理于物、因事生教的训诫之作。《舟喻示儿桂芳》中，唐元

① 陈栎：《与子勋书》，载王映，桂雍：《千古家训》，安徽文艺出版社2002年版，第68—71页。

反复告诫他的儿子唐桂芳要以“善用大者不知其为大，而器小者自不可掩”为“务学”之理，坚持书写“读书、做人、做事”的人生命题，做一位真正有学问、有修养的“君子”，这一点被他的儿子唐桂芳遵循不悖。唐桂芳不负父教，学有所成，曾授崇南县教谕，后迁南雄路学正，后任紫阳书院山长[①]。唐元一生重视家教，他在《舟喻示儿桂芳》说：

> 日游吴会，买舟江浒，篙师嗜利而好招人也，逼仄委琐，坐卧弗舒，炎熇上压，沴气下蒸，不呕则泄，同舟之人惧焉。晚泊马目山下，贷舟老叟，大可容千斛，深房高榻，枕簟悉安。余始知善用大者不知其为大，而器小者自不可掩也。汝由是而知务学矣！浮躁浅露，其量几何？深藏不市而恢乎有容者，君子之道也。作舟喻，示第五儿桂芳，且将以自箴焉。[②]

程文海（1249—1318），字钜夫，号雪楼，原籍徽州。历官宣武将军管军千户、中顺大夫秘书少监、集贤直学士、中议大夫兼秘书少监、集贤直学士、进阶少中大夫、嘉议大夫、侍御史行御史事、正议大夫、福建闽海道肃政廉访使、山南江北道肃政廉访使。程文海为名臣、名师、名儒，揭傒斯称赞他：“平生潜心圣贤之学，博闻强识，诚一端庄，融会贯通，穷极蕴奥，复躬践力行，始终不怠。故其措诸事业，发为文章，非他人之所可及也。风采足以倾动四方，言论足以垂示百世。”[③]《四库全书总目》评价他：“钜夫宏才博学，被遇四朝，忠亮鲠直，为时名臣。文章亦舂容大雅，有北宋馆阁余风。”[④]其著作有《雪楼集》等。他留下的家训是《友敬堂箴》，用意在于“申友敬之义，作为家训以儆诸孙”[⑤]。在徽州家训发展史上，程文海是较早使用“堂箴”对子孙进行训诫的。他的《友敬堂箴》，系元代长乐亦

① 陆林：《中华家训大观》，安徽人民出版社1994年版，第368页。

② 陆林：《中华家训大观》，安徽人民出版社1994年版，第367页。

③ 程曈辑撰；王国良，张健点校：《新安学系录》卷第十一《程文宪公遗事》，黄山书社2006年版，第221页。

④ 永瑢等：《四库全书总目》卷一六六《集部·别集类一九》，中华书局1965年版，第1433页。

⑤ 程敏政辑撰；何庆善，于石点校：《新安文献志》，黄山书社2004年版，第993页。

山陈公所撰。长乐亦山陈公接受程文海邀请，将程文海所居匾曰“友敬”，并作《友敬堂箴》：

兄弟之身，初则一体。疴养疾痛，孰彼孰己。兄弟其弟，匪曰恩斯；弟兄其兄，乃分之宜。是惟人伦，是惟天命。非自外来，惟友惟敬。分财取少，纤悉之惠；食果取小，直让之细。然而性善，于此著形。一家和顺，千世典刑。为兄克友，弗敬非弟。干戈琴弤，何有于悌。为弟克敬，弗友非兄。煮豆燃萁，靡念厥生。嗟嗟手足，友敬惟心。其和愔愔，其肃钦钦。反是不思，为犊为禽。尔堂曷名，敢告司箴。①

表现之二，“家训诗”开始出现并受到重视。这一时期出现的“家训诗”虽篇数不多，但影响很大。最著名的是朱熹的“训蒙诗”。在宋元明清时期的徽州大儒中，朱熹率先将“训蒙诗”作为向儿童讲授“四书”的教材发展起来。他在讲授“四书”时，用“训蒙诗”讲解、阐发“四书”中义理的疑难之处。这种“诗教”，由于语言通俗、深入浅出，受到儿童欢迎，效果明显，而广泛流传于古代徽州的各个地区。这里选录其中十首，以窥一斑：

小学：洒扫庭堂职是供，步趋唯诺饰仪容。是中有理今休问，敬谨端详体立功。

唤醒：为学常思唤此心，唤之果熟物难昏。才昏自觉中如失，猛省猛求明则存。

学：轲死何知道乏人，缘知学字未分明。先除功利虚无习，尽把圣言身上行。

仁：心无私滓与天同，物我乾坤一本中。随分而施无不爱，方知仁体盖言公。

必有邻：德者人心之所同，苟能有德类斯从。不须闭户嗟寥落，但立诚心只用功。

乐亦在其中：夫子亦将贫对乐，只因人苦处贫难。苟非

① 程敏政辑撰；何庆善，于石点校：《新安文献志》，黄山书社2004年版，第993页。

天理能持敬，只向私心重处安。

辞达而已矣：方识圣门辞达旨，作文之法在其中。但将正意由辞出，此外徒劳苦用功。

困学：困学功夫岂易成，斯名独恐是虚称。旁人莫笑标题误，庸行庸言实未能。

九思：人之进学在于思，思则能知是与非。但得用心纯熟后，自然处处有思随。

良知：孩提自有良知发，此亦心蒙尚未开。及壮蒙开趋万欲，良心反丧亦衰哉。[①]

表现之三，箴言体家训也有发展。存在于宋元时期徽州的箴言体家训，尤以程文海的《友敬堂箴》和胡炳文的《果斋箴》广为流传，其中包含修身、养性、立志等内容。如胡炳文（又名胡云峰）的《果斋箴》，系胡炳文为友人高彦道的读书之室而作，以弥补高彦道对其父没有为之留下训诫的遗憾。胡炳文非常理解友人高彦道的用意，书“果”字赠之，并为之作《果斋箴》。箴曰：

坎水之流，始于蒙泉。不果其行，曷至于川。贤必希圣，圣必希天，果能此者，人十已千。孰为凡民，孰为豪杰，万里之程，一念之烈。迁善而果，雷惊电掣。克己而果，矢去川决。乾为木果，艮为草蓏。果刚在上，蓏柔而堕。最戒悠悠，亦忌琐琐。志高力强，果庶其可。[②]

宋元时期的徽州家训，固然并不等同于明清时期的徽州家训，但谁都无法否认的历史事实是：宋元时期的徽州家训和明清时期的徽州家训都形成于古代徽州，两者相互联系，彼此不可分割。正是由于宋元时期徽州家训发展的推动、促进，才有明清时期徽州家训的繁荣，比如祁门《善和程氏仁山门支谱》的形成和发展。祁门县善和村自唐末新安太守程元潭之孙程仲繁携家人迁居开基以后，历经宋、元、明、清等时期，一向是程氏宗族的聚居村落[③]。善和仁山门程氏宗族

① 朱熹：《训蒙诗》，载翟博：《中国家训经典》，海南出版社2002年版，第436—443页。

② 程敏政辑撰；何庆善，于石点校：《新安文献志》，黄山书社2004年版，第994页。

③ 卞利：《明清徽州社会研究》，安徽大学出版社2004年版，第24页。

是古代徽州的名门望族，仅在明代就先后有5人进士及第，而且人丁兴旺，如仁山门程氏宗族的“五大房”，此外仁山门程氏宗族又以家谱编修兴旺一向为世人所知。如果追踪祁门《善和程氏仁山门支谱》的源头，则可以追溯到祁门善和程氏自宋代以后的9次修谱。据祁门《善和程氏仁山门支谱·凡例》所言：“善和程氏宗谱，自明嘉靖辛丑年昌公重修，亦既集宋复公谱、元仁寿公谱、明初弥寿公谱、永乐间道同公谱、景泰间槐塘孟公谱，参互考订，详哉，其言之矣。”祁门《善和程氏仁山门支谱·凡例》又言：“爰循昌公小宗谱例，谱自始迁善和祖仲繁公为一世，上溯始迁新安祖元谭公，以志所自来；下及本门七房，阅三十世，编次成谱，俾世系无讹，名分无紊。后有作者，取诸此焉。”[1]祁门《善和程氏仁山门支谱》，其始也颇可观矣。正是祁门善和自宋代以后的9次修谱，对祁门《善和程氏仁山门支谱》的形成、延续产生了重大的影响。

二、明清时期徽州家训的兴起

应该说，宋元时期徽州家训的发展是有限的，与明清时期的徽州家训相比有很大的差距。从家训史料看，这一时期的家训资料不多。从家训名篇看，这一时期较有名的家训也不多。另外，这一时期的家训形式也不是很丰富，不可与明清时期的徽州家训相提并论。

明清时期，徽州经济发达、教育兴盛、科举昌盛、学术繁荣，随之也带来了徽州家训的繁荣兴盛。可以说，徽州传统家训繁荣于明清时期，也鼎盛于明清时期。以下两点足以说明这个问题：

一是从存世的家训产生的时间看，出自明清的家训，占了徽州家训的绝大部分。明清时期，出现了大量的家训专论，主要有（明）胡玠的《居家十慎》、（明）黄熙的《左田家训》、（明）汪尚和的《家训》、（明）张用诚的《安义家训》、（明）周世明的《中和老人遗训》、（明）王道立的《王氏家训》、（明）王仲义的《王氏箴规》、（清）李绿园的《家训谆言》、（清）张习孔的《家训》等。这些家训名篇，所关注的问题领域，主要集中于“三个侧重”：一是侧重于教训子孙读

① 祁门《善和程氏仁山门支谱·凡例》，程衡等纂修，清康熙二十一年刻本。

书。如休宁张习孔的《家训》记载说："然书香不可绝，书香一绝，则家声渐垮于卑贱。家声既卑，则出入渐鄙陋。人既鄙陋，则上无君子之交，下无治生之智。……猛念及此，安可不教子读书。读书存乎资性，资性昏鲁者，实不能读。然勤苦读之，终身不能成，其生子必资质稍优于父矣。盖已之资性昏鲁者，由于父不读书也。"[1]二是侧重于教训子孙做人。如歙县胡玠的《居家十慎》记载称："一曰慎己。凡立身，务要入孝出悌，谋忠友信；立好心，行好事，勿以善小而不为，以恶小而为之；人非善不交，物非义不取；勿以强富欺人，勿以刻剥取财，未有刻剥而致富者，亦未有强富而悠久者，盖富贵贫贱、寿夭穷通，有命存焉，非人之所能必，但修身以守正，行法以俟命耳。《易》曰：'积善之家，必有余庆；积不善之家，必有余殃'。岂不信哉！二曰慎私。凡兄弟爱敬出于天性，无不知爱其亲，无不知敬其兄也。方孩提之童，日则同食，夜则同寝，出则共方，学则共业，未始或异。及其长也，娶妇入门，异姓同居，各私其亲，财以私蓄，言以私听，每以私情而伤天性，鲜有不争竞者，甚则分门割爱，以至仇敌。回视魏了翁以'难得者兄弟'，张公艺九世同居，不亦有愧耶？三曰慎训。凡父母爱子，欲期成器，惟在于教。童稚之时，切勿恣骄以益其过；至稍知事之时，加以严威，谅其气质以授业；及成人之时，养其愧耻，教以安分，诫之慎勿非为以贻患。吁！爱子之心，谆谆若是切也！苟教而不善，辨之不早，则酿成其恶，鲜有不败家者。谚云：'教子婴孩。'正此谓也。四曰慎聘。凡妇者，家之所由盛衰也。传曰：'福之兴，莫不本乎室家。'故聘妇不可不择，聘之不宜胜吾家，必须不若吾家者，以不若之心而事舅姑，必钦必戒，以执妇道；及娶入门，切勿狎爱纵欲，轻与之权，恐得肆而不听教，以乱家法，是谓牝鸡司晨，不可也，必使服吾之德而畏吾之威，斯足正恩义以齐家耳。"[2]三是侧重于既教训子孙读书，又教训子孙做人。如李绿园的《家训谆言》记载云："尔曹读书，第一要认清这书，不是教我

① 张习孔：《檀几丛书》卷一八《家训》，檀几丛书本（康熙刻）。

② 戴廷明，程尚宽等撰；朱万曙，王平，何庆善等校点：《新安名族志》，黄山书社2004年版，第287—288页。

为做文章、取科名之具。看圣贤直如父兄……方是真正读书道理。……农者，衣食之大源，人生之大命也。尔辈于读书之外，果能自为躬耕，以给吃着费用，虽劳苦亦乐事也。若其不能，则守先人之遗业，亦可免于冻馁。……所谓十年之计，树木是也。春日暇时，墙边隙地，或栽杨柳以备材用，或栽果实以供孝慈，用力甚少而成功甚多，不可忽也。……近今陋俗，朋友姻亲间，有戏谑以为交好者，予尤深恶之。盖朋友为五伦之一，只宜敬而不宜狎。亲戚者，休戚相关之谓也，岂有相詈骂而可谓之相关乎？况衅隙易起，断乎不可。即有无知而先及我者，以笑受之，则彼当自止。”[①]

二是就目前各地收藏的明清两代家谱统计来看，现存载有家训的家谱以徽州地区为最多。传世的明清两代徽州家谱，有很多都载有家训，仅笔者收集到的就有80多种。诸如休宁《叶氏族谱》卷九《保世·家规》、歙县《金山洪氏家谱》卷一《家训》、休宁《范氏族谱》卷六《宗规》、歙县《潭渡孝里黄氏族谱》卷四《家训》、《重修古歙东门许氏宗谱》卷八《家规》、祁门《沙堤叶氏家谱》卷一《家训》、黟县《南屏叶氏族谱》卷一《祖训家风》、绩溪《仙石周氏宗谱》卷二《石川周氏祖训十二条》、婺源《馆田李氏宗谱》卷二十二《家法》、黟县《黄氏宗谱》卷之一《家规十八则》、祁门《关西方氏宗谱》卷一《家训》、绩溪《西关章氏族谱》卷首上《家训》、祁门《锦营郑氏宗谱》卷末《祖训》、祁门《韩楚二溪汪氏家乘》卷二《宗训》、歙县《金山胡氏宗谱》卷之末《家训》、歙县《太原王氏宗谱》卷之一《家训》、黟县《湾里裴氏族谱》卷一《家规》，等等。

明清时期徽州家训的繁荣，还表现在形式更加多样。现将之归纳如下：其一，出现了商贾家训。明清时期，徽州出现了不少商业教科书，如《士商类要》《士商要览》等。《士商类要》的作者为程春宇。程春宇，生卒年不详，系明代徽商。所作《士商类要》，成书于天启年间，是程春宇“取生平睹记，总汇成编”而成。程春宇的《士商类要》，通俗易懂，切于实用，备受徽商青睐，深得歙人方一桂的赞赏：

① 陆林：《中华家训大观》，安徽人民出版社1994年版，第489—490页。

"（它）虽非紫府列三星刻石之文，青丘发六甲飞灵之字，然皆为士商切要，政犹之布帛菽粟，利用甚宏……而旅客携之以游都邑，即姬公之指南、魏生之宝母在是，又奚事停骖问渡，而难取素封之富者乎。"[①]《士商要览》为新安憺漪子所编撰，明末休宁名士金声为之作序。"全书共分三卷，卷一汇集明代水陆路引100条，以记载水陆路线的站名、里距为主，兼及各地食宿、物产、气候、风景、古迹等内容。"[②]憺漪子作自序说明之："今职方所载广舆图记，合方舆、山川、城邑而界画之，每方或五百里，或百里，可谓备晰矣，然而道路所由迂直、次宿无所考。余编水陆路程，自一至五十为大江以南，五十至一百为大江以北，又经纬之以各省州县，凡疆理山川之轇轕，关津驿舍之次第，皆可以按程计里，纵横贯穿，回环往复，分率参合，无一抵牾，如躔度交会而辰宿次舍不失分寸，如营卫周布而经络节穴不差毫发。后之览者，必各随其所至，各符其所见而始信其工也，则行者箧之，以为针车之宝可耳。"[③]书中的路程图引与《士商类要》中水陆图引多处相同，两者之间可能存在源流关系，有待考证[④]。值得注意的是，《士商类要》中的《客商规略》《为客十要》，《士商要览》中的《士商规略》《士商十要》，除了提供专门的商业知识外，还含有商业伦理内容，被商人们广为传抄，不仅成了徽商教子从商的教材，而且成为明清时期徽州家训的组成部分。如清代休宁渠口无名氏《江湖绘图路程》的手抄本中，就有《士商规略》和《士商十要》；黟县宏村巨商汪定贵还把《士商十要》抄贴在家中的墙上，用以教诲子孙[⑤]。

其二，出现了不少家训教本。最具代表性的是程煦的《桃源俗语劝世词》[⑥]。程煦，生卒年月不详，大约生活在清道光与光绪年间，字景和，小字观林，徽州黟县人，是位乡绅。程煦"好读书而不求

① 程春宇：《士商类要·叙》，北京图书馆藏天启六年刊本。

② 李琳琦：《徽商与明清徽州教育》，湖北教育出版社2003年版，第211页。

③ 憺漪子：《新刻士商要览天下水陆行程图》，北京图书馆藏明刻本。

④ 李琳琦：《徽商与明清徽州教育》，湖北教育出版社2003年版，第211页。

⑤ 徐少锦：《中国古代商贾家训探析》，《齐齐哈尔师范学院学报》1998年第1期。

⑥ 程煦：《桃源俗语劝世词》，原件藏黄山市博物馆。又见胡槐植：《反映晚清徽州社会民情的〈桃源俗语劝世词〉》，载黄山市徽州文化研究院：《徽州文化研究》（第二辑），安徽人民出版社2004年版，第284—299页。

售，禀性豁达，善诙谐，晚自号诗颠子，居于古筑里，里中人亦多重之”[①]。他撰写的《桃源俗语劝世词》在徽州社会广为流传，黟县李则刚在重刊后序中说它“予童时即见之，喜其适口可诵，而不知有裨于社会人心甚巨也。及长，屡求其文而不得，心兹戚。今春程君似馨偶出其家藏景和先生旧本，环诵一通，见其描摹社会龌龊情状，惟肖惟妙，而其立言，又能诙谐动听，自成章法”。《桃源俗语劝世词》共分两篇，一篇是《编劝男子歌》，另一篇是《编劝女子歌》。前者专为劝男而写，后者专为劝女而作，两者所发之言，均数十条，都围绕如何做人这一主题展开。黟县汪宝成的《〈桃源俗语劝世词〉序》将之与《出师表》和《陈情表》相提并论，说：“昔人尝谓读《出师表》而不能激发于心者，不可以为臣；读《陈情表》不能激发于心者，不可以为子。余谓见是书而心不戚戚然动者，亦竟不可以为人。”“今南屏自强斋主人，见其言近旨远，遂出资付剞劂，欲吾黟人家置一编，奉为棒喝，表先生与人为善之志，得以维持风俗，功亦伟矣。人苟能悉遵其劝，不以其词之浅近而忽之，则未始无补于世道云。”[②]也如黟县李则刚的《〈桃源俗语劝世词〉后序》所称：“近日风俗日趋浇薄，良知良能汩没殆尽，倘能人授一篇，家传户诵，将见人人警悟，改不善以从其善，有裨于社会人心者，实非浅鲜。固不仅吾邑风俗，一变为敦厚淳朴，资人模范已也。予向往先生既深且久，因醵资重刊，以广先生之传，且资观感云。”《桃源俗语劝世词》内容丰富，涵盖面广，结构严谨，文字简练，概括性强，读来朗朗上口，便于记忆背诵，许多语句成为家喻户晓、代代相传、脍炙人口的名言警句，一直在徽州广为流传。诸如：“人非圣贤，谁能无咎，《书》不云乎，过勿惮改，放下屠刀，打个筻斗，立地成佛，何难之有。”“妇女贤愚，两样都有。古语良言，各要遵守。乌狸变鸡，愈变愈精；黄狺变狗，愈变愈丑。务宜变鸡，切莫变狗。贤德声名，千古不朽。”“老先生，把馆坐，未劝别人先劝我，良言慢叫别人听，先叫自家洗耳朵。扬名

① 胡槐植：《反映晚清徽州社会民情的〈桃源俗语劝世词〉》，载黄山市徽州文化研究院：《徽州文化研究》（第二辑），安徽人民出版社2004年版，第284页。

② 胡槐植：《反映晚清徽州社会民情的〈桃源俗语劝世词〉》，载黄山市徽州文化研究院：《徽州文化研究》（第二辑），安徽人民出版社2004年版，第287页。

声，显父母，业精于勤荒于惰。若是遇着顽皮物，也须教他一个个把字咬。”“小学生，上学堂，读书宜静不宜忙；一章一节从头读，有腔有调声琅琅。书背了，字一张，端端正正一行行。即使出门做生意，也胜人家种田郎。”[①]等。可见，《桃源俗语劝世词》对后世产生的影响是相当深远的。

其三，出现了大量的族规家法，形成一个鼎盛的局面。从上述分析中可以看出，明清时期，出现了大量的族规家法，如歙县东门许氏《家规》、休宁查氏《家规》、黟县环山余氏《家规》、婺源馆田李氏《家法》、祁门汪氏《家规》、祁门文堂陈氏《文堂乡约家法》、绩溪《明经胡氏龙井派祠规》、新安程氏《祠规》、绩溪华阳邵氏《新增祠规》、歙县《新馆著存堂鲍氏祠规》、歙县泽富王氏《宗规》、婺源《云川王氏祠规》、歙县《虹梁程氏阖族条规》、休宁《商山吴氏宗法规条》、绩溪城西周氏《祠规》、新安柯氏《规训》、黟县黄氏《家规十八则》、歙县长标东陵邵氏《家规》、绩溪山前汪氏《祠规》、婺源槐溪王氏《宗规十六条》、绩溪古校头周氏《宗训》、黟县鹤山李氏《家典》、新安《吕氏训典》、绩溪东关黄氏《宗法》、歙县方氏《家规》、婺源汪氏《宗规十三条》、新安管溪王氏《宗规》、新安武口王氏《宗规》、绩溪程里程叙伦堂《家规二十则》、歙县问政方氏《祖训》、绩溪许氏《家法》、歙县《王氏家规》等。这些族规家法直接为“训诫”而立，采取的做法大致有三：一是为子孙指明为人之道。如休宁《茗洲吴氏家典》卷一《家规八十条》规定：“子孙自六岁入小学，十岁出就外傅，十五岁加冠入大学，当聘致明师训饬，必以孝弟忠信为主，期底于道。若资性愚蒙，业无所就，令习治生理财。”[②]祁门《平阳汪氏族谱》卷首《家规》规定：“小成若天性，习惯如自然。身为祖父，不能教训子孙贴，他日门户之玷，岂是小事？但培养德性，当在少年时。平居无事，讲明孝弟、忠信、礼义、廉耻的道理，使他闻善言又戒放言、戒胡行、戒交匪类，无使体披绸绢、口厌膏

① 胡槐植：《反映晚清徽州社会民情的〈桃源俗语劝世词〉》，载黄山市徽州文化研究院：《徽州文化研究》（第二辑），安徽人民出版社2004年版，第295、298、289、290页。

② 休宁《茗洲吴氏家典》卷一《家规八十条》，吴翟等纂修，清雍正十一年木活字本。

梁。其有天性明敏者，令从良师习学。不然，令稍读书，计力耕田亩，毋误终身可也。”[1]二是惩罚违反族规家法的不肖子孙。如祁门文堂陈氏《文堂乡约家法》规定：“每会行礼后，长幼齐坐，晓令各户子姓，各寻生业，毋得群居、博弈、燕游，费时失事，渐至家业凌替，流于污下，甚至乖逆、非为等情。本户内指名禀众，互相劝诫，务期自新。如三犯不悛，里排公同呈治。”祁门《平阳汪氏族谱》卷首《家规》规定：“宗子主祀礼也，或年幼分卑，不能表率。一族必择才德兼优、为族所重者，立为户长，又于各房择年长者为之赞焉。合族有事，主持有人。子弟有不肖者，亦得循规惩戒，庶公举有成，家法得申。”[2]三是明确规定进行惩罚的具体办法。如绩溪东关《冯氏家法》规定：“一、奸淫乱伦，确凿有据者，男女并逐革。所生子女同。一、盗卖家谱、盗卖祀产以及砍卖祖坟荫木者，逐革。一、殴打有服尊长者，逐革。……一、子、妇殴打父母、舅姑乃伦常大变，非家法所得而治，当由分长、邻右立刻捆逆子、逆妇，送官重治。”[3]黟县环山《余氏家规》规定：“凡所谓罚者，扑之，从一至三十。愿罚一钱，抵扑一十。妇人罚布一丈，抵扑一十。妇人有应扑者，从其夫并姑或伯叔祖母扑之，其轻重俱要丽事。凡言加等，以五递加；言倍罚者，照数倍罚。”[4]徽州族规家法中不乏精品，其中又以休宁《茗洲吴氏家典》比较有名。《茗洲吴氏家典》成书于康熙五十二年，即1713年，全书共八卷。该书后序称：“明年持书，请正仪封张公。……一见许可，订赐叙行世。会张公内转，事未果。书之藏于箧笥者，盖又二十年矣。癸丑春，郡侯窦葵林先生理学渊源，承请紫阳书院会讲。因出《家典》求正，既蒙鉴赏，复遣吏赍叙文，力劝梓行，无何窦公又以挂误去。族党姻好闻之，率鼓舞输赀助梓。”可见该书刊刻行世颇为不易，也说明此书刊刻得到族人的鼎力资助。

① 祁门《平阳汪氏族谱》卷首《家规》，汪大樽等纂修，清同治七年木活字本。

② 祁门《平阳汪氏族谱》卷首《家规》，汪大樽等纂修，清同治七年木活字本。

③ 绩溪《东关冯氏家谱》卷首上《冯氏家法》，冯景坡、冯景坊纂修，清光绪二十九年木活字本。

④ 《古黟环山余氏宗谱》卷一《余氏家规》，余攀荣总纂，余旭昇修，民国六年木活字本。

其四，广泛采用了楹联的形式。明清时期，徽州古楹联数以万计，可谓一枝独秀。它们“散存于民宅园林、庙宇祠堂、楼阁亭台与古迹名胜之中，或取瓷铁石为材镶嵌进弧面与平面长木条里，或者用墨、漆书写在宣纸绢帛之类的物料上，或者用刻刀镌刻在竹条竖板中，还有的系泥金而成”[①]。这些楹联的内涵大致包括以下内容：一是咏志。如明代休宁人金声自题书室联：“破釜沉舟，百二秦关终属楚；卧薪尝胆，三千兵甲定吞吴！”二是抒怀。如清代歙县人许承尧集句联：“独有太白配残月；更无凡木争春华。”三是写景。如清代婺源人齐彦槐应山僧彻公之请题联：“松山绝壁不知土；人在深崖何处烟。”又如清代歙县人许承尧撰写的楹联：“丛桂小山，城东图画佳如此；春华乔木，水北门庭秀可知。”四是状物。如清代歙县人曹振镛为慈光阁题联：“谈经云海花飞雨；说法天都石点头。”五是教子。如黟县西递村笃敬堂联：“读书好，营商好，效好便好；创业难，守成难，知难不难。”这种专为训诫的“教子联”，即是我们通常所说的楹联体家训。徽州这种楹联，绝大多数都出自明清时期，时至今日依然随处可见大量问世于明清时期的专为训诫的楹联。诸如西递村瑞玉庭联：“快乐每从辛苦得；便宜多自吃亏来。”西递村履福堂联：“几百年人家无非积善；第一等好事只是读书。”宏村承志堂联：“淡泊明志；清白传家。”卢村古民居联：“惟孝惟忠，聪听祖考彝训；克勤克俭，先知稼穑艰难。”等。类似的佐证联句，还有“孝弟传家根本；诗书经世文章。”“世事让三分天宽地阔；心田存一点子种孙耕。”“天下一等人，君臣孝子；世间二件事，只是读书。”“二字箴言，惟勤惟俭；两条正路，曰读曰耕。”“克己最严，须从难处去克；为善以恒，勿以小而不为。”“敦孝弟此乐何极；嚼诗书其味无穷。”“万世家风惟孝弟；百年世业在读书。”“忠孝传家永；诗书处世长。”“多识前言往行，以蓄其德；若农服田力穑乃，亦有秋。”等。这些楹联言简意赅，品位高崇，或指出了吃苦与宽厚的必要，或道出了积善与读书的重要，或表达了家长传家的志向与心愿，或阐明了祖先教导与告诫的意

① 郗延红：《徽域古楹联的传统文化意蕴》，载黄山市徽州文化研究院：《徽州文化研究》（第一辑），黄山书社2002年版，第60—61页。

义，均耐人寻味。明清时期，徽州楹联家训的迅速发展，主要是中原文化深刻影响的结果，但徽籍士人儒生也做出了重大的贡献。明代祁门的倪思辉即是其中的一位。倪思辉，字韫之，号实符，渚口人。官至户部尚书，亲家汪惟效亦为当朝兵部尚书。倪思辉子到京参加殿试，试题不会做，便在试卷上画了只大老虎，还题了一首打油诗："老子倪思辉，岳父汪惟效。纸上画老虎，看尔依不依？"这使他感到教子的重要性和必要性。于是，自撰自书对联一副："欲好儿孙须为善；要高门第在读书。"其子也按要求，将此联悬于居室正堂楹柱上，每晨诵读，并以诫言行，从此不仅潜心研习，而且做到积德行善。这副对联后来被《增广贤文》收录，为楹联名句，堪称绝唱，成了徽州人常常引用的格言。

其五，专门的女训作品受到重视。宋元时期徽州家训的一大特点是训男的专项家训多，训女的专项家训几乎没有。这种状况在明清时期有所改变，许多专门的女训作品在这一时期出现。如休宁《余氏女训二十要》："整洁祭祀；孝顺公姑；敬事夫主；和睦妯娌；礼貌亲戚；宽容奴婢；教道子女；体恤下人；洁治宾筵；持身端正；梳妆典雅；低声下气；谨言少笑；早起晏眠；使用节俭；学制衣服；学造饮食；洒扫宅舍；收拾捡点；蚕桑纺织。"休宁《余氏女训三十六戒》："举止轻狂；妖娇打粉；偷眼邪视；高声大笑；松头垢面；使性散发；搬弄是非；间离骨肉；卖弄颜色；忤逆不孝；炫耀服饰；妒人胜己；夸己笑人；逼墙窍听；倚门观看；欺瞒夫主；伯叔争胜；妯娌不和；溺爱子女；怠慢穷亲；结怨邻家；私厚母族；男女同席；疾妒婢妾；凌虐仆从；恶憾打人；恶口骂人；埋怨家贫；轻见外人；贪心无厌；鄙吝太甚；抛散物件；算命占卦；斋□饭道；寺观烧香。"[①]休宁范氏《再训妇女二条》："妇有四德：一曰妇德，谓德性和顺，贞洁幽静。凡家内事务，俱尽为妇女道理；二曰妇言，谓低声下气，无粗言恶语，不说人家长短是非。或教招子女，责戒童婢，亦不敢怒詈悍打，恐公姑、伯叔听闻，惟从容训戒之；三曰妇容，谓早起梳洗整肃，衣服不尚华

① 休宁《余氏族谱》卷一《家规小引》，余文周纂修，清康熙贻庆堂抄本。

丽，不嫌旧补，只在洁净。凡出入视听，端庄稳重。相待亲族、宅眷，通有礼数；四曰妇功，谓专心针指纺绩，不好戏笑。照管菜园，料理厨下，精洁茶饭酒馔，以奉祭祀、宾客及家中常膳，丰俭有节。不厌勤劳，惟恐懒惰落人后，古今贤妇皆是如此。”[①]这些女训虽然不是很有名，但对明清时期徽州女训发展产生了不可低估的影响。

第三节　明清时期徽州家训发展的过程性变化

明清时期徽州家训发展的过程性变化，与中国传统家训发展的过程性变化有着十分密切的联系。顺应中国传统家训发展的过程性变化，明清时期徽州家训有了很大发展，其发展性特征也因此日益趋显。

一、中国传统家训发展的过程性变化

纵观中国传统家训的演变轨迹，我们注意到，中国传统家训的过程性变化具有鲜明的特征：

一是逐步平民化。透视中国传统家训的变化，我们可以发现，中国传统家训于明代以前大多是帝王、贵族、官僚、士大夫修订，比如两汉至宋元时期，刘邦的《手敕太子书》、司马谈的《遗训》、刘向的《诫子歆书》、曹操的《诸儿令》、刘备的《遗诏敕后主》、陶渊明的《与子俨等疏》、杨椿的《诫子孙》、魏收的《枕中篇》、李世民的《诫吴王恪书》、颜真卿的《守政帖》、韩愈的《符读书城南》、范仲淹的《告诸子及弟侄》、欧阳修的《家诫二则》、司马光的《温公家训》、袁采的《袁氏世范》等，修订人不是帝王，就是贵族、官僚和士大夫。我们还可以发现，我国明清时期的家训，既有帝王修订，贵族修订，官僚修订，也有中下层官僚、地主修订，又有平民百姓修订。前者如朱元璋的《祖训录》、朱棣的《圣学心法》、王相的《女四书》、高攀龙的《高氏家训》、张履祥的《训子语》、王夫之的《示子侄》、朱柏庐的《朱子治家格言》等。中者如罗伦的《诫族人书》、王汝梅的

① 休宁《范氏族谱·谱词·继善堂家规》，范涞纂修，明万历三十年刻本。

《王氏家训》、唐顺之的《与二弟正之》、汤显祖的《智志咏示子》、邹元标的《家训》、孙奇逢的《孝友堂家训》、姚舜牧的《药言》等。后者如何伦的《何氏家规》、彭士望的《示儿婿》等。通过上述分析，从传统家训的修订者角度，我们不难发现，中国历史上传统家训的发展经历了“从帝王家庭训、官僚贵族家训、士大夫阶层家训，再到中下层官僚、地主家训，最后推广到平民百姓家训，逐步走向大众化和平民化的过程”[①]。

二是逐步多元化。突出表现是家训体式逐步走向多元化。这不仅意味着中国传统家训体式的多种多样，还意味着中国传统家训体式的多样性是在中国传统家训的发展进程中不断形成并丰富的。比较、分析中国传统家训体式的发展历程，我们就可以发现其中的道理。大致情况是，中国传统家训于两汉时期大多是以家书、家信、家训、家诫出现的，到魏晋南北朝隋唐时期出现了家范、家训诗，到宋元时期出现了家训总集、蒙学读物、治生家训、制用家训、家训专著，到明清时期出现了家训丛书、嘉言类编式的著作、家训读物、族规家法。代表性的家训，两汉时期有刘邦的《手敕太子手》、刘向的《诫子歆书》、樊宏的《戒子言》、曹操的《戒子植》、刘备的《遗诏敕后主》、诸葛亮的《诫子书》等；魏晋南北朝隋唐时期有颜之推的《颜氏家训》、王梵志的《世训格言诗》、李世民的《帝范》、刘禹锡的《留海曹师等诗》等；宋元时期有陈抟的《心相编》、司马光的《温公家训》、叶梦得的《石林家训》、赵鼎的《家训笔录》、朱熹的《训蒙诗》、陆游的《放翁家训》、方昕的《集事诗鉴》等；明清时期有袁衷的《庭帏杂录》、庞尚鹏的《庞氏家训》、孙奇逢的《孝友堂家规》、姚舜牧的《药言》、陈崇《陈氏义门家法》等。这说明中国传统家训从家训体式看，大致经历了先从家书、家信、家训、家诫，再到家范、家训诗，再到家训总集、蒙学读物、治生家训、制用家训、家训专著，再到家训丛书、嘉言类编式的著作、家训读物、族规家法的过程。它带来的直接结果就是中国传统家训的逐步多元化。

① 王长金：《传统家训思想通论》，吉林人民出版社2006年版，第7页。

三是逐步系统化。此处的“逐步系统化”可分为三种情况：其一，家训思想逐步系统化；其二，家训内容逐步系统化；其三，家训条目逐步系统化。第一种情况，正如王长金的《传统家训思想通论》所指出的，中国传统家训发展的直接结果就是中国传统家训理论形成体系。标志之一当首推颜之推的《颜氏家训》，该家训“系统总结了前人家庭教育理论成果，括出了教子论、学习论、修身论和治家论等家庭教育的理论和范畴，从而形成了我国完整的家庭教育理论体系”[①]。而此前的中国传统家训虽不乏经典和名篇，但大多是就事论事，因人而异，不成体系。例如刘邦的《手敕太子书》，旨在用自己的亲身经历告诫儿子要好好读书；孔臧的《戒子书》，旨在教诲孔琳为学应日积月累，锲而不舍，并且应亲身实践；司马谈的《遗训》，旨在说明著述《史记》的夙愿，要司马迁去完成自己未竟的事业。如此等等，均侧重于某一方面的训诫，而未涉及家训的其他方面。第二种情况反映中国传统家训的明显变化就是家训内容日趋全面、完整、系统。突出表现是隋唐以后的家训专论日渐成为论及修身、治家、处世、教子、养生、文章、伦理、训诂等涉及家庭教育方方面面的家训。以帝王家训为例，首篇系统总结、全面论述帝王家训思想的家训当推李世民的《帝范》。李世民系统总结了历代帝王的家训主张，提出了帝王家训的内容、价值、原则、途径与方法，从而形成了我国最早的系统的帝王家训专论。康熙的《庭训格言》则“共六十卷，三十二类，共一千九百余则，可谓体大思精，详备之极”[②]。第三种情况则预示着中国传统家训内设篇目与条目的不断增多与逐步完善。中国传统家训从无篇目到有篇目，从无条目到有条目，即是对这第三种情况最直接、最客观的说明。总的来说，两汉时期即有家训分篇目，如班昭的《女诫》除了序言，共分七篇。魏晋南北朝隋唐时期则有更多的家训分篇目，且所分篇目更多，如颜之推的《颜氏家训》，共有七卷，分为二十类，这在当时系绝无仅有。以后出现的家训专论，尤其是家训著作，大多分篇或分卷或分条制订，涉及的家庭教育的内容也

① 王长金：《传统家训思想通论》，吉林人民出版社2006年版，第7—8页。
② 翟博：《中国家训经典》，海南出版社1993年版，第650页。

面面俱到。如袁采的《袁氏世范》，原名《训俗》，分《睦亲》《处己》《治家》三卷，每卷又有若干条，“皆冠以标题，阐明处世之道、睦亲治家之理，精确详尽，明白切要”①。又如郑太和的《郑氏规范》，共有168条，“自冠婚丧祭至衣服饮食、治家的各个方面无所不包，妇孺亦能通晓”②。

四是始终重视儒家伦理思想的传承。分析中国传统家训的形成与发展历程，虽家训形式不尽相同，不同时期的家训有所区别，但其发展趋势却有共同的规律可循，那就是不同时期的传统家训绝大多数都以儒家学说为依托，都在阐释儒家伦理思想。无论是两汉时期司马谈的《遗训》、刘向的《诫子歆书》、刘备的《遗诏敕后主》，魏晋南北朝隋唐时期颜延之的《庭诰》、颜之推的《颜氏家训》、宋若莘、宋若昭姐妹的《女论语》，宋元时期欧阳修的《家诫二则》、邵雍的《教子吟》、江端友的《家训》，还是明清时期方孝孺的《家人箴》、陈献章的《诫子弟书》、史桂芳的《训家人》等，都是如此。正是由于不同时期的家训对儒家伦理思想坚定不移地传承，因此，每个时期的家训实践都不同程度地践行了儒家伦理思想。如两汉时期郦炎的《遗令书》，认为“消息汝躬，调和汝体，思乃考言，念乃考训，必博学以著书，以续受父母之业。……汝无逸于丘，无湎于酒，无安于忍，事君莫若忠，事新莫若孝，朋友莫如信，修身莫如礼，汝哉其勉之”③，要求儿子既要调节好自己的禀性，又要继承父业，也要做到忠、孝、信、礼等。又如魏晋南北朝时期李暠的《勖诸子》，认为：“览诸葛亮训励，应璩奏谏，寻其终始，周、孔之教尽在中矣。为国足以致安，立身足以成名，质略易通，寓目则了，虽言发往人，道师于此。且经史道德如采菽中原，勤之者则功多，汝等可不勉哉！”④要求子孙们照此去做。再如唐代李世民的《诫吴王恪书》，认为“汝地居茂亲，寄惟藩屏。勉思桥梓之道，善侔闲平之德，以义制事，以礼制心。三风十愆，不可不慎。如此，则克固磐石，永保维城。外为君臣之忠，内

① 翟博：《中国家训经典》，海南出版社1993年版，第474页。
② 翟博：《中国家训经典》，海南出版社1993年版，第509页。
③ 翟博：《中国家训经典》，海南出版社1993年版，第45页。
④ 翟博：《中国家训经典》，海南出版社1993年版，第82页。

有父子之孝。宜自励志，以勖日新，汝方违膝下，凄恋何已，欲遗汝珍玩，恐益骄奢。故诫此一言，以为庭训”[①]，要求儿子要做道德方面的楷模，以正义来裁断事物，以礼教来统治民心。再如明清时期薛瑄的《诫子书》，认为“圣贤所谓父子当亲，吾则于父子求所以尽其亲；圣贤所谓君臣当义，吾则于君臣求所以尽其义。圣贤所谓夫妇有别，吾则于夫妇思所以有其别；圣贤所谓长幼有序，吾则于长幼思所以有其序；圣贤所谓朋友有信，吾则于朋友思所以有其信。于此五者，无一而不致其精微曲折之详，则日用身心，自不外乎伦理。……汝曹其勉之敬之，竭其心力以全伦理，乃吾之至望也”[②]，要求儿子不要终日嬉戏游荡，无所用心，要尽人道，修身自立于世。这些均说明儒家伦理思想在我国不同时期家训的实践过程中都得以充分体现与践行。

五是始终重视政治与教育的结合。我们知道，中国传统家训的形成与发展可以划分为几个阶段，这几个阶段就是构成中国传统家训体系的基本框架。这几个阶段分别是中国传统家训的成型阶段、成熟阶段、繁荣阶段和鼎盛阶段，对应时期依次是两汉时期、魏晋南北朝隋唐时期、宋元时期和明清时期。值得注意的是，处于不同时期的中国传统家训却表现出相同的政教色彩：家规族规体现社会规范，家训族训体现儒家伦理，家法族法体现国法内容，家约族约体现“圣谕”精神，家训按伦理教化进行，治家与治国息息相关。我们看到的这几个时期的中国家训都是修身为了齐家，齐家为了治国，治国为了平天下，体现出治家与治国一体的观念。正如颜之推的《颜氏家训》所言：“笞怒废于家，则竖子之过立见；刑罚不中，则民无所措手足。治家之宽猛，亦犹国矣。”[③]也如朱熹的《四书章句集注》所说：“物有本末，事有终始，知所先后，则近道矣。……古之欲明明德于天下者，先治其国；欲治其国者，先齐其家；欲齐其家者，先修其身；欲修其身者，先正其心；欲正其心者，先诚其意；欲诚其意者，先致其

① 翟博：《中国家训经典》，海南出版社1993年版，第274页。
② 翟博：《中国家训经典》，海南出版社1993年版，第517页。
③ 翟博：《中国家训经典》，海南出版社1993年版，第134页。

知。”由此，休宁《叶氏族谱》卷九《保世》、绩溪《余川越国汪氏族谱》卷十八《祠规》、《重修城北周氏宗谱》卷九《宗祠规约》、绩溪《华阳舒氏统宗谱》卷一《家范十条》等记载的“修身、齐家、治国、平天下”，“欲治其国者，先齐其家”，“天下之本在国，国之本在家，家之本在身”，“国、家初无二理，今日之所以教家，即他日之所以教国”，“家齐而后国治”，“一家仁，一国兴仁”，“一家让，一国兴让”，“治国在齐其家”，“以法齐其家”，“格物而后知致，知致而后意诚，意诚而后心正，心正而后身修，身修而后家齐，家齐而后国治、国治而后天下平”，“古之人明明德于天下者，先治其国，欲治于其国，先齐其家”等，被无数人奉为座右铭。

二、明清时期徽州家训的发展性特征

纵观明清时期徽州家训的整体发展，可以看出，明清时期徽州家训的过程性变化，对中国传统家训的过程性变化所做的呼应是十分明显的，呈现出来五大发展性特征。

1.迅速平民化。明清徽州家训的发展从制订者角度看，保持着中国传统家训“平民化”的脉络，也是经历了从名臣、名儒家训再到平民百姓家训，走上大众化、平民化的过程。比较而言，明清徽州家训发展的平民化过程仅用了几百年的时间，而中国传统家训的发展经历的这一过程却穿越了数千年。正是从这个意义上说，我们把明清时期徽州家训的平民化过程，视为过程的“迅速平民化”，以示与中国传统家训“逐步平民化”的区别。明清时期徽州家训“迅速平民化”的最根本的动力在于：（1）徽州人重视教育。在徽州，据《东山存稿》记载：“自井邑田野，以至于远山深谷，居民之处，莫不有学、有师、有书史之藏。”（2）徽州人重视训导子孙。绝大多数家庭、家族都是“祖宗详立家训，美善多端，阖族奉行，阅世二十，历年数百，罔敢懈怠”[①]。（3）徽州人重视修谱。徽州人“居万山中，风淳俗古，城郭村落率多聚族而居，故于族谊最笃，而世家巨阀尤竞竞以修谱为重

① 黟县《南屏叶氏族谱》卷一《祖训家风》，叶有广等纂修，清嘉庆十七年木活字本。

务”[①]。而所有这些无一例外都把家训作为重要内容，进而推动了明清时期徽州家训的世俗化与平民化。但这并不代表明清时期徽州家训的“迅速平民化”是对中国传统家训“逐步平民化”的超越，因为明清时期徽州家训的“迅速平民化”是中国传统家训的“逐步平民化”发展到一定阶段的产物，也是中国传统家训的发展对结果的最后选择。

2. 快速多元化。在明清时期徽州家训史上并未出现过像中国传统家训“逐步多元化”的走向，而是产生过一经出现便实现多元化的结果。我们知道，明清时期徽州家训是由宋元时期徽州家训发展而来，而宋元时期的徽州家训并不是一元而是多元的。就是说，形成于宋元时期的徽州家训已是多种多样。概括来说，主要有名儒家训、名臣家训、箴言体家训、家训诗、蒙学读物等。横观这几种类型的徽州家训，总体上体现了宋元时期中国传统家训发展的基本特点，对应于宋元时期中国传统家训的多元化发展态势，按相应的发展目标与方向制订，迅速促使宋元时期徽州家训的多元化。这在相当程度上奠定了明清时期徽州家训快速多元化的基础。对此，我们可以从以下两点加以理解：第一，宋元时期徽州家训形成时的多元化与中国传统家训发展后的多元化相适应。中国的传统家训发展到宋元时期，无论是种类还是文体都呈现多元态势，此时的中国家训，既有家书、家信、家训诗、蒙学读物，又有遗言、箴言等，均以不同的体例相互区别。与之相联系，徽州家训于形成与发展之时即以多元化成果问世。第二，明清时期徽州家训形成时的多元化是中国传统家训发展后的多元化推动的结果。随着不同种类家训的出现与发展，中国传统家训在向多元化发展。首先，家训种类开始多样化，随后多样化的家训被用于实践，又推动家训“多元化”的逐步丰富与拓展。突出表现为家训种类的不断多元，发展到明清时期，家谱中记载的家训，仅台北联经文化事业公司1984年出版的《族谱家训集粹》中收录的就有29种。而台北陈

① 嘉庆《桂溪项氏族谱》卷首《汪太傅公序》，项启钖等纂修，清嘉庆十六年木活字本。

捷先、盛情祈于1987主编出版的《中国家训》收录的则有59种[1]。作为中国传统家训的一个部分，明清时期徽州家训形成时的多元化自然离不开中国传统家训发展后的多元化的推动。

3.走向系统化。家训系统化，其表征是家训思想系统化、家训内容系统化、家训条目系统化。中国传统家训思想、内容、条目系统化是中国传统家训不断发展的结果与标志。这种结果与标志对明清时期徽州家训的形成与发展所产生的直接和间接影响、效用，可概括为以下三个方面：

一是促使明清时期徽州家训思想系统化。宋元以后，徽州出现了很多家训，如休宁的《余氏女训三十六戒》、胡玠的《居家十慎》、休宁的《茗洲吴氏家典》等。这些家训同宋元时期徽州家训相比有明显的不同，其形成了完整的思想体系。如休宁《余氏女训三十六戒》，从三十六个方面对中国传统家训涉及的对女性的主张进行了全面的总结。胡玠的《居家十慎》则对居家处世应注意的问题进行了系统的阐述。休宁《茗洲吴氏家典》则全面吸收了中国传统家训的思想，并通过“家规”“宗子议”“冠礼议”“昏礼议”等方面对中国传统家训思想作了全面的论述。从中不难看出，明清时期徽州家训思想的系统化特征。

二是促使明清时期徽州家训内容的系统化。徽州传统家训发展到明清时期呈现出内容上的系统化特征。无论是黟县的环山《余氏家规》、歙县的东门许氏《家规》，还是新安的《吕氏训典》等，无一例外都强调家训的重要性，都强调家训的不可替代性，都以儒家思想为依托，以践行儒家思想为线索，将孝悌、忠信、礼义、廉耻等作为家训不可分割的内容。如休宁《茗洲吴氏家典》，分八卷，既强调家规的重要性，又强调家礼的重要意义，又视忠、孝、仁、义、礼等为家训内容。正如徽学研究资料辑刊《茗洲吴氏家典》所云：“全书遵照三《礼》和朱熹的《家礼》的义理、制度，结合本地的‘时俗’予以斟酌损益，既发挥儒家‘礼意’，又确立一系列具体操作的程式，以便施行，是一部融理论于实践的礼书。”[2]

---

① 王长金：《传统家训思想通论》，吉林人民出版社2006年版，第85—86页。

② 吴翟辑撰；刘梦芙点校：《茗洲吴氏家典》，黄山书社2006年版，第12页。

三是促使明清时期徽州家训条目系统化。通过比较和分析宋元时期的徽州家训与明清时期的徽州家训，我们发现两者有一个明显的区别，那就是明清时期的徽州家训大多分条目。代表性的家训有绩溪旺川曹氏宗族《家训》、休宁《茗洲吴氏家典》、歙县济阳江氏《家训》、歙县东门许氏《家规》、黟县南屏叶氏《祖训家风》、绩溪鱼川耿氏《家族规则》等。这些家训大多分条或分卷或分篇制订，例如绩溪的旺川曹氏宗族《家训》由“积阴德”“惇孝养”“重迁葬”“端蒙养”“尊师德”“慎嫁娶”“睦亲党”“励名节”“崇朴俭”“黜异术”等条目组成。绩溪的鱼川耿氏《家族规则》则以章节出现，将内容分为七章，依次是“组织事项”“调查事项”“遵守事项”“劝导事宜”“禁戒事项”“扶助事项”“戒法事项”。究其编排的规律性，我们可以发现它与中国传统家训的编排规则几乎完全相同。突出表现是条目、篇目、章节等大体相同，只是顺序先后不同而已。明清时期徽州家训不仅坚持了中国传统家训的编排规则，而且坚持了中国传统家训以儒家思想为核心的传统，使各方面条目、篇目和章节前后一致，先后一致，形成了一个完整的整体。

4.突出儒家伦理思想教育的常态性。徽州家训在宋元明清时期的形成与发展过程中，始终坚持解读儒家经典，体现儒家思想，贯彻儒学伦理。纵观徽州家训，我们注意到，无论是宋元时期的，还是明清时期的，无一例外，既重视儒家经典的解读，又重视儒家伦理的贯彻，也重视儒家思想的传承。有的是解读儒家经典的结果，如祁门的金氏《家训十条》、黟县的环山《余氏家规》、歙县的泽富王氏《宗规》等均强调朱熹所订《家礼》的重要性，并对之作了通俗易懂的解读，如《古歙谢氏统宗志》卷六《家规》：“冠婚丧祭，礼之大者。先儒云：‘人家能存得此等事数件，虽幼者可使渐知礼义。’《文公家礼》虽载仪文节度之详，然冠婚之礼卒难习效，当从简易。其丧礼予葬二亲暨自宗族，悉遵《家礼》，子孙宜法守行之。”[①]有的是把儒家伦理转变为各种行为规范和规章制度，如绩溪《石川周氏祖训》中的十二

①《古歙谢氏统宗志》卷六《家规》，谢廷谅等纂修，明万历三十三刻本。

条、婺源武口王氏《庭训》中的八则、黟县《余氏家规》中的四十三条等，均是儒家伦理的转化。以休宁叶氏《家规》为例，该家规以先儒说的“家难而天下易，家亲而天下疏”开宗明义，把“谨言行以法家”“平好恶以齐家”“重伦理以教家”“正名分以范家”“豫蒙养以兴家”“肃闺门以正家”“敦忍让以和家”“教诗礼以传家”“务勤俭以成家”“禁邪巫以闲家”“息争讼以保家”“积阴德以世家”[①]作为“十二条”家规，阐述了儒家伦理转化与“家道正”“天下定”的关系。还有的如唐元的《舟喻示儿桂芳》、张习孔的《家训》等虽然没有明文解读儒家伦理，也无若干儒家伦理规范，但通篇都是儒家思想某一方面的再现。所有这些都表明重视继承和发展儒学思想，是徽州宋元明清时期家训形成与发展中的一大特点，此也是宋元明清时期的徽州家训对中国传统家训在儒家思想的传承方面的又一呼应。

5. 凸显家教连接政治的结合性。明清时期徽州家训的一大特点是注重家教与政治的结合。研究明清时期徽州家教连接政治的结合性，我们不仅要认识到徽州家训的伦理性、社会规范性，还要进一步认识到徽州家训的治家与治国的一体性。在此方面，不仅明清时期徽州家训对中国传统家训有继承，还有新发展。其最特出的两点，一是“圣谕”一以贯之，二是强调修身齐家、齐家治国、治国平天下的重大意义。对前者，明清时期徽州家训不仅作了概括，而且对宣传“圣谕”还提出了具体的要求。以祁门文堂陈氏《文堂乡约家法》为例，该家法既强调“圣谕”的重大意义，又重视“圣谕”的宣讲，还明确规定：“会日，管会之家先期设圣谕牌位于堂上，设香案于庭中，同约人如期毕至。升堂，端肃班立。东西相向，如坐图。赞者唱，排班以次北面序立。班齐，宣《圣谕》。司讲出位，南面朗宣。太祖高皇帝《圣谕》：孝顺父母，尊敬长上，和睦乡里，教训子孙，各安生理，毋作非为。宣毕，退，就位。赞者唱，鞠躬拜，兴，凡五拜。三叩头，平身。分班，少者出排班……圆揖，各就坐，坐定。歌生进班，依次序立庭中或阶下。揖，平身分班。分立两行……礼毕，先长者出，以

① 休宁《叶氏族谱》卷九《保世·家规》，叶文山等纂修，明崇祯四年刻本。

次相继，鱼贯而出。”[1]值得注意的另一个问题是，明清时期徽州家训绝大多数都将“家齐而国治”“天下之本在国，国之本在家，家之本在身”“修身、齐家、治国、平天下”“家、国一道也，国有法，家有规”“国家惟正之供，自有定制，例分上、下二忙，投柜完纳”等列为家训内容，并将之作为家训理念。诸如黟县的环山《余氏家规》、绩溪的南关许氏《家规》、绩溪《石川周氏祖训十二条》、休宁的宣仁王氏《宗规》等，均有此方面内容的类似表述。这些表述毫无疑问都是对中国传统家训体现出的家国一体观念的传承与发展。

① 祁门《文堂乡约家法》，陈昭祥辑，明隆庆六年刻本。

第三章　影响明清时期徽州家训的主要因素

明清时期徽州家训的发展脉络是一个系统，这个系统除了有明清时期徽州家训发展的基本规律外，还有其他一些“规律性现象”。明清时期徽州家训发展的基本规律与这一过程中的主要现象相联系，它们是徽州家庭的作用、徽州宗族制度的安排、徽州教育的促进和新安理学的影响。

第一节　影响明清时期徽州家训的家庭因素

没有家庭就没有家训，没有家庭的作用就没有家训的发展。毫无疑问，明清时期徽州家训的形成与发展，与明清时期徽州的家庭密切相关。明清时期的徽州家庭在其长期的历史发展中形成了自己的特点，对明清时期徽州家训的形成与发展起到了关键性的作用。

一、明清时期徽州家庭的结构

唐力行的《明清以来徽州区域社会经济研究》对明清徽州家庭所作的分析与论述，有助于我们了解和认识明清时期徽州的家庭。该书将明清徽州家庭的结构分为四种类型：“共祖家庭”“直系家庭”“主干家庭”和“核心家庭”。该书认为这四种家庭结构类型因内涵不同而相互区别：“共祖家庭”，在同一个祖父母主持下，累世同居，数代同堂，成员可多达数百人；“直系家庭”，以共祖父的成员合为一家，三代同堂，子孙多合籍、同居、共财；“主干家庭”，以直系亲属为主干，二代同堂，其成员包括一对夫妻及其父母、未成年或未婚子女等；“核心家庭”，包括一对夫妻及其未成年或未婚的子女，也可能还没有生育子女，仅是一对夫妇[1]。对以下资料逐一进行分析，我们不难发现上述结论可取之处：（1）歙县汪廷璋，“自曾祖镳始以鹾业侨居维扬，代有隐德。父资政公允信孝友尤笃，一门五世同居共爨无间言”[2]。（2）黟县程籍云，“四世团聚，久而不析，家政乃其大伯鲁泉统摄维持，少长四十余人，皆服其公正无私。仲即籍云父，号不村，黟之名宿，讲学家塾，出其门下以成名者不少也。又善岐黄星历之学，籍云之业乃其家传也。季号竹斋，服贾于外。兄弟三人，各事其事，无私财无私蓄，历数十年如一日。其家政之善，风俗之醇，概可睹矣”[3]。（3）歙县许文才，“孜孜生业，承父绪，益自刻厉，资用大起。与兄弟昶同爨，一钱寸帛，不入私室”，后因母年迈，“遂归，筑室里中，不服贾事，以养其亲”[4]。（4）休宁汪志德，“统属诸弟，家至百余口，恬恬愉愉内外无间言，家业愈兴”[5]。（5）休宁汪狮，“年始胜衣，辄当室，遂贾淮海，坐致不赀，悉举而与仲中分之，无德色。母金谓：‘仲自而未龀以迄今日，秋毫皆伯氏功，第纳伯氏千金，然后受券。’处士固谢不可，卒中分。母春秋年高，处士留居子舍，遂罢四方之事，筑室石渠焉”[6]。（6）婺源程邦灿，“兄弟五人，父常以不能婚教为忧，灿体亲志，克自树立。服贾粤东，获奇羡，悉归父母。诸弟授室后，各畀生业，协力持筹，家业日起。父见食指繁，命析著，灿请缓。率弟建家祠，始议分”[7]。（7）休宁金文耀，“幼自负贩，竭力事亲。受室，誓与诸弟终身无异爨”[8]。（8）歙县江南能，“业淮南，致累巨万。兄弟同居，不忍分析”[9]。（9）黟县吴钟奇，

① 唐力行：《明清以来徽州区域社会经济研究》，安徽大学出版社1999年版，第29—31页。

② 歙县《汪氏谱乘·奉宸苑卿汪君事实》，载张海鹏，王廷元：《明清徽商资料选编》，黄山书社1985年版，第124—125页。

③ 同治《黟县三志》卷一五《艺文志·人物类·程鲁泉兄弟传》，谢永泰等修，程鸿诏等纂，清同治十年刻本。

④ 《新安歙北许氏东支世谱》卷八《逸庵许公行状》，许可复等纂修，明隆庆三年刻本。

⑤ 《汪氏统宗谱》卷四二《行状》，汪湘等纂修，明隆庆六年刻本。

⑥ 休宁《西门汪氏宗谱》卷六《乡善狮公赞》，汪澍等纂修，清顺治九年刻本。

⑦ 光绪《婺源县志》卷二九《人物·孝友》，吴鹗、汪正元纂，清光绪九年刊本。

⑧ 康熙《休宁县志》卷六《人物·笃行》，廖胜煃修，汪晋征等纂，清康熙三十二年刊本。

⑨ 歙县《济阳江氏族谱》卷九《明处士江南能传》，清道光十八年刊本。

“母胡氏，故节妇。钟奇经商，家小裕，以赀之半归之兄，而已与弟分其半”①。（10）休宁汪应享，“父令析箸，先诸兄弟而后其身，孺人唯诺无违”②。这些资料记载的不同家庭大致可以按照上述四种家庭结构类型“对号入座”。

我们注意到，宋元时期徽州的家庭结构也可分为上述四种类型。共祖家庭，如徽州方氏：“世望河南”。第34世承威于“宋景德甲辰自古睦州白云村避仇而迁歙南方巷井坞，即今瀹坑，是为瀹坑派始祖”③。“由于土地与人口的矛盾及南宋赋役的繁重，这个自34世承威迁瀹坑起，直至第40世的七世同居家庭才析居。第41世子华、贞献分别迁瀹潭、潜口。”④又如徽州王氏：始祖“唐仲舒公，自河南而家于宣州船莲塘。仲舒死后，当黄巢起义军逼近时，其夫人李氏为避乱，携七子逃移，而居歙之黄墩”。“婺源武口王氏迁祖王希翔，为仲舒第四孙、双杉王氏迁祖王瑜之弟。由宣州避难歙之黄墩，再徙婺之武溪。厥后子孙繁衍，六世同居，五贤钟起，簪缨之盛，冠星源云。”⑤直系家庭，如徽州梦氏：“梦节公独开创有方，资雄产厚，派下守其成。梦节传至新安二四世桂公，以一官羁老樊城，卒葬其地。子二：长汝莱，移入皖苏边境池山；次汝芬，迁樊城守父茔，各尽乃心。汝莱字士玉，生二子：长燮、次荣。燮以士农为生，自食其力。荣以文学起家，于北宋大祥符（1008—1016）中在棠樾建书园、筑别墅……荣见‘棠樾山川生秀，人物清奇’，经常来别墅书园中修研文学，以文会友。……荣祖孙三代只是往来于郡西、棠樾间。传至居纯、居美、居安、居仁四曾孙始分析。”⑥主干家庭，如徽州鲍氏：“族望为尚党郡。越八世，鲍勋官委御史，与弟鲍功、鲍效世居青州。鲍效传三世曾孙鲍伸，晋太康间（280—289），由户部尚书拜护军中尉，奉命镇守新安。其子鲍弘东晋咸和中（329—331）任新安太守，

① 嘉庆《黟县志》卷七《人物·尚义》，吴甸华修，程汝翼、俞正燮纂。

② 休宁《西门汪氏宗谱》卷六《京兆应亨公金安人合传》，汪澍等纂修，清顺治九年刻本。

③ 《方氏会宗统谱》卷七《瀹坑派始迁》，方时照纂修，清抄本。

④ 唐力行：《明清以来徽州区域社会经济研究》，安徽大学出版社1999年版，第56页。

⑤ 陆林，凌善金，焦华富：《徽州村落》，安徽人民出版社2005年版，第13页。

⑥ 柯灵权：《古徽州村族礼教钩沉》，中国文史出版社2003年版，第119页。

举家定居郡城西，后于十五里牌营建别墅，南朝时鲍安国兄弟十人，300余口同居，人称其居为‘十安堂’”[①]。核心家庭，如婺南中云王氏：（祖先）“聚族避地于歙之篁墩，凡江东之裔尽家焉。已而寇乱既平，族绪繁茂，度地不足以容众，乃始解散”。王希焘遂“挈家来婺之中云，相视地域，指其子曰：‘吾视此地，山柔而秀，水深而长，宽平环拱，气象风土，有非寻常者比，吾与汝世居焉。’”[②]又如黟县横冈胡氏，“其先青州人曰育者，东晋时为新安太守，始家于此”。胡正臣“赘于歙之金氏，遂家于此。子曰嵩、曰崇，幼孤，事母孝，同登淳祐初并登进士第”[③]。再如“叶千三，讳淳，乃蓝田叶十九之幼子，为继娶程氏庶出。素不容于嫡出三兄，赖婶母念十之妻许氏呵护成人。许氏病逝于‘孝婆岭’后，无法更与三兄共处，遂在长庆之上‘野里岔溪’置田数亩自立。后‘见庆里风俗淳美’，又创产于长庆，并于南宋宝祐（1253—1258）中‘繇蓝田仁礼乡永福里北团社丘田玉屏园依产迁于庆里’”[④]。

从上述分析中可以看出，宋元明清时期，徽州存在不少累世同居、数代同堂的共祖家庭。这种现象的出现首先得益于法律的保障。封建统治者不仅提倡共祖家庭制，还以法律的形式加以确认。如宋朝法律规定：“父、祖在，子孙别籍异财，处以三年徒刑。”[⑤]其次，得益于地方官府的大力表彰。如婺源武溪王德聪，“有田百顷，非公事不入城郭，一家几五千指，同居七十余年。天圣初，邑令刘定奏旌其门，曰孝友信义之家”[⑥]。又如歙县岩镇程相，“自祖父远以来，同居友爱，庭无间言。至相三世，期缌数百指。相躬率以义，长幼咸服，百年同爨，不改其初。嘉靖丙戌，抚院陈凤梧行部，召相及其叔泰进见，待以殊礼，命郡守郑玉手书‘百忍遗风’四字旌其门，仍镌‘泰

① 柯灵权：《古徽州村族礼教钩沉》，中国文史出版社2003年版，第22页。

② 《婺南中云王氏世谱·序》，王作霖、王楫元纂修，清康熙四十五年刻本。

③ 戴廷明，程尚宽等撰；朱万曙，王平，何庆善等校点：《新安名族志》，黄山书社2007年版，第312页。

④ 柯灵权：《古徽州村族礼教钩沉》，中国文史出版社2003年版，第75页。

⑤ 王玉波：《中国古代的家》，商务印书馆国际有限公司1995年版，第32页。

⑥ 康熙《徽州府志》卷一五《人物志四·孝友》，丁廷楗修，赵吉士纂，清康熙三十八年刊本。

相敦义’名目于里之节孝坊”[①]。然而，在徽州大量存在的并不是共祖家庭，而是二世同堂、三世同堂的“直系家庭”和“主干家庭”。共祖家庭的形成与维持必须具备以下条件：第一，家庭必须十分富有，否则，家庭巨大的日常开销就无法维持；第二，家长必须有绝对的权威，否则，家庭的团结就无法维系；第三，家庭成员必须少有私心，才不至于矛盾激化；第四，家庭必须有足够的供家庭所有成员居住的空间[②]。而这些要求并不是所有的家庭都能做到的。徽州共祖家庭的发展还受到两种因素制约：一是地理环境。土地无从扩大而人口日益增长的现实，使共祖家庭难以维持；二是社会风尚的急剧变化。“成（化）、弘（治）以前，民间椎少文、甘恬退、重土著、勤穑事、敦愿让、崇节俭”，而万历以后民间却“高下失均，锱铢共竞。互相凌夺，各自张皇”，“贸易纷纭，诛求刻核。奸豪变乱，巨滑侵牟”，“金令司天，钱神卓地。贪婪罔极，骨肉相残”。传统的人际关系和传统的共祖家庭结构受到严重冲击，有的甚至被瓦解[③]。随着家庭的繁衍裂变，一个家庭变成数个、甚至数十个家庭，成为不可避免的历史选择[④]。徽州“直系家庭”或“主干家庭”的大量出现正是这种历史必然性的体现。徽州家庭结构从总体上看，比较普遍的就是“直系家庭”和“主干家庭”。

二、明清时期徽州家庭的地区特色

应当说，上述家庭基本特征并不是明清时期徽州家庭所独有的，同时期其他地区的家庭也具备。明清时期徽州家庭鲜明的地区特色，主要体现在以下三个方面：

1.徽州的家庭并不是独立的，家庭之上还有个家族。自汉末始，尤其于晋、刘宋、唐末，北方世家大族源源迁入徽州，他们依然保持着原有的宗族组织。明清时期徽州宗族组织是在此背景下逐步形成并

① 康熙《徽州府志》卷一五《人物志四·孝友》，丁廷楗修，赵吉士纂，清康熙三十八年刊本。

② 王廷元，王世华：《徽商》，安徽人民出版社2005年版，第309页。

③ 唐力行：《明清以来徽州区域社会经济研究》，安徽大学出版社1999年版，第35—40页。

④ 赵华富：《徽州宗族研究》，安徽大学出版社2004年版，第45页。

日渐加强的，其特点是极其严密。徽州“山逼水澈，族姓至繁者不过数千人，少或数百人或百人，各构祠宇，诸礼皆于祠下行之，谓之厅厦。居室地不能敞，惟寝与楼耳。族各有众厅，族繁者又作支厅，富庶则各醵钱立会，归于始祖或支祖曰祀会厅，与会惟旧姓世族有之”[①]。又如绩溪，“深山大谷中人，皆聚族而居，奉先有千年之墓，会祭有万丁之祠，宗祏有百世之谱”[②]。在这种制度下，家庭是无法脱离家族而独立发展的。换句话说，徽州家庭的兴旺与繁荣只有依赖家族才能实现。家族的存在对家庭发展的意义，在徽州表现得尤其明显。有些家庭通过家族实现了经济发展目标，如休宁汪福先，“贾盐于江淮间，船至千只，率子弟贸易往来，如履平地。择人任时，恒得上算，用是资至巨万……识者谓得致富之道，里人争用其术，率能起家。数十年来，乡人称富者，遂有西门氏”[③]。有些家庭通过家族实现了教育发展目标，如婺源洪志学，“服贾，勇于为善”，“堂弟志仁幼时家贫，几废学，助之膏火赀，遂领乡荐”[④]。有些家庭通过家族实现了政治发展目标，如歙县汪氏，陈去病的《五石脂》载：“子姓济济，咸在朝列，由是而汪芒氏苗裔，日益繁衍，遍歙郡矣。”再以茗洲吴氏宗族和绩溪城西周氏宗族为例。前者对“族中子弟不能读书，又无田可耕，势不得不从事商贾”者，“或提携之，或从它亲友处推荐之，令有恒业，可以糊口”[⑤]。而后者则创办濂溪书院并把宗族教育扩展到族内所有家庭，还“立一文会，每月齐传阖族应试生童，诣院会课二次，课日供给饭食。课文延访名师，酌送束脩，寄呈评阅，定名出榜。列前五名者，给赏纸笔，以示奖励。如有在家不到课者，着会首访查记名，春冬两季，并不给胙”[⑥]。上述分析，意在强调小家庭大家族结构在徽州形成的必然性和存在于徽州的家庭家族一体共荣的可能性。

---

① 嘉庆《黟县志》卷三《地理志·风俗》，吴甸华修，程汝翼、俞正燮纂。

② 乾隆《绩溪县志·序》，清乾隆二十一年刊本。

③ 休宁《西门汪氏宗谱》卷六《盖府典膳福光公暨配金孺人墓志铭》，汪澍等纂修，清顺治九年刻本。

④ 光绪《婺源县志》卷三三《人物十·义行六》，吴鹗、汪正元纂，清光绪九年刊本。

⑤ 休宁《茗洲吴氏家典》卷一《家规八十条》，吴翟等纂修，清雍正十一年木活字本。

⑥ 绩溪《城西周氏宗谱·祠规》，周之屏等纂修，清光绪三十一年敬爱堂木活字本。

2. 徽州家庭绝大多数都是商人家庭。徽州不仅是儒风独茂的“文献之邦”，而且也是久负盛名的“商贾之乡”。如：歙县“业贾者什家而七，赢者什家而三”[①]。祁门“山昂峭而水清驶，人故矜名节。产薄，行贾四方，……服田者十三，贾十七”[②]。休宁“土田不给生齿之什一，而大多行贾，不习赋役”[③]。黟县“生齿日繁，始学远游，权低昂，时取予，为商为贾，所在有之”[④]。绩溪“自乾隆中叶以后，外出经商者日益增多，特别是他们所经营的饮食为遍及四方，饮誉全国”[⑤]。婺源“山多田少，以商为命”[⑥]。因此张海鹏、王廷元主编的《徽商研究》说：“徽人从商人数之多，国内罕有其匹。”故《古今奇闻》卷三记载称：“钻天洞庭遍地徽。”这些资料至少可说明以下两个问题：一是徽商家庭绝大多数都是经商家庭；二是“尽家于仪、扬、苏、松、淮安、芜湖、杭、湖诸郡，以及江西之南昌，湖广之汉口”[⑦]等地的徽人家庭绝大多数也是经商家庭。如黟县宏村的“名望族，为贾于浙之杭、绍间者尤多，履丝曳缟，冠带褎然，因而遂家焉”[⑧]。

3. 徽州家庭大多聚族而居。随着北方大族的不断南迁，越来越多的家族要求屯居成村，排除杂姓，以增进内聚力。徽州各族为此采取了多种措施，如程氏世居篁墩，鲍氏世居棠樾，许氏世居唐模，江氏世居江村，黄氏世居潭渡，胡氏世居西递，舒氏世居屏山，章氏世居西关，他们不准外来姓族迁入，外村人即使婚嫁迎娶也不准路经村庄，就是女儿、女婿也不得在母家同房居住。这些做法无疑会保障姓族的纯洁性，但是也会因此引起村族势力的较量。较量的结果，不是“代渐兴旺”，就是“代渐式微”。在这样的时代里，姓族要想生存下

① 汪道昆：《太函集》卷之十六《兖山汪长公六十寿序》，黄山书社2004年版，第349页。

② 万历《祁门县志》卷四《风俗》，余士奇修，谢存仁纂，明万历二十八年刊本。

③ 万历《休宁县志》卷一《风俗》，李乔岱纂修。

④ 嘉庆《黟县志》卷七《人物·尚义》，吴甸华修，程汝翼、俞正燮纂。

⑤ 王廷元，王世华：《徽商》，安徽人民出版社2005年版，第33页。

⑥ 民国《重修婺源县志》卷四《风俗》，葛韵芬修，江峰青纂，民国十四年刻本。

⑦ 康熙《徽州府志》卷二《舆地志下·风俗》，丁廷楗修，赵吉士纂，清康熙三十八年刊本。

⑧ 道光《黟县续志》卷一五《艺文》，吕子珏修，詹锡龄纂。

来，进而得到发展，最好的办法就是聚族而居。徽州姓族发展的事实已证明，姓族如果做不到聚族而居，做不到凝心聚力，就会生存困难。因此，聚族而居既是徽州宗族求得生存与发展的一种手段，也是徽州社会对宗族的生存与发展的现实要求。以此为背景，徽州“各大族都按一家一族来建立村落，形成一村一族的制度。村内严禁他姓人居住，哪怕是女儿、女婿也不得在母家同房居住。具有主仆名分的佃仆一类单寒小户，则于村落的四周栖息，以起拱卫的作用。随着宗族的繁衍，有的支房外迁另建村寨，也仍然保持派系不散”[①]。他们既排斥异姓，又排斥异宗同姓，“别生分类，昉于有虞，是故天子赐姓而命氏。盖姓者百世之所同，而氏者别子孙所出之异也。谱中凡继以他姓、他族子者，其后不书，嫌其淆乱，失古人分类命氏之意。矧今同里而居，有自浯田来者，有自邑市来者，西南数里有两族不知其所自来者，世代浸远，易于无辨，其间岂无称谢安为宗衮，呼罗隐为叔父之人乎？后之人守斯谱而勿失，则姓同而族异者，亦不言而喻矣”[②]，因此清程廷在《春帆纪程》里说：“徽俗：士夫巨室，多处于乡，每一村落，聚族而居，不杂他姓。”

4.徽州有影响的家庭绝大多数都出自“中原衣冠”。究其原因，以下三点值得重视：一是徽州名门望族的始迁祖绝大多数都是“中原衣冠”。如徽州方氏始迁祖方纮，世望河南。汪氏始迁祖汪文和，世望平阳。程氏始迁祖程元谭，世望广平。鲍氏始迁祖鲍伸，世望尚党。吴氏始迁祖吴少微，世望延陵。叶氏始迁祖叶积，世望南阳。胡氏分陈胡公之胡、李改胡两大派系，其中陈胡公之胡，世望安定。二是到徽州避难的士大夫家庭绝大多数出自“中原衣冠”。如查师诣，世居河内县，《新安名族志》载：“从九江匡山药炉源徙宣城，转徙黄墩，官至游击将军、折冲都尉。一世曰昌士，唐吉王长史。三世曰文徽，历官工部尚书，迁休宁；弟文征，官至歙观察使，居婺源。”又如祁门孚溪的李祥，系唐宗室昭王之季子，“避黄巢乱始家于歙”，

① 王廷元，王世华：《徽商》，安徽人民出版社2005年版，《总序》第5页。

② 休宁《商山吴氏重修族谱》卷一《商山吴氏修谱序》，吴士彦等纂修，明崇祯十六年刻本。

“生仲皋，仕宋江西寨将，生三子，曰德鹏，赠银青光禄大夫，分居祁门新田，即孚溪祖也；曰德鸾，官至散骑常侍，居婺源严田；曰德鸿，居浮梁界田，时称三田李氏”[①]。再如祁门的王璧，其先琅琊人，于唐末“始迁祁西苦竹港”，“乾符中与婿郑传倡议集众，保障州里，刺史陶雅屡奏其功，历补军职，官至银青光禄大夫、检校兵部尚书加金紫光禄大夫。行密卒，生九子：曰思聪，官至朝散大夫；曰思联，官至谏议大夫；曰思仲，官至中散大夫；曰思茂，官至行军司马，战没，赠越州防御使；曰思会，官至宣州统帅；曰思悰，为洪州教授；曰思经，直秘省；曰思谅，官至通议大夫；曰思谦，仕吴越客省舍人，皆显于南唐，子孙散居郡邑”[②]。三是宦游徽州的仕官家庭大多来自“中原衣冠”。如歙县岩镇的闵纮（其先祖居齐鲁间），于梁大通初，“自浔阳来任歙邑令，时与太守徐公摛齐名，民怀之，请留，竟不得去，太清元年卒于县，子孙遂家于歙西葛子桥，令公墓即桥之西。……时著姓有四，世称龚、黄、胡、闵，聚为一社，社因号曰‘四义’”[③]。又如歙县黄屯的黄积（其先江夏安陆人），从晋元帝渡江，“仕晋新安守，未期，坐事卒。子曰寻，庐于父墓，遂家新安。十三世曰达道，居姚家敦。十九世曰碧璇，居黄墩中市。孙曰章，由黄墩迁此，是为一世祖也”[④]。

三、徽州家庭因素的影响

明清时期徽州家训之所以在宋元以后能够切合徽州教育迅速发展的契机而形成与发展，主要有以下四个方面的因素：

一是得力于“中原衣冠”的传承。迁入徽州的北方大族，有的出于显宦之第，如鲍氏，“其先青州人，晋太康中曰仲，官拜护军中尉，

① 戴廷明，程尚宽等撰；朱万曙，王平，何庆善等校点：《新安名族志》，黄山书社2004年版，第362页。

② 戴廷明，程尚宽等撰；朱万曙，王平，何庆善等校点：《新安名族志》，黄山书社2004年版，第588—598页。

③ 戴廷明，程尚宽等撰；朱万曙，王平，何庆善等校点：《新安名族志》，黄山书社2004年版，第255页。

④ 戴廷明，程尚宽等撰；朱万曙，王平，何庆善等校点：《新安名族志》，黄山书社2004年版，第158页。

镇守新安。永嘉青州大乱，子孙避兵江南。咸和间，曰弘，任新安郡守，因占籍郡城西门，继于郡西十五里牌营建别墅”[①]。有的出于儒学世家，如婺源胡氏，“其先出陇西李唐宗室之后。朱温篡位，诸王播迁，曰昌翼者逃于婺源，就考水胡氏以居，遂从其姓。同光乙酉，以明经登第，义不仕，子孙世以经学传，乡人习称‘明经胡氏’”[②]。有的既出于显宦之第，又出于儒学世家，如绩溪孔氏，《新安名族志》载：“先圣孔子之四十八世孙曰端朝，宋建炎间为黟县令，遂家歙之城南。传八世曰克焕，为学正，偕弟克炜、克新、克文依产因迁于此，子孙以主祀例，世袭衣巾，春秋助祭文庙，使观礼焉。”他们都是“中原衣冠”，具有深厚的传统文化渊源，有的本就是宿儒教授，如谢氏，《新安名族志》载：先祖“从元帝渡江而南”，“安之十三世孙曰杰，仕隋，为歙州教授，由会稽始家歙之中鹄乡，今姓其地曰谢村”。洪氏，始迁祖洪经纶系“淮阳人，唐天宝六年进士，为宣歙观察使……稍暇与士人讲论，为歙宣文学首倡”[③]。仰氏，“世家洛阳”，其后人仰敬“为歙州教授，居歙之古溪”[④]。与明清时期徽州家训的形成与发展具有最直接关系的，当首推这些来自北方的“中原衣冠”。“他们在徽州除了一方面恪守宗谊，严遵谱系，完善徽州的宗法制度与文化外，另一方面就是自觉与不自觉地在徽州播教发达的儒家文化，敦进儒家礼仪。”[⑤]有的还将儒家文化和儒家礼仪物化为家人和族人共同的行为准则，并将之作为规范书之于族规、家法和祠训之中，张贴于祠堂祖屋之内，让其家人和族人时刻谨记、世世遵守[⑥]，进而促进了明清时期徽州家训的形成与发展。

二是得益于家族的重视。徽州家族有的实行宗子制，“世家巨族，

① 戴廷明，程尚宽等撰；朱万曙，王平，何庆善等校点：《新安名族志》，黄山书社2004年版，第91页。

② 戴廷明，程尚宽等撰；朱万曙，王平，何庆善等校点：《新安名族志》，黄山书社2004年版，第303页。

③ 嘉靖《徽州府志·人物传》，汪尚宁纂修。

④ 戴廷明，程尚宽等撰；朱万曙，王平，何庆善等校点：《新安名族志》，黄山书社2004年版，第696页。

⑤ 刘伯山：《徽州文化及其研究价值》，载黄山市徽州文化研究院：《徽州文化研究》（第一辑），黄山书社2002年版，第16页。

⑥ 李琳琦：《徽州教育》，安徽人民出版社2005年版，第138页。

生息者蕃而情向既殊，迁徙者多而支派亦远，虽共本源而统体或不能归一，虽有名分而事势或不能以相符。睦族君子究始祖自来之嫡长，而立为大宗子，以统通族之众，而通族之纪纲法度皆其所总理焉。则各族各支得统于小宗，而通族合族得统于大宗，群情合而庶事理，若众指之合于一臂，四体之合于一身”[1]。歙县方氏家族就是如此。该家族《家训》规定：“建大宗，分小宗，以统其涣。”有的实行族长制，古歙东门许氏家族就是如此。该家族《家规》规定：“古者，宗法立而事统于宗。今宗法不行，而事不可无统也。一族之人有长者焉，分莫逾而年莫加，年弥高而德弥劭，合族尊敬而推崇之，有事必禀命焉。此亦宗法之遗意也。有司父母斯民，势分相离，而情或不通。族长统率一族，恩义相维，无可不通之情。凡我族人知所敬信，庶令推行而人莫之敢犯也。其有抗违故犯者，执而笞之。”[2]两者虽然制度不同，但在功能取向上并没有区别，都是维护家族组织的地位和特权，巩固家族的统治。因此，凭借族规家法治理家族，依据宗训祠规处理家族事务，借助祖训家范维护封建制度和封建礼教，便成为其维护家族统治秩序、巩固家族统治的途径。徽州家族也因此重视家训的制订与推行。他们在家训活动中所扮演的角色大体上可分为三种类型：一是家训的制订者。明清时期徽州家训的制订以家族为主体，现存的明清时期徽州家训多是家族组织制订的。徽州家族组织制订的家训在族谱中俯拾可得，诸如黟县《鹤山李氏宗谱·家典》、黟县《循良胡氏族谱·宗规》、歙县《问政方氏宗谱·祖训》、绩溪《华阳邵氏宗谱·家训》、祁门《锦营郑氏宗谱·祖训》、歙县《桂林洪氏宗谱·家训》、祁门《王氏重修宗谱·家规》、歙县《金山洪氏家谱·家训》、歙县《济阳江氏宗谱·家训》、祁门《金氏统宗谱·家训》、绩溪《华阳舒氏统宗谱·家范十条》、绩溪《西关章氏族谱·家训》、绩溪《梁安高氏宗谱·祖训》、婺源《龙池王氏续修宗谱·庭训》、休宁《宋氏宗谱·宗训》等。徽州宗族组织制订的家训，多以族规、家法的形式，在族内强制地执行，即所谓家训宗族化。凡为宗族成员，必须

① 歙县《方氏族谱》卷七《家训》，方怀德等纂修，清康熙四十年刻本。
② 《重修古歙东门许氏宗谱》卷八《家规》，许登瀛纂修，清乾隆十年刻本。

"敬父兄，慈子弟，和族里，睦亲旧，善交游，时祭祀，力树艺，勤生殖，攻文学，畏法令，守礼义"。"毋悖天伦也，毋犯国法也，毋虐孤弱也，毋胥讼也，毋胥欺也，毋斗争也，毋为奸慝以贼身也，毋作恶逆以辱先也。""有一于此者，生不齿于族，没不入于祠。"[①]二是家训活动的组织者。在明清时期徽州家训发展史上，家训活动的组织更多地与家族联系在一起。如族会："每会以月朔为期，惟正月改至望日。值轮之家，预设圣谕屏、香案于祠堂。至日，侵晨鸣锣约聚，各户长率子弟衣冠齐诣会所，限于辰时毕至。非病患、事故、远出，毋得偷怠因循不至。其会膳只用点心，毋许糜费无节，以致难继。"[②]又如："族讲定于四仲月，择日行之。先释菜，后开讲，族之长幼，俱宜赴祠肃听，不得喧哗。其塾讲有实心正学，则于朔、望日，二三同志虚心商兑体验，庶有实得。"[③]三是刊刻家训所需经费的提供者。如黟县的程煦"好读书而不求售，禀性豁达，善诙谐，晚自号诗颠子，居于古筑里，里中人亦多重之"[④]。所著《桃源俗语劝世词》"先是抄本流传，光绪二十七年，黟县南屏自强斋主人'见其言近旨远，遂出资付劂剞'，以'表先生与人为善之志，得以维持风俗'。民国十三年，黟县西田李则刚再次醵资重刊"[⑤]。

三是"聚族而居"的需求。徽州宗族"聚族而居"的显著特点是其稳定性。这种稳定性突出表现在以下三个方面：一是千丁之族，未尝散处。如歙县篁墩程氏传至程普，于汉末"从孙氏定江东，破曹操，赐第于建业，为都亭侯。普之后曰元谭，当永嘉之乱，佐瑯琊王起建业，为新安太守，有善政，民请留之，赐第于郡西之黄墩，遂世居焉"[⑥]。又如歙县郡城杨氏传至杨通，"绍兴元年除授徽州路司户参军，太守洪适重其才，在任六载卒。子清，幼从父之任，年十三父

① 《程典·宗法志》，程一枝纂修，明万历二十七年家刻本。

② 祁门《文堂乡约家法》，陈昭祥辑，明隆庆六年刻本。

③ 休宁《茗洲吴氏家典》卷一《家规八十条》，吴翟等纂修，清雍正十一年木活字本。

④ 胡槐植：《反映晚清徽州社会民情的〈桃源俗语劝世词〉》，载黄山市徽州文化研究院：《徽州文化研究》（第二辑），安徽人民出版社2004年版，第284页。

⑤ 胡槐植：《反映晚清徽州社会民情的〈桃源俗语劝世词〉》，载黄山市徽州文化研究院：《徽州文化研究》（第二辑），安徽人民出版社2004年版，第284页。

⑥ 戴廷明，程尚宽等撰；朱万曙，王平，何庆善等校点：《新安名族志》，黄山书社2004年版，第18页。

卒，痛哭逾礼，欲扶柩还，以国祚南迁，北土未宁，不敢行，遂家焉。世居于徽治之北偏，即今之上北街也”[①]。二是千载谱系，丝毫不紊。所谓“谱者，家之大典，姓氏之统于是乎出，宗祖之绩于是乎章，子姓之绪于是乎传，宗法于是乎立，礼义于是乎兴”[②]。在徽州，宗族有宗谱，支系有支谱，家有家谱，而且自成体系。因为有谱，徽州各族“隋唐世家，历历可考”[③]。正如金焘《金氏家谱·叙文》所云：“江南新安故多巨室，四姓十六族比于崔、卢、王、郑。若其本支，百世垂条布叶，燕翼蝉联。虽游宦化居，不常厥所，而溯流寻源，莫不厘肽可考，则谱牒是赖。”三是千年之冢，不动一抔。祖墓“盖以人之根本在是，不宜轻动耳。苟轻动之，犹植木而戕其根，欲枝叶之茂得乎？故凡所当保者，不可忽也。倘有各房子孙侵祔祖墓者，众共攻之，责令立时改正，仍加重罚。如有不伏，众即立时举起，仍行告鸣理治，以不孝论……各处墓茔树木，属前遮蔽者可少剪除，系庇荫者宜慎保守，各房毋得纵容奴仆擅自盗伐，及外人侵损，管理者查访，从重处治”[④]。祖墓“系祖宗藏魄之所，除清明祭扫外，各宜不时展视，无令外人斫毁木枝及放畜践踏，以致荒秽。族中子弟并家下奴仆有犯此禁，即时获送家长，重加罚责，以警其余。隐匿不言者，一体重罚”。“宗族有往殡葬者，务要禀命家长，会同族众往视。须无碍昭穆、斩夺龙脉及妨害各冢者，方许。如有恃强要结偷殡盗葬者，定行举伐，仍重罚，以警其余。”[⑤]

“聚族而居”这种稳定性得益于族长的维持，同时也通过族众来实现。聚族而居比不聚族而居更要求族众遵守祖训家规。“祖训家规，诒谋深远，为子孙者，所当百世遵守。”[⑥]“毋悖天伦也，毋犯国法也，毋虐孤弱也，毋胥讼也，毋胥欺也，毋斗争也，毋为奸慝以贼身

① 戴廷明，程尚宽等撰；朱万曙，王平，何庆善等校点：《新安名族志》，黄山书社2004年版，第552页。

② 《程典》卷首《序》，程一枝纂修，明万历二十七年家刻本。

③ 《桂溪项氏族谱》卷首《序》，项启钠等纂修，清嘉庆十六年木活字本。

④ 祁门《窦山公家议》卷二《墓茔议》，程昌撰，程钫增补，明万历三年刻本。

⑤ 《古黟环山余氏宗谱》卷一《余氏家规》，余攀荣总纂，余旭昇修，民国六年木活字本。

⑥ 歙县《潭渡孝里黄氏族谱·录刊隐南公谱凡例》，黄臣槐等修纂，清雍正九年刻本。

也，毋作恶逆以辱先也。”[①]它要求族众一要孝顺父母，“父母有教，则当敬受，佩之勿忘；父母若有命，则当欢承，行之勿怠；父母有疾，则朝夕侍侧，躬进汤药，毋得妄委他人；父母有过，则和悦以谏，倘若不从，愈当无失爱敬，以期感悟，毋得遽恃己是，忿恨以扬亲过。其衣服、饮食随办，不贵过分，务必使父母之养有厚于己。侍侧毋得戆词厉色，凡事毋得径情直行。父母年老，或无兄弟，毋得弃亲远游”[②]。二要辨尊卑、守名分，“一族之人有长者焉，分莫逾而年莫加，年弥高则德弥劭，合族尊敬而推崇之，有事必禀命焉。此亦宗法之遗意也”[③]。“同族者实有名分，兄弟叔侄，彼此称呼，自有定序。”[④]通行的做法是，“伯先而仲后，叔行而侄随，有问则答，受命必复。为尊长者亦以礼自守，毋曰我尊也、我长也，可挟之以驱卑幼乎？至于主仆之分犹谨严”[⑤]。三要和睦族里，“姻者，族之亲；里者，族之邻。远则情义相关，近则出户相见。宇宙茫茫，幸而聚集，亦是良缘。况童蒙时，或多同馆，或共嬉游，比之路人迥别”[⑥]。族之人当从厚，通有无，恤患难，和睦相处。要尊尊，“尊行者也，则当恭顺退逊，不敢触犯”；要老老，“分属虽卑，而齿迈众者，老也，则扶保护，事以高年之礼”；要贤贤，“有文有行为族之彦贤也，此乃本宗之桢干，宜亲炙之，忘年忘分以爱敬之”[⑦]。四要友爱兄弟，“兄弟至亲，或前后异母，嫡庶异等，并是同气连枝。兄友弟恭，两相爱念，当如手足相顾可也”[⑧]。兄弟之间要“兄爱其弟，弟敬其兄。外侮其御，家事同衡”[⑨]。五要积善成德，“恤寡怜贫而周急，救灾拯难而资扶，居家孝悌而温和，处事仁慈而宽恕”[⑩]。六要建祠堂，“追远

① 《程典·宗法志》，程一枝纂修，明万历二十七年家刻本。

② 《古黟环山余氏宗谱》卷一《余氏家规》，余攀荣总纂，余旭昇修，民国六年木活字本。

③ 《重修古歙东门许氏宗谱》卷八《家规》，许登瀛纂修，清乾隆十年刻本。

④ 休宁《宣仁王氏族谱·宗规》，王宗本纂修，明万历三十八年刻本。

⑤ 歙县《仙源吴氏家谱·家规》，吴永凤等纂修，清光绪五年木活字本。

⑥ 休宁《宣仁王氏族谱·宗规》，王宗本纂修，明万历三十八年刻本。

⑦ 休宁《古林黄氏重修族谱》卷首上《祠规》，黄文明纂修，明崇祯十六年刻本。

⑧ 《古黟环山余氏宗谱》卷一《余氏家规》，余攀荣总纂，余旭昇修，民国六年木活字本。

⑨ 徽州《张氏宗谱·家规十则》，张琮醇等纂修，清嘉庆十八年三治堂木活字本。

⑩ 歙县《泽富王氏宗谱·宗规》，王仁辅等纂修，明万历元年刻本。

报本，莫重于祠。予宗有合族之祠，予家有合户之祠，有书院之祠，有墓下之祠”[①]。七要保护祖墓，“盖以人之根本在是，不宜轻动耳。苟轻动之，犹植木而戕其根，欲枝叶之茂得乎？故凡所当保者，不可忽也”[②]。八要修家谱，“谱之修，为人第一件事。苟代远年湮，生卒莫考，何从汇稿？”[③]而所有这些后来都成为明清时期徽州家训的内容。此外，作为徽州家庭、家族教育的重要组成部分，明清时期徽州家训还作用于将上述要求转化为家庭、家族实践，促使徽州家庭的稳定与发展。家训的制订与推行在徽州一直受到家庭、家族重视，显然也因为“聚族而居”这一状况对家训有所需求。

四是得益于徽商的推动。徽商的重要特色是“贾而好儒”。以之为视角，我们可把徽商分为三类。其一，是“先儒后贾”，即所谓“弃儒归贾”。其二，是“先贾后儒”，即所谓“弃贾归儒”。其三，是“亦儒亦贾”。无论徽商是“先儒后贾”，还是“先贾后儒”，还是“亦贾亦儒”，都反映了儒与贾的紧密结合。儒、贾结合，这是徽商异于其他商帮之处，也是徽商迅速发展的一个极其重要的原因。我们注意到，徽商中的富商大贾，都曾受过儒学教育。如歙县黄文茂，“雅好儒术，博览多通。善于治生，商游清源……任人择时，以此起富。……赀日饶益，业日丰大，雄于齐鲁、新安间矣”[④]。休宁张洲，“少潜心举业，蜚声成均，数奇弗偶，抱玉未售……挟资游禹航，以忠诚立质，长厚摄心，以礼接人，以义应事，故人乐与之游，而业日隆隆起也”[⑤]。祁门张元涣，“少颖敏，尝读书，学问可应举取官职，故志非所乐……遂事贸易江湖间。……元涣始未来游吴，篚厥绮纨，通于豫章；惟勤与俭，是勉是师，遂赀雄旅辈”[⑥]。我们还注意到，快速致富的徽商，大多精通“儒术”。如歙县黄莹，“少读书，通大义，观太史公《货殖列传》，至计然之言，曰：‘知斗则修备，时用则

① 祁门《窦山公家议》卷三《祠祀议》，程昌撰，程钫增补，明万历三年刻本。
② 祁门《窦山公家议》卷二《墓茔议》，程昌撰，程钫增补，明万历三年刻本。
③ 祁门《平阳汪氏族谱》卷首《家规》，汪大樽等纂修，清同治七年木活字本。
④ 歙县《竦塘黄氏宗谱》卷五《黄公文茂传》，方信纂修，明嘉靖四十一年刻本。
⑤ 《休宁名族志》卷一，曹叔明辑，明天启六年刻本。
⑥ 祁门《张氏统宗谱》卷三《张元涣传》，张阳辉修，明嘉靖十四年刻本。

知物，二者形则万货之情可得而观矣。’故论其有余不足则知贵贱，贵上极则反贱，贱下极则反贵。贵出如粪土，贱取如珠玉。又见倚（猗）顿以盬盐起，与王者埒富，大悟若旨不效世用一切徂诈术，惟静观盈缩大较，揣摩低昂，恒若执左契。诚一所致，业饶声起”[①]。歙县鲍雯，自幼习儒，后业盐于两浙，“一切治生家智巧机利，悉屏不用，惟以至诚待人，人亦不君欺。久之渐致盈余”。绩溪章策，幼时“习举子业”，父殁后弃儒经商，往返兰溪、歙县间，“精管（仲）刘（晏）术，所亿辄中，家以日裕”[②]。就此点而言，晋商与徽商有明显的区别。晋商从贾者多，而业儒者少，“山右积习，重利之念，甚于重名。子弟俊秀者多入贸易一途，至中材以下，方使之读书应试”[③]。而徽商则从贾者多，业儒者也多，《太函集》说：“新都三贾一儒，要之文献国也。夫贾为厚利，儒为名高。夫人毕事儒不效，则弛儒而张贾；既侧身飨其利矣，及为子孙计，宁弛贾而张儒。”徽商由于文化素质较高，且又熟悉盐务，从而受到盐政衙门的特别厚待，不少徽商还因此成为总商，所谓“两淮八总商，邑（歙县）人恒占其四”，而这些优势是晋商所望尘莫及的[④]。这是徽商在两淮盐业中迅速发展的一个“奥秘”所在。

徽商“贾而好儒”，促使徽商迅速崛起。这种结果使他们感受到教育、文化对改变家庭、家族经济状况，对提高家庭、家族社会地位所具有的重大意义。鉴于对教育的看重和对家庭快速发展的期待，他们在回家后也重视家庭教育，成为推动徽州家庭、家族教育发展的一股重要力量。反映在家训上，表现为他们重视家训的编写，支持族规家法的制订。

徽商重视家训的编写，支持族规家法的制订，既来自他们长期从商的经验教训，也包含着教育子弟健康成长和维持家族长盛不衰的切身感受。众所周知，明代中期以后，由于商品经济的繁荣和资本主义

① 歙县《竦塘黄氏宗谱》卷五《黄公莹传》，方信纂修，明嘉靖四十一年刻本。

② 绩溪《西关章氏族谱》卷二六《绩溪章君策墓志铭》，章尚志编，民国四年木活字本。

③ 《雍正朱批谕旨》四七册雍正二年五月九日刘于义奏疏。

④ 李琳琦：《徽商与明清徽州教育》，湖北教育出版社2003年版，第155—156页。

生产关系萌芽的影响，社会出现“风俗浇漓”的现象。而这种现象对家庭、家族的稳定和发展，对子孙、族中子弟的成长与进步，无疑是一个严重的冲击和挑战[①]。在这种背景下，制订族规家法来规范族人和家人的行为，以期“父义、母慈、兄友、弟恭、子孝，内平外成”，并以此教育子孙，使之“孝顺父母，尊敬长上，和睦乡里，教训子孙，各安生理，毋作非为”[②]，以防家庭、家族衰败，这成了徽商的共同做法。徽商制订或参与制订的家训，可大致分为两大类，一类是商贾家训，另一类是族规家法。前者大多收编在徽商所撰的商业书当中，后者则大多被家谱收藏。徽州商业书的问世，不能不说是徽商的功劳。现存于徽州的明清时期商业书大多是徽商编写并刊刻的，如黄汴的《一统路程图记》、吴日法的《徽商便览》、程春宇的《士商类要》、憺漪子的《士商要览》、浙江新安惟善堂的《典业须知》等。这些商业书的内容涉及天文、地理、交通、算学、伦理、家训、贸易等不同领域，不但被当作徽州商业教科书，而且也被徽商用来教子经商。最有代表性的有《客商规略》《士商十要》《贸易须知辑要》《生意蒙训俚语十则》等。在修谱层面，徽州修谱活动活跃，留下的谱牒资料异常丰富，与徽商的重视与支持有极大的关系。明清时期徽州谱牒的编纂、刊刻所需经费，大多来源于徽商的鼎力相助。有关徽商捐资修谱的记载，在徽州方志、谱牒中比比皆是，诸如婺源胡正鸿，“成童后，父命服贾。……若修谱牒，葺祖茔，费皆独任”[③]。歙县鲍光甸，《歙县志》卷九《人物志·义行》记载：“幼通经艺，长往扬州营盐策。……于族中置祠产义田，修谱牒。”由于徽商的重视与捐资，明清时期，徽州谱牒的编纂异常活跃，存世的谱牒数量之多，国内罕有其匹。徽州谱牒由于大多载有家训，各个家谱、族谱载有的家训之间又不完全相同，致使明清时期徽州家训处于繁荣状态。

① 赵华富：《徽州宗族研究》，安徽大学出版社2004年版，第362页。

② 休宁《宣仁王氏族谱·宗规》，王宗本纂修，明万历三十八年刻本。

③ 民国《重修婺源县志》卷四〇《人物·义行》，葛韵芬修，江峰青纂，民国十四年刻本。

第二节 影响明清时期徽州家训的制度因素

准确地理解明清时期徽州家训形成与发展的社会背景，需要根据明清时期徽州地区宗法制度来切实把握。基于明清时期徽州地区宗法制度可知，明清时期徽州家训形成与发展影响因素中的“制度因素”，实际上是指明清时期徽州地区宗法制度的安排。

一、徽州地区的宗法制度

宗法制度在中国形成的时间比较早，有的学者认为，它形成于原始社会末期；有的学者认为，它形成于商代；有的学者认为，它形成于周代；也有的学者认为，它形成于秦汉。笔者同意第一种看法，因为中国的宗法制度是从父系氏族公社后期部落联盟领袖绝对权威的出现开始的。父系氏族公社后期部落联盟领袖在氏族中拥有绝对的权威，这促使他们放弃权力传承中的“禅让制度”，从而推行了“王位世袭制度”。夏禹死后，其子启继位，从此王位世袭成为制度。传统的“王位世袭制度”仍不足以世袭，又迫使统治者不断强化血缘关系。“王位世袭制度”的作用，一方面表现在对权力和财产的继承上，另一方面则体现在对血缘关系的“强化”上。随着血缘关系的进一步强化，王位世袭制度也得以长期存在。这种世袭统治权的确立可以说与宗法制的形成互为因果。中国的宗法制度应该发轫于此。

徽州社会的宗法制度产生的时间相对较晚，始于北方大族迁入之后。中国历史上曾出现过四次人口大规模南迁高潮，第一次出现在东汉末年魏、蜀、吴三国鼎立时期，第二次出现在西晋末年八王之乱、五胡乱华、十六国纷争时期，第三次出现在唐末黄巢大起义时期，第四次出现在北宋末年女真贵族征服中原、宋金对峙时期。徽州地区世家大族的始迁祖绝大多数都是“中原衣冠”，为了逃避战乱，他们纷纷迁入徽州，以保身家性命。这些迁入徽州的封建士大夫和仕官，子孙繁衍，聚族而居，形成一大批世家大族。为维系和巩固家族的凝聚力和向心力，确保家族的长盛不衰，他们参照北方古老的宗法制度，

联系徽州实际，逐渐建立了一种具有徽州地方特色的宗法制度。“移往徽州的衣冠巨族，在迁移之前，宗法组织严密，皆有系统的谱牒，门第森严。南迁时，依然保持原来的宗族组织。移住徽州之后，聚族而居，尊祖敬宗，崇尚孝道，讲究门第，以家世的不凡自诩。”[①]徽州地区的宗法制度与中原地区的宗法制度同源无疑。正因为如此，我们说，抛开中原地区的宗法制度，徽州宗法制度就成了无源之水、无本之木。但徽州地区作为正统文化传承的典型区域的命题却赋予了徽州宗法制度不同于中原地区宗法制度的特点。以规模而言，主要表现在因随各姓宗族的急剧繁衍，遂造成宗族在徽州地区的密集分布，甚至达到无处不在的饱和程度；以充分性而言，则集中体现其组织结构的高度稳定，社会功能的齐全多样，以及各种制度体系的周密完备[②]。

二、徽州地区宗族制度的影响

徽州地区宗族制度是在徽州宗法思想的指导下建立的，徽州地区宗族制度的本身也蕴含着一定的价值体系和价值规范，是徽州宗法思想、宗法观念的具体化。徽州地区宗族制度作为规范、引导族人活动的手段，是宗族内部各种关系的集合，它确立了宗族内部广泛的家庭联系和家庭之间的密切关系，将徽州宗法思想、宗法观念转变为族人的共同追求和统一的行为实践，使宗族内部各个家庭形成彼此有逻辑关系的稳定的结构性力量，从而使徽州宗族思想、宗族观念物化为宗族发展的实践。而明清时期徽州家训也是在徽州宗法思想、宗法观念的指导下进行的，明清时期徽州家训思想必然体现徽州宗法思想、宗法观念，从这个角度看，徽州地区宗族制度也是明清时期徽州家训思想、观念的具体化。徽州地区宗法制度之所以能将明清时期徽州家训思想、观念转变为特色发展的实践，是因为它通过限定明清时期徽州家训的选择范围，将明清时期徽州家训思想、观念转变为徽州家训特色发展的实践。如休宁茗洲吴氏家族，对家训极为重视，除了制订吴氏《家规》，还制订冠、昏、丧、祭四礼，对家训选择的范围进行限

① 叶显恩：《徽州与粤海论稿》，安徽大学出版社2004年版，第54页。
② 郑力民：《安徽宗族历史与徽州宗族社会》，《学术界》1999年第4期。

定，从而将家训导入可以预期的轨道，指导并引领族内家训的发展。又如祁门文堂陈氏，有感于“迩来人繁约解，俗渐浇漓。或败度败礼者有之，逾节凌分者有之，甚至为奸为盗、丧身亡家者有之。以故是非混淆，人无劝惩，上贻官长之忧，下致良民之苦，实可为乡里痛惜者也”，遂“立约本欲人人同归于善，趋利避害”[①]。为了确保这一想法的实现，该家族将立约编成《文堂乡约家法》，以族规家法的形式规定家训，从而实现了对家训活动的有效控制。

徽州地区宗族制度对明清时期徽州家训的作用主要体现在宗族活动之中，尤其是体现在族长的活动之中。因此，从分析宗族和族长的活动入手，是把握徽州家训的制订从宗族到家庭这一过程特征的合理路径。以下两个问题值得重视：一是徽州地区宗族制度为族长的活动提供实际的空间。由于宗族制度的安排，明清时期徽州家训大多是以族长为核心的房长、乡绅们制订的，如前文所述。他们认为“族属盛而无谱系，则伦分不明；谱系分而无家训，则人心不肃，是固家之贤士大夫责也”[②]，于是“举先世所传遗训，采其风俗通行永当鉴诫者，隐括成篇，令子孙世世守之”[③]。二是徽州地区宗族制度规范并改变明清时期徽州家训的实践，是通过族长来推动的。他们不仅重视家训的制订，而且重视家训的宣传。如绩溪《东关冯氏家谱》卷首上《冯氏祖训十条》规定：“以上《祖训》十条，颁发各派祖屋实贴。每年祭祖后，即在祖屋，择晓文义者宣读一过、讲解一遍，各宜诚心恭听。回家而后，父各以此教子，兄以此教弟，夫各以此教妇。反复开导，时时检点，务须事事遵行，尽除前非，尽改恶习。同族之中，有过相规，有善相劝，不可自暴自弃，视为具文。”又如绩溪《南关许氏惇叙堂宗谱》卷八《家训》记载称：“圣贤彝训，备载六经，又何必要家训？家训所以济圣训之所不及也。盖六经惟读书人知之，至愚夫愚妇，不读诗书，若无家训，则全不知伦理，此风俗所以坏也。故家训必须粗言俗语，妇孺皆知。又必每年春分、冬至祭祖以后宣讲一

① 祁门《文堂乡约家法》，陈昭祥辑，明隆庆六年刻本。
② 歙县《方氏族谱》卷七《家训》，方怀德等纂修，清康熙四十年刻本。
③ 歙县《方氏族谱》卷七《家训》，方怀德等纂修，清康熙四十年刻本。

次。……庶男女皆知向善，而我后克昌矣。”除此之外，他们还重视族规家法的推行。在这一过程中，他们扮演了族规家法的执行者和维护者的双重角色。如绩溪《程里程叙伦堂世谱》卷十二《家规》规定：“凡族有不孝者，告诸族长，族长当申明家规而委曲诲导之，再犯则扑之，三犯告诸官而罪之，永摒族外。”又如绩溪《明经胡氏龙井西村宗谱》卷首《宗训》规定：“族内有夫纲不整不能制其妇、与妇悍戾不受制于夫者，族长当申明家规以正之。其有不孝舅姑及帷薄不修玷及门户者，屏之出族，不与之齿。”在宗族内部，族长根据宗法制度安排，采取这些措施，把宗族思想、宗族观念物化为族人共同的行为准则，把家训的注意力引导到关注宗族利益、关注宗族需求、关注宗族发展、关注宗族地位、关注提高族人素质上来，这是徽州族规家法的调节与约束功能最大化的根本保证。

明清时期徽州家训的制订从宗族到家庭这一过程特征，还可从宗族对家训内容的安排得到体现。例如，徽州宗族十分强调宗族成员之间“喜相庆、戚相吊”，于是把“睦族之道，在敬老慈幼，同忧共戚，庆吊必通，患难必救，困穷必周，鳏寡必矜”[①]作为家训要求，同时制订家规家法，以家规家法治家，极大地提高了制订家训的效率。明清时期传统家训这一鲜明的特色使家训效果明显，“历史文献记载和社会调查资料证明，宋元以来，邻里和睦是徽州人的社会风尚和社会主流”[②]。又如，徽州“新安里各姓别，姓各有祠，祠各有谱牒，阅岁千百，厘然不紊。用能慈孝敦睦，守庐墓，长子孙，昭穆相次，贫富相保，贤不肖相扶持，循循然，彬彬然，序别而情挚。试稽其朔，固由考亭先生定礼仪，详品节，渐渍而成俗”[③]，根本原因在于徽州各宗族广建祠堂，大修宗谱，制订族规家法，行冠婚丧祭之礼，无不奉朱熹亲定的《家礼》一书为圭臬，形成了一整套的体现宗族意志的礼仪制度。再如，徽州宗族对孝极为重视，按照宗族的要求，为人子

① 绩溪《东关冯氏家谱》卷首《祠规》，冯景坡、冯景坊纂修，清光绪二十九年木活字本。

② 赵华富：《徽州宗族研究》，安徽大学出版社2004年版，第392页。

③ 休宁《月潭朱氏族谱》卷首《月潭朱氏族谱序》，朱承铎纂修，民国二十年木活字本。

者“须随分尽孝，不必富贵而后尽孝”，“须及时尽孝，不可等他日而后尽孝”，“须爱父母，而不可爱货财”，“须爱父母，而不可爱妻子”，“当敬身如执玉，尽心竭力，得亲顺亲”[①]。通俗地讲，就是父母在时必须给衣食之养，辞气要温和，行为要恭顺，死后还需尽到责任，既要隆重安排丧葬过程，还要在衣食住行诸方面自抑自苦，以至于形容毁瘠方显其失亲之痛。在此基础上，徽州宗族对孝子普遍采取了“殁给配享”“族谱列传”和“公呈请旌”三大重要激励机制，使“孝子”成为一种最光荣的称号，由此激发了族人争当“孝子”的积极性，以致“历史上，徽州地区产生了许多孝子”[②]。

第三节　影响明清时期徽州家训的教育因素

明清时期徽州家训的发展自有教育根源。明清时期的徽州教育传统无不直接地呈现在“明清时期徽州家训”上。从这一角度看，明清时期徽州教育的兴盛、繁荣带来的各种教育传统，直接影响明清时期徽州家训的性质和发展方向。

一、徽州教育的传统

教育在徽州的兴起是在唐末“中原衣冠”的大规模迁入之后，“随着以诗书传家、崇文尚教的北方大族的不断南迁，特别是唐末中原衣冠的大规模迁入，徽州的教育得到发展，‘俗益向文雅’”[③]。早在东汉初年徽州地区就有教育机构的设立，如《后汉书·李忠传》记载：“忠以丹阳越俗不好学，嫁娶礼仪衰于中国，乃为起学校、习礼容，春秋乡饮、选用明经，郡中向慕之。”但徽州教育传统的形成主要是南迁的“中原衣冠”影响的结果。“中原衣冠”迁入之前，徽州的经济和文化发展水平都远远落后于北方。“关中之地，于天下三分

① 绩溪《程里程叙伦堂世谱》卷十二《家规》，程敬忠纂修，民国二十九年叙伦堂铅印本。

② 赵华富：《徽州宗族研究》，安徽大学出版社2004年版，第371页。

③ 李琳琦：《徽商与明清徽州教育》，湖北教育出版社2003年版，第20页。

之一，而人众不过什三；然量其富，什居其六。”[①]而“徽郡保界山谷，土田依原麓，田瘠埆，所产至薄，独宜菽麦、红虾籼，不宜稻粱。壮夫健牛，田不过数亩，粪壅缛栉，视他郡农力过倍，而所入不当其半。又田皆仰高水，故丰年甚少，大多计一岁所入，不能支什之一。小民多执技艺，或贩负就食他郡者常十九。转他郡粟给老幼，自桐江，自饶河，自宣、池者，舰相接，肩相摩也。田少而直昂，又生齿日益，庐舍坟墓不毛之地日多。山峭水激，滨河被冲啮者，即废为沙碛，不复成田。以故中家而下，皆无田可业。徽人多商贾，盖其势然也”[②]。《全晋文》中的记载则更直截了当：“吴楚之民（徽州春秋时属吴，吴亡属楚，吴楚之民自然也指徽州之民），脆弱寡能；英才大贤，不出其土；比技量力，不足与中国（指华夏族，因华夏族建“国”于黄河流域，属天下之中央，故名）相抗。”南下徽州的世家大族，不仅带来了北方先进的农业技术，还带来了儒家文化。迨至宋代，由于他们的推动，徽州地区的教育得到迅速发展，以致“名臣辈出”。比较著名的有明代开国谋臣朱升、抗倭英雄胡宗宪、廉慎自守的宰相许国、红顶巨贾胡光墉、文坛祭酒汪道昆、思想家戴震、皖派朴学的奠基者江永等。故嘉庆《休宁县志》云：徽州“人物之多，文学之盛，称于天下”。

宋元时期，徽州的官学、书院和义学均已初具规模，而且通过地方官、宗族势力、缙绅士儒的不断推动，逐步形成了徽州教育自身的传统。笔者将之归纳为以下几点：

第一，建立了兴学重教的传统。兴学重教是徽州的地方官、宗族势力、缙绅士儒等的共同特征。宋元时期，徽州的地方官、宗族势力和缙绅士儒对教育很重视。这种重视突出表现在积极从事兴学立教之举。如绩溪人汪龟从建云庄书屋于狮子峰，请父老遣子弟入学听讲；休宁人汪德懋建万川家塾，以教乡族子弟；祁门人汪应构中山书堂于桃墅，为其子汪克宽提供讲习之所；婺源人程本中建遗安义学于松

① 司马迁：《史记·货殖列传》，长城出版社1999年版，第523页。

② 顾炎武：《顾炎武全集》13《天下郡国利病书（二）》，上海古籍出版社2011年版，第1024页。

山，延师以教乡之子弟；休宁人朱升建枫林书屋于歙县石门，为讲习之所；婺源人祝寿朋建中山书塾，择通晓经书者为师，使宗族及乡之子弟入学[①]。他们矢志兴学，捐资创建学校，为宋元时期徽州教育的发展做出了重大的贡献。

第二，建立了重视学术的传统。在资料的收集与处理中，我们注意到，理学名儒对宋元时期徽州教育发展所起的作用特别大，他们不仅通过创建书院推动教育的发展，而且还身体力行，讲学于书院。如宋朝的汪莘讲学于柳溪书院，宋元之交的曹泾讲学于紫阳书院、西畴书院和初山精舍，宋元之交的胡一桂讲学于湖山书院，胡炳文讲学于龙川书院，元朝的姚琏讲学于凤池书院，元朝的郑玉主讲师山书院等。理学名儒对徽州教育的发展所做的贡献还表现在把讲学活动与学术研究结合起来，提高了书院办学质量。这可以从几位理学名儒的做法中体现出来。宋元之交的胡炳文，婺源人，既是明经书院山长、教师，又是学术大师。他一生治学不辍，成果斐然，著作有《易本义通释》《易五赞通释》《性理通》《朱子启蒙》《春秋集解》《礼书纂述》《纯正蒙求》《书集解》《四书辨疑》等[②]。据陈瑞、方英考证，胡炳文讲学的内容即是他的研究成果。元朝郑玉的讲学活动则从另一面反映出理学名儒对书院教育方式的独特理解。郑玉，字子美，号师山，学者称师山先生，徽州歙县人。他既是学术名流，又是一位注重教学创新的学者。他特别重视学习和讨论，在教学中强调“教学与讨论结合”，经常在闲暇游玩中与生徒讨论学问与人生。有一事例可说明此问题。“至正十年（1350）中秋节那一天，弟子们载酒来师山拜望老师，郑玉一边与弟子们赏月饮酒，一边与他们趁兴探讨了起来。事后，他曾赋诗一首以记述当时讲辩议论的热烈场景，诗曰：‘照人沙际晚霞明，独上师山杖履轻。夜后朋从如雨至，坐中议论欲风生。’”[③]可见郑玉讲学的效果。学术的繁荣对徽州教育的意义不言

① 赵华富：《徽州宗族研究》，安徽大学出版社2004年版，第427页。

② 陈瑞，方英：《十户之村不废诵读：徽州古书院》，辽宁人民出版社2002年版，第44页。

③ 陈瑞，方英：《十户之村不废诵读：徽州古书院》，辽宁人民出版社2002年版，第61页。

而喻。

第三，既重视官学，又重视私学。宋元时期，徽州地区的州学、县学都很发达，生徒人数众多，如《新安志》载婺源县学"熙宁中，秘书丞鄱阳刘定为县，从学者率常百余人"。与官学的发达相适应，宋元时期，徽州的私学也很繁荣，出现了一批私立学校，如书院、义学、塾学、家学、家塾等，而且都颇具规模。宋元时期，徽州书院的规模，前文已有论述，兹不赘述。至于这一时期徽州义学、家学、塾学、家塾等私立学校的规模，我们可从以下资料中找到答案：北宋婺源的汪绍"字子传，好义乐施，……辟义学教授乡里子弟，名曰四友堂，割田三百亩以充膳费，四方学者踵至"；休宁的朱权，历官知惠州，绍定二年（1229）致仕回乡，开馆授徒，"学者来从，不远千里，率百余人，随材诱掖，后多知名之士"；休宁的程卓，历官同知枢密院事，封新安郡侯，"公初第而归，四方学子不远千里，执经靡下，一经师承，其所得必粹，其文必有体制可观，门人多达者"[①]。宋元时期徽州私立学校的发展，经历了一个由少到多的演变过程。经过这一过程的反复实践，徽州私立学校在办学思想、学校分布、教材编写等方面均形成了自己的特色。从办学指导思想看，徽州私立学校并不着眼于有偿教育，而是重在为徽州的贫寒子弟提供与富裕子弟同等的接受教育的机会，体现出"以人的教育平等为本"的教育理念。宋元时期徽州教育的相对平等能够实现，正得益于此；从学校分布看，徽州私立学校一改过去学校的传统做法，没有将眼光局限在城镇，而将视角指向城乡各地，学生可以不用远离家乡而就近上学，可以节省费用，有利于更多家境贫困的学生上学，这对教育的普及大有好处；从教材编写看，徽州私立学校为了弥补已有蒙学教材的缺陷，组织名师编写了一系列适合徽州儿童特点的蒙学教材，如朱熹的《论语训蒙口义》、陈栎的《中庸口义》、胡炳文的《纯正蒙求》、朱升的《小四书》等，强化了所设课程的适应性和针对性。

明清时期徽州教育传统的形成并不是对宋元时期教育传统的否

① 李琳琦：《徽商与明清徽州教育》，湖北教育出版社2003年版，第33页。

定，而是在宋元时期徽州教育传统的基础上发展起来的。明清徽州教育继承并发展宋元徽州教育的经验，又创造了许多新的经验，形成了许多新的传统，出现了许多新的特点，这主要表现在四个方面：

第一，建立了教育为士子入仕服务的信念和传统。徽州宗族实行奖励族内子弟科第仕宦的制度，如休宁《汪氏渊源录·汪氏黎阳家范·给助条款》规定："一、子孙有志读书，岁给灯油银一两；一、贫而有业儒者，岁给薪水银二两；一、入泮援例入监者，给贺仪银一两；一、科举应试者，给卷资银一两；一、明经赴京廷试者，给旗匾银二两；一、登科者，给旗匾银五两；登第者，给旗匾银十两。"又如绩溪《明经胡氏龙井派祠规》规定："凡攻举子业者，岁四仲月，请齐集会馆会课，祠内支持供给。赴会无文者，罚银二钱；当日不交卷者，罚一钱。祠内托人批阅，其学成名立者，赏入泮贺银一两，补廪贺银一两，出贡贺银五两。……至若省试，盘费颇繁，贫士或艰于资斧，每当宾兴之年，各名给元银二两，仍设酌为饯荣行。有科举者全给，录遗者先给一半，俟入棘闱，然后补足。会试者，每人给盘费十两。"徽商也实行支持科第仕宦的制度，如休宁商人汪国柱所立的《乡试旅资规条》规定："收支生息银两必须经理得人，每值乡试之年，捐输之家同经管书院董事，于五月初间邀集在城绅士公举人品端严者一人，同办省中给费事件……府学、县学恩、拔、副、优、廪、增、附、监到省应试者，概行给与盘费。"又如歙县潭渡黄氏（黄氏多为扬州盐商）所作的潭渡孝里黄氏《家训》规定："子姓十五以上，资质颖敏，苦志读书者，众加奖劝，量佐其笔札膏火之费，另设义学，以教宗党贫乏子弟。"[①]无论是徽州宗族，还是徽商，当时的现实是争取更多的子弟业儒入仕。徽州宗族需要更多的子弟业儒入仕，来改善宗族的社会地位。徽商也需要更多的子弟奔入仕途，来提高自己的政治地位，改变世人对商人旧有的看法。因此，徽州教育要为徽州子弟的读书入仕服务。明清时期的徽州教育不仅提供了这种服务，而且取得了重大成果。正如徽州的赵吉士在《徽州府志》中所言："自

① 歙县《潭渡孝里黄氏族谱》卷四《家训》，黄臣槐等修纂，清雍正九年刻本。

胜朝重科目之选，而吾乡之以甲乙科显者，比肩接翼而起，一时立朝至有数尚书。呜呼，可谓盛矣！”这种传统对当时的徽州教育起到了促进作用。

第二，形成了重视商业教育的传统。明清时期，徽商经营之道独具特色，新安画派盛极一时，徽州建筑、徽派园林被世人关注，新安医学高度兴盛，徽州刻书业的繁荣举世罕见，徽剧风靡一时，其之所以能够形成，主要归功于它独具特色的商业教育。进行商业教育一事在我国历史上已不是创举，师徒式的商业教育方式历史悠久，但明清时期徽州的商业教育却有其特点。第一个特点是自编、自刻各种科目的教科书，如商业书，有黄汴的《一统路程图记》（又名《天下水陆路程》《图经水陆路程图》）、余象斗的《三台万用正宗·商旅门》、程春宇的《新安原版士商类要》（简称《士商类要》）、憺漪子的《新刻士商要览天下水陆行程图》（简称《士商要览》）、吴中孚的《商贾要览》、江有科的《徽州至广州路程》、江明恒的《沐雨栉风》、浙江新安惟善堂刊印的《典业须知》、休宁商人编的《江湖绘画路程》等。又如医学书，有江瓘的《名医类案》、徐春甫的《古今医统大全》、吴崑的《医方考》、程国彭的《医学心语》、吴谦的《医宗金鉴》、郑梅涧的《重楼玉钥》、程杏轩的《程杏轩医案》等。还有其他方面的书籍，如江永的《推步法解》，戴震的《原象》《历问》《古历考》《策算》《勾股割圆记》《续天文略》，郑复光的《镜镜冷痴》等。另一个特点是教育内容的丰富性、实用性和可操作性。明清时期，徽州商业教育涉及商业贸易、建筑、绘画、医学、天文、数学、刻书业等方面，内容极其丰富。同时，这些教育内容都是徽商长期实践经验的总结，因而具有很强的实用性和可操作性[①]。按照教育目的和教育内容，可将明清时期徽州商业教育具体划分为三类：一类是职业类商业教育，包括园林、建筑、戏剧、刻书业、经商技巧等职业特色鲜明的商业教育，以培养生徒的职业技能为主要目标。一类是学术类商业教育，以探索经商经验、医术、建筑风格和自然规律为主要目标，其开

① 李琳琦：《徽商与明清徽州教育》，湖北教育出版社2003年版，第200页。

展的活动以著书立说为主。还有一类是综合类商业教育。如果说职业类商业教育和学术类商业教育处于“实用”和“学术”的两极，那么，除此之外所有的商业教育都可以归入综合类商业教育之中。综合类商业教育既可以进行一些关于职业知识的教育，也可以进行一些关于职业技能的教育；既可以直接走向社会，从事社会所需要的实用性职业，也可以与实践活动部分脱节，进行一种类似于学术研究的活动。徽州商业教育最主要的途径依然是师徒式的言传身教，徽州方志、谱牍中不乏此类教育形式的记载，并产生过一定的成效。如清代歙县著名盐商鲍绍翔，成为大贾之前曾在杭州一家店中做学徒。但这种师徒式的言传身教并不是传统式的简单翻版，而是有明显的变化。徽州商业教育不仅重视师徒式的言传身教，而且强调教科书的作用。理论和实践两方面结合的优势以及实际效果的出现，使得许多研究者认为徽州商业教育是“实践与理论相结合”的典型。

第三，建立了办学为宗族子弟的传统。明清时期，徽州教育的成功，除了具有地方官的重视、徽商的资助和宗族势力的积极参与等有利因素外，还有一条就是对族内贫寒子弟进行资助。表现在无论地方官、宗族势力还是徽商都重视学校的创建，并根据学校的不同情况和族内子弟的家庭经济状况决定自己捐赠的额度。如康熙《徽州府志》载，祁门的李汛创办李源书院，并割田20亩入书院“以助族之子弟能读书者”；婺源的戴善美、戴铣改建桂岩书院，并割田购书，以训乡族子；康熙《休宁县志》载，休宁的吴继良“构义屋数百楹，买义田百亩”建明善书院；婺源的俞友仁“倡输五百金兴炳蔚文社，酌赀奖励，悉有规条”[①]；歙县的佘文义“置义塾以教族之知学者”[②]；黟县的舒大信，据《黟县志》载，“置屋十余楹为族人读书地，邑人议建书院，大信存二千四百金助之”；婺源的孙有寿“建书院、造学宫……约计捐赀不下数千金”[③]等。类似事例，在徽州不胜枚举，说

① 光绪《婺源县志》卷三十五《人物十·义行八》，吴鹗、汪正元纂，清光绪九年刊本。

② 佘华瑞：《岩镇志草》，清雍正十二年刊本。

③ 光绪《婺源县志》卷三十五《人物十·义行八》，吴鹗、汪正元纂，清光绪九年刊本。

明明清时期徽州学校的创办者并不是为了积累资产，而是重在“助族之子弟能读书者”，旨在教育族中子弟以光大宗族。这种办学为宗族子弟的传统，对于学校的发展尤为重要。由于他们的资助与扶持，族中的贫寒子弟也可上学，在一定范围内保证了族中子弟大体拥有较为平等的接受教育的机会，从而在一定程度上实现了他们希望的教育效果。教育机会的相对平等，是明清时期徽州教育的一大特色。“明清时期，徽州出现的虽‘远山深谷，居民之处，莫不有学有师’的教育高度普及的局面，就是这种教育平等性的重要体现。”[①]学校对学生的资助与扶持，主要是通过学田和接受的捐资来实现的。其中学田的收入“令皆入官，而给其师生廪禄”。徽州府学、县学都置有学田，而且数量较大，康熙《徽州府志》中有关府学和县学学田的记载可说明这个问题。据康熙《徽州府志》记载，徽州府的府学有160亩学田；歙县有263.95亩学田；休宁县有283.62亩学田；婺源县有235.9亩学田；祁门县有94.5亩学田，又有地一块和房9间；黟县有110.6亩学田；绩溪县有59亩12角135步学田，并占店屋3间和松林[②]。徽州书院也置有学田，如歙县的紫阳书院，“书院碑记及郡志所载院田不下千亩有余”，其中“自明初至嘉靖以前，歙县置田地山塘十顷九十一亩八厘四毫”，“嘉靖四十一年（1562），郡守何公东序作新置学田……置腴田五十六亩，歙良干丰碣二十一亩，休扬村等处三十五亩图”[③]。学校学田的来源包括创办者的捐献、宗族势力的捐赠和徽商的捐赠。在这几类捐赠中，徽商的捐赠是学校学田的主要来源。以下事例在徽州谱牒、方志中可谓俯拾皆是：歙县的吴荣寿“首倡创办文学堂，自任校长并捐地修筑校舍”[④]；婺源的程耀廷“输田若干亩，文社藉以克振焉”[⑤]；祁门的李汛创建李源书院，并捐田二十亩，“为

① 李琳琦：《徽商与明清徽州教育》，湖北教育出版社2003年版，第265页。

② 刘伯山，蒋毅华：《徽州的文风与教育》，载黄山市徽州文化研究院：《徽州文化研究》（第二辑），安徽人民出版社2004年版，第78—79页。

③ 歙县《紫阳书院志》卷十七，吴瞻泰、吴瞻淇整理。

④ 孙秋香，毛新红：《屯溪徽商名录》，载黄山市徽州文化研究院：《徽州文化研究》（第三辑），黄山书社2004年版，第477页。

⑤ 光绪《婺源县志》卷三十五《人物十·义行八》，吴鹗、汪正元纂，清光绪九年刊本。

族之子弟能读书者之助”[①]；婺源的程世杰“曾建遗安义塾，置租五百亩，久废，杰独力重建，岁以平粜所入延师，使合族子弟入学，并给考费”[②]。明清时期，由于徽州教育具有办学为宗族的传统，教育机会在族内相对平等，族内子弟几乎都能上学业儒，致使徽州人文荟萃，英才辈出，考中的进士数量之多，为他郡所不及。李琳琦在《明清徽州进士数量、分布特点及其原因分析》一文中，统计出明代徽州考中文进士者452人、武进士56人；清代徽州考中文进士者684人、武进士111人。在文中，李琳琦指出，明清徽州进士不但总数位居全国各府前列，而且状元人数则更为显赫[③]。

第四，充分依靠个人、利用宗族势力办学。徽州是典型的官学、私学并举的地区，徽州官学、私学并举的进程开始较晚，大约发生在宋元时期。十分独特的是，宋元明清时期徽州官学和私学的办学经费均来自个人或宗族的捐赠。从府学、县学的重修、扩建到书院数的逐渐增加，再到社学、义学的建立，再到文会的普通设立和塾学的兴起，所依靠的几乎是个人和宗族的力量，包括地方官、社会名流、徽商、里人、族长等各类人物。如徽州书院的办学经费，即来源于此。地方官捐资倡建的书院，比较有名的有：户部尚书曹文植同歙县商人鲍志道等倡建的古紫阳书院，太守张芹改建的紫阳书院，知府冯世雍倡建的崇正书院，知县祝世禄同邑人邵庶倡建的还古书院，知县王佐创建的海阳书院，都御史游震得创建的世贤书院，知县洪晰创建的东山书院，郑继诚致仕后创建的少潭书院，知县钱同文创建的石龙精舍，知县谢廷杰创建的碧阳书院，知县郭四维倡建的敬业书院，知县汪元圭创建的晦庵书院，枢密院判官汪同创建的商山书院；社会名流捐资倡建的书院，比较有名的有：黟县汪泰创建的遗经楼，歙县凌庆四创建的北园书院，歙县朱升创建的枫林书院，歙县郑玉创建的师山书院，休宁程大昌创建的西山书院，休宁吴儆创建的竹州书院，休宁赵汸创建的东山精舍，婺源倪士安创建的道川书院；徽商捐资倡建的

① 弘治《徽州府志》卷五《学校》，彭泽修，汪舜明纂，明弘治十五年刊本。

② 光绪《婺源县志》卷三十三《人物·义行》，吴鹗、汪正元纂，清光绪九年刊本。

③ 李琳琦：《明清徽州进士数量、分布特点及其原因分析》，《安徽师范大学学报（人文社会科学版）》2001年第1期。

书院，比较有名的有：歙县曹景宸创建的竹山书院，休宁吴继良创建的明善书院，婺源黄荣祈创建的福山书院，婺源吴砚耕倡建的西乡书院，婺源石世涛复建的碧山精舍，黟县胡作霖创建的莲塘精舍；里人捐资倡建的书院，比较有名的有：歙县鲍寿孙创建的西畴书院，婺源胡孟成创建的石丘书院，祁门汪应创建的中山书院，绩溪胡忠创建的桂枝书院，休宁程希隆创建的率溪书院，休宁戴天德创建的桂岩书院，婺源臧聪倡建的西乡书院，婺源项儒珍创建的玉林书院，祁门程景华创建的窦山书院，祁门李汛创建的李源书院，黟县余心创建的桃源书院；宗族势力捐资倡建的书院，比较有名的有：歙县的西畴书院、倚山书院、南轩书院、北园书院、竹山书院、飞布书院，婺源的明经书院、太白精舍、石丘书院、桂岩书院、尊罗书院、心远书院、太白书院、开文书院、湖山书院、西乡书院、教忠书院、玉林书院、水口精舍、碧山精舍、桂林书院、骐阳书院，祁门的中山书堂、东野书院、窦山书院、李源书院、神交精舍，绩溪的桂枝书院、龙峰书院，黟县的集成书院、桃源书院、莲塘精舍，休宁的秀山书院、率溪书院、新溪书院、明善书院等。明清时期，徽州其他教育机构的设立与发展，也是通过个人或宗族的力量来实现的。不容否认，充分依靠社会力量办学这一传统在宋元时期即已初现，然而形成却在明清时期。明清时期兴起于徽州的大量的民间办学主体这一事实可说明这个问题。

二、徽州教育的影响

徽州的兴学重教既重官学又重私学，办学为宗族子弟，充分依靠个人和宗族势力办学等传统的形成与发展，主要是以应举入仕为背景的，而为士子入仕服务的信念和传统则为明清时期徽州家训应举入仕要求的实现提供了充分的保障。宗族、徽商对求学士子从束脩膏火，到科举资费，再到考棚、试院、试馆和会馆的安排，为徽州族内子弟读书、业儒、应举奠定了经济和物质基础；奖励族内子弟科第仕宦制度的推行，为明清时期徽州家训实现上述追求提供了制度环境，极大地调动了徽州家庭支持子弟求儒问学的积极性；设府学、县学、社学、书院、义学以及塾学，专为训导、教育族内子弟，“对于俊秀而贫穷子弟，入学所需的一切费用，均可由学田收入开支，不使有培养前途的子弟埋没”[①]，使几乎所有的徽州族内子弟大体拥有较为均等的接受教育的机会[②]。宗族高度重视、徽商鼎力相助、家庭积极参与、接受教育机会相对平等是明清时期徽州家训应举入仕要求得以实现的前提和基础，而这点正得益于兴学重教、为士子入仕服务等信念和传统的推动。

徽州教育传统不仅体现在以应举为中心的文化上，也体现在以伦理教化为核心的文化上。而以应举为中心和以伦理教化为核心的文化实际上是徽州社会教育观念、教育理想的集中体现，反映在家训上主要表现在以下三个方面：第一，体现对族内子弟培养规格的应举入仕要求，正如绩溪梁安高氏《祖训》所云：“盖族内有读书人，则能明伦理、厚风俗，光前而裕后……又不但科第仕宦为宗族光已也。”第二，要求对有可造就的族内子弟精心培养，如绩溪《明经胡氏宗族祖训》规定：“子以传后，为子者，不可不教以义。方幼稚，即要择师，端其蒙养。有资者，策励以玉成之。”第三，伦理说教以程朱理学为思想基础，内容来自“四书”“五经”《四书集注》《家礼》等。这三点注定了明清时期徽州家训追求的是族内子弟进取心的培养，更注重族内子弟伦理道德的教育，“使之知所以修身、齐家、治国、平天下之道，而待朝廷之用也”[③]。与之相适应，徽州的家训观认为，“宗族之大，子孙贤也；子孙之贤，能读书也。能读书则能识字，匪特可以取科第、耀祖宗，即使未仕，亦能达世故、通事体，而挺立于乡帮，以亢厥宗矣”，“吾之子若孙须学问，须修谱牒……三世不学问，不仕宦，不修谱，即流为小人”[④]，“子孙才，族将大。族中果有可期造就之子弟，其父兄即课之读书。倘彼家甚贫，须加意妥筹培植”[⑤]。以

① 张海鹏，王廷元：《徽商研究》，安徽人民出版社1995年版，第507页。

② 李琳琦：《徽商与明清徽州教育》，湖北教育出版社2003年版，第265页。

③ 朱熹：《朱文公文集》卷七十五。

④ 《歙西岩镇百忍程氏本宗信谱》卷十一《族约篇第九》，程弘宾等纂修，明万历十八年刻本。

⑤ 绩溪《东关冯氏家谱》卷首《祖训》，冯景坡、冯景坊纂修，清光绪二十九年木活字本。

此为基础，明清时期徽州家训重“家学”：“天下之本在国，国之本在家，家之本在身，格物致知，诚意正心，皆所以修身也。易曰：‘蒙以养正，圣功也。’家学之师，必择严毅方正可为师法者，教苟非其人，则童蒙何以养正哉。”重“诗书”：“诗书所以明圣贤之道，本不可不重。况一族子弟无论将来读书成名，即农工商贾，亦须稍读书本，略知礼义。凡请先生，第一要有品行老成之人，礼貌必须周到。凡读书人受恩不可忘，无恩不可怨，不可恃才学而傲慢乡党，不可挟绅衿而出入衙门。如果品学都好，就不发达，一样有光门户。”[①]重“师儒”：“子孙自六岁入小学，十岁出就外傅，十五岁加冠入大学，当聘致明师训饬，必以孝悌忠信为主，期底于道。若资性愚蒙，业无所就，令习治生理财。”[②]更重孝悌、礼仪、忠孝等伦理纲常。

徽州兴学重教传统发展的另一个重要特征，乃是宗族主体意识的高扬。这不仅仅表现在宗族的兴学和资助族内子弟读书过程中，而且体现在族内子弟对宗族强烈的归属感上。在宗族看来，族内业儒的俊秀子弟越多，宗族在社会上的地位就会越高，成为巨室强宗的可能性就越大。在族内子弟看来，读书越刻苦，进入仕途的可能性就越大，家族在社会上的地位就会越高。这种个人服从宗族利益的价值取向直接导致了群体本位思想。徽州教育传统即是以宗族为基础的群体本位。明清时期徽州家训设定的三个目标都体现了这一群体本位思想：一是振兴儒业：“一族之中，文教大兴，便是兴旺气象。古来经济文章，无不从读书中出。草野有英才，即以储异日从政服官之选，其足以为前人光、遗后人休者。”[③]“人无论贵贱，质无论智愚，皆当择师傅以为之训迪，俾知入事父兄、出事长上，庶有造有德，相与有成，不得姑息养骄，贻悔日后。”[④]“俾后嗣相聚相观，以振儒业。”[⑤]二是“大吾门”：“为父兄者幸有可造子弟，毋令轻易废弃。盖四民之中，

① 绩溪《仙石周氏宗谱》卷二《石川周氏祖训十二条》，周善鼎等纂修，清宣统三年善述堂木活字本。

② 休宁《茗洲吴氏家典》卷一《家规八十条》，吴翟等纂修，清雍正十一年木活字本。

③ 绩溪《东关冯氏家谱》卷首《祖训》，冯景坡、冯景坊纂修，清光绪二十九年木活字本。

④ 休宁《古林黄氏重修族谱》卷首上《宗规》，黄文明纂修，明崇祯十六年刻本。

⑤ 歙县《方氏会宗统谱》卷七十二，方纯仁等纂修，明嘉靖三十七年刻本。

士居其首，读书立身胜于他务也。”[①]“苟有贤俊子弟，乃由祖宗积德所生，增光门户，正在于彼。”[②]三是繁荣宗族：“族之有仕进，犹人之有衣冠，身之有眉目也。”[③]“其间有资质可进，父兄贫不能教，群子弟中贤者为之教焉，不论束脩，以企同归于贤，亦大族昌后之兆。”[④]可以看出，明清时期徽州人对家训的重视，最终关怀在于宗族的延续兴盛，在于宗族的荣耀，至于令子弟读书、业儒、问学，只是完成这个目标的手段而已。

第四节　影响明清时期徽州家训的理学因素

明清时期徽州家训的观念、思想、内容等深受程朱理学的影响。把明清时期徽州家训紧密联系到程朱理学的脉络里加以考察，显然是我们准确理解和把握明清时期徽州家训的一把钥匙。

一、理学的内容构成

理学有很多名称，诸如“道学”“宋学”“新儒学”“宋明理学”等。这些名称所代表的虽然都是同一个学说，但却有不同的解释。“道学”之称，始见于北宋张载《答范巽之书》：“朝廷以道学政术为二事，此正自古之可忧者。”元代编撰的《宋史》将之界定为周敦颐、邵雍、张载、程颢、程颐、朱熹及其门徒之学。“宋学”之称，始见于明代唐枢《宋学商求》（《木钟台全集》初集，清咸丰六年唐氏书院刊本）。这里的“宋学”主要指宋代学者的思想主流，包括“横渠之学”“明道之学”“伊川之学”“金陵之学”“涑水之学”“魏公之学”“乖崖之学”“安定之学”“希夷之学”“云溪之学”等。而清代考据学家对“宋学”的理解则有不同之处，他们视“宋学”为宋代的哲学主流。清《四库全书总目·经部总叙》云：“国初诸家，其学徵实不诬，

① 绩溪《明经胡氏龙井派宗谱》卷首《明经胡氏龙井派祠规》，胡宝铎、胡宣铎纂修，民国十年木活字本。

② 歙县《方氏族谱》卷七《家训》，方怀德等纂修，清康熙四十年刻本。

③ 休宁《茗洲吴氏家典》卷一《家规八十条》，吴翟等纂修，清雍正十一年木活字本。

④ 歙县《仙源吴氏家谱·家规》，吴永凤等纂修，清光绪五年木活字本。

及其弊也琐。要其归宿，则不过汉学、宋学两家互为胜负。夫汉学具有根柢，讲学者以浅陋轻之，不足服汉儒也；宋学具有精微，读书者以空疏薄之，亦不足服宋儒也。”不难发现，清代考据学家眼中的“宋学”，指的是与汉唐训诂之学、清代考据之学不同的宋代的义理之学①。它包括周敦颐的太极学说、张载的气本论学说、程颢、程颐、朱熹的理本论学说以及陆九渊的心本论学说和叶适、陈亮的功利学说。“新儒学”，也称“宋明新儒学”。“新儒学”之名始于20世纪三四十年代，始见于冯友兰的《中国哲学史》下册（商务印书馆，1934年版）。陈寅恪于1952年发表的《论韩愈》一文，也使用此名称。此后，该名称被海外学术界广泛沿用，而国内学者却较少使用②。“新儒学”有别于以训诂为主要内容的汉代之学（汉学），其特点是汲取佛教和道教思想，疏注儒家经典，如《论语》《周易》《中庸》《孟子》等，借回答佛、老之学以及现实社会生活中提出的诸多问题。“宋明理学”，指宋、元、明及清初出现并师承发展的儒家哲学。宋至清初的理学家多致力于阐释义理，兼谈性命，故有此称。

理学肇始于北宋仁宗年间，由宋初“三先生”（孙复、石介、胡瑗）发其端。《黄氏日钞》卷四十五《读诸儒书》载：“宋兴八十年，安定胡先生（胡瑗）、泰山孙先生（孙复）、徂徕石先生（石介），始以其学教授，而安定之徒最盛，继而伊洛之学兴矣。故本朝理学，虽至伊洛而精，实自三先生而始。”而开创者则是周敦颐，《宋元学案》卷十一《濂溪学案》载：“孔孟而后，汉儒止有传经之学。性道微言之绝久矣。元公（周敦颐）崛起，二程嗣之，又复横渠诸大儒辈出，圣学大昌。故安定、徂徕卓乎有儒者之矩范，然仅可谓有开之必先，若论阐发心性义理之精微，端数元公之破暗也。”

理学自北宋仁宗年间兴起以后，历经宋、元、明三朝长达六百年的发展演变，先后形成了程朱理学、陆王心学、气学（以气为世界本源，主要代表人物有张载、王廷相、王夫之等）、实学（以“实”字为核心内容，强调“经世致用”，主要代表人物有朱之瑜、方以智、

① 潘富恩，徐洪兴：《中国理学》（四），东方出版中心2002年版，第10页。
② 潘富恩，徐洪兴：《中国理学》（四），东方出版中心2002年版，第4页。

黄宗羲、李贽、顾炎武、顾宪成、戴震等）四大流派。其中程朱理学对徽州社会的影响尤甚。

二、程朱理学的影响

程朱理学，系宋代理学的主流派别。首创者程颢、程颐，集大成者朱熹。《伊洛渊源录》卷二载，程颢“以亲老求为闲官，居洛阳殆十余年，与弟伊川先生讲学于家，化行乡党。……士之从学者不绝于馆，有不远千里而至者。先生于经不务解析为枝词，要其用在己而明于知天。……先生以独智自得，去圣人千有余岁，发其关键，直睹堂奥，一天地之理，尽事物之变”。由于程颢、程颐在洛阳讲学“殆十余年”，故他们的学说又称为“洛学”。作为洛学的代表，二程强调治经须先明义理，《河南程氏遗书》载：“圣人作经，本欲明道。今人若不先明义理，不可治经。”提倡以己意解经，《河南程氏遗书》载：“善学者，要不为文字所梏。故文义虽解错，而道理可通行者，不害也。”主张以理论道，提出天者理也，“心是理，理是心”[①]，“性即理”等重要命题，断言“万物皆有理，顺之则易，逆之则难”[②]，“天下物皆可以理照，有物必有则，一物须有一理”[③]，“凡眼前无非是物，物物皆有理。如火之所以热，水之所以寒，至于君臣父子间皆是理”[④]，终将义理之学发展为理学。朱熹，生于南剑州尤溪（今福建尤溪），后徙居建阳（今福建建阳）考亭。由于他生长在福建，又长期在考亭讲学，所以他的学说又称为“闽学”或“考亭之学”，后世称“朱子学”。作为理学的集大成者，朱熹明确了理气关系，《朱文公文集》卷五十八载：“天地之间，有理有气。理也者，形而上之道也，生物之本也。气也者，形而下之器也，生物之具也。是以人物之生，

① 程颢，程颐撰；潘富恩导读：《二程遗书》卷第十三《明道先生语三》，上海古籍出版社2000年版，第185页。

② 程颢，程颐撰；潘富恩导读：《二程遗书》卷第十一《明道先生语一》，上海古籍出版社2000年版，第170页。

③ 程颢，程颐撰；潘富恩导读：《二程遗书》卷第十八《伊川先生语四》，上海古籍出版社2000年版，第242页。

④ 程颢，程颐撰；潘富恩导读：《二程遗书》卷第十九《伊川先生语五》，上海古籍出版社2000年版，第301页。

必禀此理然后有性，必禀此气然后有形。”拓展了“性即理”内涵，指出“性即理也。在心唤作性，在事唤作理”[①]。“理也性也命也，初非二物而有是言耳。”[②]发展了“内圣外王”之道，主张“父子有亲，君臣有义，夫妇有别，长幼有序，朋友有信”。“格物、致知、诚意、正心、修身，而推之以至于齐家治国，可以平治天下。”[③]解读了理欲关系，提出“天理人欲，不容并立”[④]，断言“圣贤千言万语，只是教人明天理，灭人欲”[⑤]，主张“存天理，灭人欲”，从而构建了比较系统、周密的理学思想体系。因为程颢、程颐和朱熹的学说基本一致，后来学者将之合称为程朱理学。朱熹曾与陆九渊等进行过关于“太极”和治学方法问题的争论，又分别与永嘉学派、永康学派有过有关功利、王霸等问题的争辩。程朱理学起初并不被官方和社会看重，庆元二年（1196）还被斥为“伪学”而遭压制，朱熹也被诬为“伪学”罪首，以致“门人故交，尝过其门凛不敢入”。直至宁宗嘉定五年（1212）“国子司业刘爚请以朱熹论语孟子集注立学，从之”[⑥]，尤其是理宗宝庆三年（1227）诏书：“朕观朱熹集注《大学》《论语》《孟子》《中庸》，发挥圣贤蕴奥，有补治道。朕方励志讲学，缅怀典刑，深用叹慕。可特赠熹太师，追封信国公。”[⑦]这种状况才得到根本改变。此后，程朱理学被指定为官方的统治思想，社会崇朱之风日盛，正如朱廷梅在《重修文公庙暨建韦斋祠记》中“百世之下，使百世以上之大道昭如日月，沛若江河，微朱子，孰与归？故曰朱子者，孔孟后一人也。朱子之道，既上接孔孟，下轶周程，则朱子者，天下之朱子者，万世之朱子也”。

徽州人对程朱理学顶礼膜拜，如歙县“承紫阳学风，夙重理

① 黎靖德编；王星贤点校：《朱子语类（第一册）》卷第五，中华书局1986年版，第82页。

② 朱熹：《四书或问·论语或问卷二为政策二》，上海古籍出版社2001年版，第137页。

③ 朱熹：《朱文公文集》卷七十四。

④ 朱熹《孟子集注》卷五，上海古籍出版社1987年版，第36页。

⑤ 黎靖德编；王星贤点校：《朱子语类（第一册）》卷第十二，中华书局1986年版，第207页。

⑥ 毕沅：《续资治通鉴》卷一六四。

⑦ 陈邦瞻：《宋史纪事本末》第三册，中华书局1977年版，第879—880页。

学"[①]。绩溪"自朱子以后，多明义理之学"[②]。祁门"自宋元以来，理学阐明，道系相传，如世次可辍"[③]。婺源"自紫阳朱夫子以理学大儒生于其乡，至今俗尚儒学，诵弦声比户"[④]。这种状况，其他地区没有可与之比拟的。究其原因，以下两点值得重视：第一，徽州是"程朱阙里"。据《祁门善和程氏谱》记载，程颢、程颐的祖籍是歙县篁墩，该谱称二程"胄出中山，中山之胄出自新安之黄墩，实忠壮公（程灵洗）之裔"。朱熹的祖籍又是徽州婺源，康熙《婺源县志》载："唐末有朱古寮者，仕为婺源镇将，因家焉。历传至森，以子赠承事郎。森生松（朱熹之父），字乔年，号韦斋，官吏部。"由于这方面的原因，徽州人"读朱子之书，服朱子之教，秉朱子之礼，以邹鲁之风自待，而以邹鲁之风传之子若孙也"[⑤]，对程朱理学特别尊崇。第二，徽州理学名儒众多。南宋有朱熹（婺源人）、程鼎（婺源人）、吴锡畴（休宁人）、江润身（婺源人）、程大昌（休宁人）、吴儆（休宁人）、程洵（婺源人）、滕璘（婺源人）、滕珙（婺源人）、汪清卿（婺源人）、程先（休宁人）、程永奇（休宁人）、汪莘（休宁人）、许文蔚（休宁人）、祝穆（歙县人）、吴昶（歙县人）、谢琏（祁门人）等。宋元之交与元代有程逢午（休宁人）、程若庸（休宁人）、胡方平（婺源人）、胡一桂（婺源人）、陈栎（休宁人）、许月卿（婺源人）、胡斗元（婺源人）、胡炳文（婺源人）、倪士毅（休宁人）、郑玉（歙县人）、曹泾（歙县人）、汪克宽（祁门人）、程复心（婺源人）等。元明之际与明代有朱升（休宁人）、赵汸（休宁人）、唐仲实（歙县人）、程敏政（休宁人）、范涞（休宁人）、朱同（休宁人）、汪道昆（绩溪人）、金声（休宁人）等。明末清初有杨泗祥（休宁人）、江恒（歙县人）、汪知默（歙县人）、江永（婺源人）、汪学圣（休宁人）、陈二典（祁门人）、谢天达（祁门人）、吴苑（歙县人）、吴曰慎（歙县人），汪佑

① 民国《歙县志》卷七《人物志·儒林》，石国柱主修，许承尧总纂，民国二十六年版。

② 乾隆《绩溪县志》卷一《风俗》，清乾隆二十一年刊本。

③ 康熙《祁门县志》卷一《风俗》，张媛纂修，清康熙二十二年刻本。

④ 民国《重修婺源县志》卷一《乾隆乙亥邑志序》，葛韵芬修，江峰青纂，民国十四年刻本。

⑤ 休宁《茗洲吴氏家典·序》，吴翟等纂修，清雍正十一年木活字本。

（休宁人）、汪浚（休宁人）、程瑶田（歙县人）、施璜（休宁人）等。这些理学名儒对程朱理学的诠释、发展与维护，无一例外地都扮演着一种传承者和卫道者的角色，所著书籍如程大昌的《毛诗辨证》，程逢午的《中庸讲义》，程龙的《尚书毛诗二传释疑》《礼记春秋辨证》，吴昶的《易论》《书说》，程永奇的《六经疑义》，胡炳文的《四书通》《易本义通释》，程若庸的《性理字训讲义》，胡方平的《易本义启蒙通释》，胡一桂的《易本义附录纂疏》《人伦事鉴》，程复心的《四书章图》等，均以经取义，以"理"说经，寻求程朱理学的大义与道理，致使南宋以后的徽州社会长期被程朱理学所控制，以至明清时期徽州家训也长期以程朱理学为指导思想。明清时期徽州家训重理学局面的形成，显然是程朱理学影响的结果。

第四章　明清时期
徽州家训的主要内容

明清时期徽州的家训，深深地植根于明清时期徽州的土壤之中，与明清时期徽州的社会条件和人们需要相适应。由于明清时期徽州家训关注徽州家庭、家族普遍关心的问题，例如教育、经商、仕官、孝悌、仁爱、名分、礼教等，必然会导致这个时期这个地区家训内容以及形式的多样化发展。明清时期徽州家训的内容极为丰富，它蕴涵着深刻的理论逻辑，具有内容的广泛性、形式的多样性特征。

第一节　明清时期徽州家训的思想基础

程朱理学的伦理思想是南宋末期以后封建社会的正统思想。明清时期，程朱理学的伦理思想在徽州家训实践领域集中体现在它是明清时期徽州家训内容得以生成的重要思想前提。纵览明清时期徽州家训，我们会发现一个现象，即每一个家训都体现了程朱理学的伦理思想，都在表达对程朱理学伦理思想的继承与发展。要准确了解明清时期徽州家训的内容，就必须深入领会程朱理学伦理思想的精要。关于程朱理学的伦理思想，有关中国伦理思想史的著述大多有简要的论述，研究程朱理学的学者更有系统的讨论。

一、"三纲五常"乃"国之纲纪"。所谓"三纲"，是指君为臣纲，父为子纲，夫为妻纲。所谓"五常"，指的是仁、义、礼、智、信。前者为中国封建社会中最重要的伦理关系和原则，后者为中国封建社会最重要的纲目。"三纲"始见于班固的《白虎通德论·三纲六纪》："三纲者，何谓也？谓君臣、父子、夫妇也。……故君为臣纲、夫为妻纲。""三纲"思想最早见于《韩非子·忠孝》："臣事君、子事父、妻事夫，三者顺则天下治，三者逆则天下乱。此天下之常道也。""五

常”最早见于董仲舒的《举贤良对策一》：“夫仁、谊（义）、礼、知（智）、信，五常之道，王者所当修饬也。”程朱理学继承了先儒“三纲五常”思想，并加以诸多发挥，认为：“三纲，谓：君为臣纲，父为子纲，夫为妻纲；五常，谓：仁、义、礼、智、信。”强调“三纲五常”，是“天理民彝之大节，而治道之本根也”[①]。指出“夫为妻纲”乃“三纲之首”，“盖闻人之大伦，夫妇居一，三纲之首，理不可废”[②]。程朱理学强调“三纲五常”的两点理由，一是“三纲五常”是“国之纲纪”，“犹如网之有纲也”，“犹丝之有纪也”，“网无纲则不能以自张，丝无纪则不能以自理”，故“一家有一家之纲纪，一国则有一国之纲纪”[③]。二是“三纲五常”的本源是“天理”，“且所谓天理，复是何物？仁义礼智，岂不是天理！君臣、父子、兄弟、夫妇、朋友，岂不是天理！”[④]“宇宙之间，一理而已。天得之而为天，地得之而为地，而凡生于天地之间者，又各得之以为性。其张之为三纲，其纪之为五常。盖皆此理之流行，无所适而不在。”[⑤]按照这种理解，“三纲五常”是天之所赋，先天地而存在，具有永恒性和合理性，君对臣、父对子、夫对妻的支配，臣对君、子对父、妻对夫的服从这一状态是不可改变的，“自天之生此民，叙之以君臣、父子、兄弟、夫妇、朋友之伦。则天下之理，固已无不具于一人之身矣”[⑥]。“天道流行，造化发育，凡有声色貌象而盈于天地之间者，皆物也。既有是物，则其所以为是物者，莫不各有其当然之则，而自不容已，是皆得于天之所赋，而非人之所能为也。”[⑦]

二、义利之说，乃儒者第一义。“义”与“利”是儒家伦理的重要内容，“大凡出义则入利，出利则入义，天下之事惟义利而已”[⑧]。最早将“义利”问题提出来并加以强调的是儒家学派的创始人孔子，

① 朱熹：《朱子文集·戊申延和奏札一》。
② 朱熹：《朱子文集·劝女道还俗榜》。
③ 朱熹：《朱子文集·庚子应诏封事》。
④ 朱熹：《朱文公文集》卷五十九。
⑤ 朱熹：《朱子文集·读大纪》。
⑥ 朱熹：《朱子文集·经筵讲义》。
⑦ 朱熹：《四书或问·大学或问下》，上海古籍出版社2001年版，第22页。
⑧ 朱熹：《河南程氏遗书》卷十一。

他区分了义与利，认为“君子喻于义，小人喻于利”，主张重义轻利，先义后利，要求“见利思义”。孟子继承并发挥了孔子的义利观，强调去利怀义，主张“为人臣者怀仁义以事其君，为人子者怀仁义以事其父，为人弟者怀仁义以事其兄，是君臣、父子、兄弟去利，怀仁义以相接也，然而不王者，未之有也”①。荀子强调“以义制利”：“义与利者，人之所两有也。虽尧舜不能去民之欲利，然而能使其欲利不克其好义也。虽桀、纣亦不能去民之好义，然而能使其好义不胜其欲利也。故义胜利者为治世，利克义者为乱世”②。他赞成先义而后利，反对后义而先利，“先义而后利者荣，先利而后义者辱”③。董仲舒主张“正义不谋利”，即“正其谊不谋其利，明其道不计其功”④，认为义大于利，“天之生人也，使人生义与利。利以养其体，义以养其心。心不得义不能乐，体不得利不能安。义者心之养也，利者体之养也。体莫贵于心，故养莫重于义。义之养生人大于利矣”⑤。强调“以义正我”，“正其谊不谋其利，明其道不计其功”。“民不能知而常反之，皆忘义而殉利，去理而走邪”⑥。程朱理学则把“义利之说”提到“儒者第一义”的地位，认为“君子只理会义”，“今人一言一动，一步一趋，便有个为义为利在里”，为义“便是向圣贤之域”，为利“便是趋愚不肖之徒”⑦，并把义利作为判别王霸政治的标准，认为三代行义，汉唐崇利，故三代为王道政治，汉唐为霸道政治⑧。程朱理学既强调义与利“不容并立”：“凡事不可先有个利心，才说著利，必害

① 孟子著；顾长安整理：《孟子·告子章句下》，万卷出版公司2009年版，第163页。

② 荀况撰；廖名春，邹新明校点：《荀子·大略》，辽宁教育出版社1997年版，第130页。

③ 荀况撰；廖名春，邹新明校点：《荀子·荣辱》，辽宁教育出版社1997年版，第11页。

④ 班固撰；颜师古注：《汉书》卷五十六《董仲舒传》，中州古籍出版社1991年版，第416页。

⑤ 曾振宇注说：《春秋繁露·身之养重于义第三十一》，河南大学出版社2009年版，第248页。

⑥ 曾振宇注说：《春秋繁露·身之养重于义第三十一》，河南大学出版社2009年版，第249页。

⑦ 朱熹：《朱子全书》卷五十七。

⑧ 董玉整：《中国理学大辞典》，暨南大学出版社1996年版，第21页。

于义。圣人做处，只向义边做。”[①]又强调“利者人之和”：“义之和处便是利，如君臣父子各得其宜，此便是义之和处，安得谓之不利！”[②]此外，程朱理学特别重视“义利之辨”，“学无深浅，并要辨义利”，认为“事无大小，皆有义利”，“人贵剖判，心下令其分明，善理明之，恶念去之。若义利，若善恶，若是非，毋使混淆不别于其心”[③]。反对“先计其利”：“惟知行吾仁，非为不遗其亲而行仁，惟知行吾义，不为不后其君而行义。”[④]

三、存天理，灭人欲。又称存理去欲，或存天理、去人欲。其是程朱理学融合先秦儒家理欲观提出的伦理总纲。“天理”“人欲”，原出于《礼记·乐记》：“人生而静，天之性也。感于物而动，性之欲也。物至知知，然后好恶形焉。好恶无节于内，知诱于外，不能反躬，天理灭矣。夫物之感人无穷，而人之好恶无节，则是物至而人化物也。人化物也者，灭天理而穷人欲者也。”“天理”指自然和社会的法则，儒家将之具体化为社会伦理纲常：“所谓天理，复是何物？仁、义、礼、智，岂不是天理？君臣、父子、兄弟、夫妇、朋友，岂不是天理？”[⑤]“天理只是仁、义、礼、智之总名。”[⑥]“人欲”则指人的现实欲望和意念：“人欲者，此心之疾疢，循之则其心私而且邪。”[⑦]“人欲不必声色货利之娱，宫室观游之侈也。但存诸心者小失其正，便是人欲。”[⑧]“只是一人之心，合道理底是天理，徇情欲底是人欲，正当于其分界处理会。”[⑨]“人俗”又叫“私俗”，以朱熹为代表，他注释《论语》中的“克己复礼为仁”，称：“克，胜也。己，谓身之私

① 黎靖德编；王星贤点校：《朱子语类（第四册）》卷第五十一，中华书局1986年版，第1218页。

② 黎靖德编；王星贤点校：《朱子语类（第五册）》卷第六十八，中华书局1986年版，第1704页。

③ 黎靖德编；王星贤点校：《朱子语类（第一册）》卷第十三，中华书局1986年版，第227页。

④ 黎靖德编；王星贤点校：《朱子语类（第三册）》卷第三十六，中华书局1986年版，第949页。

⑤ 朱熹：《朱子文集·答吴斗南》。

⑥ 朱熹：《朱子文集·答何叔京》。

⑦ 朱熹：《朱子文集·辛丑延和奏札二》。

⑧ 朱熹：《朱子文集·与刘共父》。

⑨ 黎靖德编；王星贤点校：《朱子语类（第五册）》卷第七十八，中华书局1986年版，第2015页。

欲也。……日日克之，不以为难，则私欲净尽，天理流行，而仁不可胜用矣。”[①]关于理欲观，先秦诸儒认为，天理与人欲是对立的，但不可分割，解决问题的最好办法是节欲。如孔子主张“欲而不贪”，《论语·里仁》载：“富与贵，是人之所欲也；不以其道得之，不处也；贫与贱，是人之所恶；不以其道得之，不去。”孟子提倡“寡欲”，“养心莫善于寡欲。其为人也寡欲，虽有不存焉者，寡矣；其为人也多欲，虽有存焉者，寡矣”[②]。荀子强调“节欲”，“凡语治而待寡欲者，无以节欲而困于欲多者也”[③]。主张“以道制欲”，“君子乐得其道，小人乐得其欲，以道制欲，则乐而不乱；以欲忘道，则惑而不乐”[④]。程朱理学也主张节欲，“须是食其所当食，饮其所当饮，乃不失所谓‘道心’。……饥而思食后，思量当食与不当食，寒而思衣后，思量当着与不当着，这便是‘道心’”[⑤]。也不否认“人欲”存在的必然性：“欲食者，天理也；要求美味，人欲也。”而且认为“人欲”有好坏之分：“心如水，性犹水之静，情则水之流，欲则水之波澜，但波澜有好底，有不好底。欲之好底，如‘我欲仁’之类；不好底，则一向奔驰出发，若波涛翻浪，大段不好底欲则灭却天理，如水之壅决，无所不害。”[⑥]但强调天理与人欲的对立，主张“存天理，灭人欲”。如《二程遗书》载：“人心莫不有知，惟蔽于人欲，则忘天德（理）也。”“‘人心惟危’，人欲也。‘道心惟微’，天理也。‘惟精惟一’，所以至之。‘允执厥中’，所以行之。”“人心私欲，故危殆。道心天理，故精微。灭私欲则天理明矣。”又如朱熹认为：“天理人欲不欲并立。”[⑦]互为消长：“人之一心，天理存，则人欲亡；人欲胜，则

---

① 朱熹：《论语集注》卷六，齐鲁书社1992年版，第115页。

② 孟子著；顾长安整理：《孟子·尽心章句下》，万卷出版社2009年版，第203页。

③ 荀况撰；廖名春，邹新明校点：《荀子·正名》，辽宁教育出版社1997年版，第108页。

④ 荀况撰；廖名春，邹新明校点：《荀子·乐论》，辽宁教育出版社1997年版，第97页。

⑤ 黎靖德编；王星贤点校：《朱子语类（第五册）》卷第七十八，中华书局1986年版，第2011—2016页。

⑥ 黎靖德编；王星贤点校：《朱子语类（第一册）》卷第五，中华书局1986年版，第94页。

⑦ 朱熹：《孟子集注·滕文公章句上》，齐鲁书社1992年版，第67页。

天理灭，未有天理人欲夹杂者。”[①]“天理、人欲相为消长分数。‘其为人也寡欲’，则人欲分数少，故‘虽有不存焉者寡矣’，不存焉寡，则天理分数多也。‘其为人也多欲’，则人欲分数多，故‘虽有存焉者寡矣’，存焉者寡，则是天理分数少也。”[②]主张“遏人欲而存天理”[③]，“圣贤千言万语，只是教人明天理，灭人欲”[④]。

四、饿死事极小，失节事极大。这个命题是程颐在回答学生的提问时提出的。“问：‘孀妇于理不可取（娶），如何？’曰：‘然！凡取以配身也。若取失节者以配身，是己失节也。’又问：‘或有孤孀贫穷无托者，可再嫁否？’曰：‘只是后世怕寒饿死，故有是说。然饿死事极小，失节事极大！’”[⑤]仔细探讨这个命题的来源与影响，可以发现如下两个特点：其一，是对儒家妇女贞节观的继承和发展。早期儒家经典中有妇女贞节的论述，例如《易经》：“家人利女贞”，“恒其德，贞，妇人吉”。孔子《春秋》：“妇人以贞为行者也，伯姬之妇道尽矣。”刘向《烈女传》：“行为仪表，言则中义，胎养子孙，以渐教化……”“廉正以方，动作有节”，“避嫌远别……终不更二”，“必死无避，诚信勇敢，义之所在，赴之不疑”，等等。程颐吸收了这些思想，并广为铺陈，将之上升到“天理”的高度。其二，使这个命题得以推广并流传于天下的并不是程颐，而是理学的集大成者朱熹。朱熹不仅论证这是“天性人心不易之理”，而且采取各种措施实践自己的主张，如作《劝谕榜》，规定：“有所谓逃叛者，则不待媒聘而潜相奔诱，犯礼违法，莫甚于斯，宜亟自新，毋陷刑辟。”[⑥]又如大力表彰“守节不嫁”者，依法追究不守节者：“保内如有孝子、顺孙、义夫、节妇，事迹显著，即仰具申，当依条旌赏。其不率教者，亦仰申举，

---

① 黎靖德编；王星贤点校：《朱子语类（第一册）》卷第十三，中华书局1986年版，第224页。

② 黎靖德编；王星贤点校：《朱子语类（第四册）》卷六十一，中华书局1986年版，第1475页。

③ 朱熹：《孟子集注·梁惠王章句下》，齐鲁书社1992年版，第23页。

④ 黎靖德编；王星贤点校：《朱子语类（第一册）》卷十二，中华书局1986年版，第207页。

⑤ 朱熹，吕祖谦编；查洪德注译：《近思录》卷六，中州古籍出版社2004年版，第208页。

⑥ 朱熹：《朱子文集·劝谕榜》。

依法究治。”[①]再如要求妇女缠足：“福建漳州女子皆小足。朱文公守漳时，立法令缠足极小，使不良于行，藉革其淫俗，故成为今日之现象也。”[②]二程和朱熹提出的这一命题，可以说是儒家男尊女卑、男女有别思想的具体化。表现在性别上，《周易·系辞上》说：“天尊地卑，乾坤定矣。卑高以陈，贵贱位矣。……乾道成男，坤道成女。”表现在地位上，《白虎通·嫁娶》说：“男者任也，任功业也。女者如也，从如人也。”表现在夫妻关系上，班昭的《女诫》言：“夫有再娶之义，妇无二适之文，故曰：夫者，天也。天固不可违，夫固不可离也。行违神祇，天则罚之。礼义有愆，夫则薄之，故事夫如事天，与孝子事父、忠臣事君同也。”表现在家庭关系上，女子“从人者也。妇人在家，制于父；即嫁，制于夫；夫死从长子”[③]。表现在言行上，对妇女的要求是“行莫回头，语莫掀唇。坐莫动膝，立莫摇裙。喜莫大笑，怒莫高声。内外各处，男女异群。莫窥外壁，莫出外庭”。“夫有言语，侧耳详听。……夫若发怒，不可生嗔。退身相让，忍气低声。”“夫妻结发，义重千斤。若有不幸，中路先倾。三年重服，守志坚心。保持家业，整顿坟茔。”[④]

五、人性有善有不善。此说是有关人性善恶问题的二元论，系反对一元论的产物。历史上，孟子提出“性善论”：“无恻隐之心，非人也；无羞恶之心，非人也；无辞让之心，非人也；无是非之心，非人也。”“恻隐之心，仁之端也；羞恶之心，义之端也；辞让之心，礼之端也；是非之心，智之端也。”[⑤]荀子提出“性恶论”：“今人之性，生而有好利焉，顺是，故争夺生而辞让亡焉；生而有疾恶焉，顺是，故残贼生而忠信亡焉；生而有耳目之欲，有好声色焉，顺是，故淫乱生而礼义文理亡焉。然则从人之性，顺人之情，必出于争夺，合于犯分乱理而归于暴。故必将有师法之化，礼义之道（导），然后出于辞让，合于文理，而归于治。用此观之，然则人之性恶明矣，其善者伪

① 朱熹：《朱子文集·揭示古灵先生劝谕文》。
② 翁芝光：《中国家庭伦理与国民性》，云南人民出版社2002年版，第54—55页。
③ 承载：《春秋穀梁传译注》，上海古籍出版社1999年版，第13页。
④ 蔡践解译：《孝经全鉴》，中国纺织出版社2016年版，第281—287页。
⑤ 孟子著；顾长安整理：《孟子·公孙丑章句上》，万卷出版公司2009年版，第47页。

也。”[①]程朱理学则与之不同，不仅反对“性善论”，也反对“性恶论”，主张人性“有善有不善”：“天地间只是一个道理。性便是理。人之所以有善有不善，只缘气质之禀各有清浊。”“有是理而后有是气，有是气则必有是理。但禀气之清者，为圣为贤，如宝珠在清冷水中；禀气之浊者，为愚为不肖，如珠在浊水中。”[②]程颢、程颐和朱熹是这一提法的参与者和推动者。程颢认为：“人生气禀，理有善恶。”《二程遗书》卷一载：“有自幼而善，有自幼而恶，是气禀有然也。……盖生之谓性。人生而静以上不容说，才说性时，便已不是性也。”程颐强调人性的“气禀之性”和“天命之性”之分，《二程遗书》卷二十四载：“性字不可一概而论。‘生之谓性’，止训所禀受也。‘天命之谓性’，此言性之理也。今人言天性柔缓，天性刚急，俗言天成，皆生来如此，此训所禀受也。若性之理也，则无不善，曰天者，自然之理也。”朱熹则对程颢、程颐的人性论进行了吸收与整合，论证了人性之有善有不善的原因，使儒家人性论的体系趋于完善，认为“人之性皆善。然而有生下来善底，有生下来便恶底，此是气禀不同”[③]。《朱子文集》载：“天地之间有理有气。理也者，形而上之道也，生物之本也；气也者，形而下之器也，生物之具也。是以人物之生，必禀此理，然后有性；必禀此气，然后有形。”朱熹、孟子、荀子所作的论述，尽管各领风骚，各显风采，但有一个共同的特点，就是为儒家人性论寻找依据。程朱理学的贡献在于为儒家人性论找到了“天理”的依据，“伊川说得好，曰：‘理一分殊。’合天地万物而言，只是一个理；及在人，则又各自有一个理”[④]。《朱子文集》载：“论万物之一原，则理同而气异；观万物之异体，则气犹相近而理绝不同也。气之异者，粹驳之不齐；理之异者，偏全之或异。”于是，“天

① 荀况撰；廖名春，邹新明校点：《荀子·性恶》，辽宁教育出版社1997年版，第110页。

② 黎靖德编；王星贤点校：《朱子语类（第一册）》卷第四，中华书局1986年版，第73页。

③ 黎靖德编；王星贤点校：《朱子语类（第一册）》卷第四，中华书局1986年版，第69页。

④ 黎靖德编；王星贤点校：《朱子语类（第一册）》卷第一，中华书局1986年版，第2页。

理”成了衡量人性善与恶的最高标准。据此，我们可以从以下三点来理解程朱理学的人性“有善有不善”说伦理上的意义：一是不同社会地位的人有不同的道德责任，“万物皆有此理，理皆同出一原。但所居之位不同，则其理之用不一。如为君须仁，为臣须敬，为子须孝，为父须慈。物物各具此理，而物物之各异其用，然莫非一理之流行也”[①]。二是人的“善底”“恶底”都是“天所命”，“禀得精英之气，便为圣，为贤，便是得理之全，得理之正。禀得清明者，便英爽；禀得敦厚者，便温和；禀得清高者，便贵；禀得丰厚者，便富；禀得久长者，便寿；禀得衰颓薄浊者，便为愚、不肖，为贫，为贱，为夭。天有那气生一个人出来，便有许多物随他来”[②]。三是要在行为上明辨善恶，就必须在内心修养上明“道心”，纠“人心”。“人心者，人欲也；危者，危殆也。”[③]“人心者，气质之心也。可为善，可为不善。”[④]“道心者，天理也。”[⑤]“人心”“道心”，“只是一个心，知觉从耳目之欲上去，便是人心；知觉从义理上去，便是道心。”[⑥]“人心与道心为一，恰似无了那人心相似。只是要得道心纯一，道心都发现在那人心上。”[⑦]“然此道心却杂出于人心之间，微而难见，故必须精之一之，而后中可执。”[⑧]

六、孝悌为仁本，孝亲为大。《论语·学而》云：“其为人也孝悌。”朱熹注：“善事父母为孝，善事兄长为悌。”可见，“孝”是指孝

① 黎靖德编；王星贤点校：《朱子语类（第二册）》卷第十八，中华书局1986年版，第398页。

② 黎靖德编；王星贤点校：《朱子语类（第一册）》卷第四，中华书局1986年版，第77页。

③ 黎靖德编；王星贤点校：《朱子语类（第五册）》卷第七十八，中华书局1986年版，第2017页。

④ 黎靖德编；王星贤点校：《朱子语类（第五册）》卷第七十八，中华书局1986年版，第2013页。

⑤ 黎靖德编；王星贤点校：《朱子语类（第五册）》卷第七十八，中华书局1986年版，第2018页。

⑥ 黎靖德编；王星贤点校：《朱子语类（第五册）》卷第七十八，中华书局1986年版，第2009页。

⑦ 黎靖德编；王星贤点校：《朱子语类（第五册）》卷第七十八，中华书局1986年版，第2012页。

⑧ 黎靖德编；王星贤点校：《朱子语类（第四册）》卷第六十二，中华书局1986年版，第1488页。

顺父母，“悌”是指顺从兄长。“尽其道谓之孝悌。夫以一身推之，则身者资父母血气以生者也。尽其道者则能敬其身，敬其身者则能敬其父母矣。不尽其道则不敬其身，不敬其身则不敬父母，其斯之谓欤？曰：‘今士大夫受职于君，尚期尽其职事，又况亲受身于父母，安可不尽其道？’”《二程遗书》卷二十三的这番论述，言简意赅地道出了程朱理学的孝悌观及其意义。程朱理学这种孝悌观的形成与完善，得益于我国的孝悌传统。我国的孝悌传统，可谓由来已久，至少在西周就有“孝”的规定。如《尚书·酒诰》云：“妹土（殷故土）嗣尔股肱，纯其艺黍稷，奔走事厥考厥长。肇牵车牛，远服贾，用孝养厥父母。”又如《诗·周颂·雍》记载：“相维辟公，天子穆穆。于荐广牡，相予肆祀。假哉皇考，绥予孝子。”此后，有关“孝悌”的话题和记载更是丰富无比，突出表现是涌现了大量论述孝悌的经典，诸如《论语·学而》《孟子·滕文公上》《墨子·贵义》《荀子·臣道》《孝经》等。程朱理学的“孝悌为仁本”思想即来源于此，但也有许多不同之处。就相同点而言，至少有以下三点：（1）都视“孝”为“百行之首”。如《尚书·太甲》认为：“奉先思孝，接下思恭，视远惟明，听德唯聪。”《孝经》也认为：“先王有至德要道，以顺天下，民用和睦，上下无怨。……夫孝，德之本也，教之所由生也。”“夫孝，天之经也，地之义也，民之行也。天地之经，而民是则之。”“人之行，莫大于孝。”程朱理学对“孝”也极度推崇，《二程遗书》卷十八载：“行仁自孝悌始。”明确“孝”的首位原则。（2）都视“尊亲”为“孝悌之首”。《孟子·万章章句上》认为：“孝子之至，莫大乎尊亲；尊亲之至，莫大乎以天下养。为天子父，尊之至也；以天下养，养之至也。”《孝经》也指出：“孝子之事亲也，居则致其敬，养则致其乐，病则致其忧，丧则致其哀，祭则致其严。五者备矣，然后能事亲。事亲者，居上不骄，为下不乱，在丑不争。”这种对尊亲的高度重视，也是程朱理学孝悌思想的重要原则。程朱理学不仅将“尊亲”作为“孝悌”的最高标准，“亲亲、仁民、爱物，三者是为仁之事。亲亲是第一件事，故‘孝弟也者，其为仁之本欤’”[①]。还把“尊亲”奉为

① 黎靖德编；王星贤点校：《朱子语类（第二册）》卷第二十，中华书局1986年版，第461页。

最高的道德追求，《二程外书》卷十二载："尧舜之道，止于孝悌。孝悌非尧舜不能尽，自冬温夏清，昏定晨省，以至听于无声，视于无形。又如事父孝，故事天明；事母孝，故事地察。天地明察，神明彰矣，直至通于神明，光于四海。"（3）皆把"孝悌"作为仁的基础。《孟子·尽心上》认为："孩提之童无不知爱其亲者，及其长也，无不知敬其兄也。""亲亲，仁也；敬长，义也；无他，达之天下也。"程朱理学也认为："性中只有仁义礼智四者，几曾有孝悌来？仁主于爱，爱莫大于爱亲，故曰：'孝悌也者，其为仁之本欤？'"①他们都强调"人的本质是仁"，而仁就存在于孝悌之中。所不同的是，程朱理学的孝悌思想以其"四个绝对"彰显特色：一是父母的绝对权威，"家人之道，必有所尊严而君长者，谓父母也。虽一家之小，无尊严则孝敬衰，无君长则法度废。有严君而后家道正，家者国之则也"②。二是不"忠"绝对不"孝"，强调"忠孝并行不悖"，《二程文集》卷九《汉文杀薄昭论》载："古人谓忠孝不两全，恩义有相夺，非至论也。忠孝、恩义，一理也。不忠则非孝，无恩则无义，并行而不相悖，故或捐亲以尽节，或舍君而全孝，惟所当而已。"三是"孝悌"，人人必须做到。"孝悌"乃"天之所命"，"不能不然"，《朱子四书或问》卷一《论语或问》载："亲者，我之所自出；兄者，同出而先我。故事亲而孝，从兄而弟，乃爱之先见，而尤切人。苟能之，则必有不犯上作乱之效。"四是臣对君、子对父的绝对服从，"舜之所以能使瞽瞍底豫者，尽事亲之道，其为子职，不见父母之非而已。昔罗仲素语此云：只为天下无不是底父母。了翁闻而善之曰：惟如此而后天下之为父子者定。彼臣弑其君、子弑其父者，常始于见其有不是处耳"③。

七、尊卑有序，贵贱有等。就程朱理学和儒学都高度重视尊卑有序、贵贱有等的原则而言，此说是儒学和程朱理学共有的成果。确实，早在先秦汉唐时期，此说已成为诸多儒家的共识。据《史记》记载，齐景公曾问政于孔子，孔子回答："君君、臣臣、父父、子子。"

① 程颢，程颐撰；潘富恩导读：《二程遗书》卷十八《伊川先生语四》，上海古籍出版社2000年版，第231页。

② 程颐撰；王鹤鸣，殷子和整理：《周易程氏传》卷之三《家人》，九州出版社2010年版，第146页。

③ 张岱年：《中国伦理思想研究》，上海人民出版社1989年版，第151页。

体现出儒家学说的创始人孔子严格的等级观念。“贵贱有等，长幼有差”在荀子那里，不仅是“礼”，而且也是与“天地同理”“与万物同久”之“大本”。孟子在其学说中也明言：“内则父子，外则君臣，人之大伦也。”董仲舒以“阴阳五行说”为论据，宣称：“君臣、父子、夫妇之义，皆取诸阴阳之道：君为阳，臣为阴；父为阳，子为阴；夫为阳，妻为阴。”他们都认为社会中的等级存在是合理的、符合天意的[①]。程朱理学也持有这种观点，而且有所发展，有所创造。程朱理学确定的“五品”原则，即《朱子文集大全》所载：“父子、君臣、夫妇、长幼、朋友五者之名位等级也”，与先秦汉唐诸儒所持观点基本相同。将此说确定为“天理”：“夫天下之事，莫不有理，为君臣者，有君臣之理，为父子者，有父子之理，为夫妇、为兄弟、为朋友，以至于出入起居，应事接物之际，亦莫不各有理焉。”[②]则是程朱理学的创造。在程朱理学那里，君臣、父子、夫妇的名分是一种先天就有的，“自天之生此民……叙之以君臣、父子、兄弟、夫妇、朋友之伦。则天下之理，固已无不具于一人之身矣”[③]。地位是一种“自然本性”，“君臣父子，定位不易，事之常也。君令臣行，父传子继，道之经也”[④]。差别是不可更改的，“君尊于上，臣恭于下，尊卑大小，截然不可犯，似若不和之甚。然能使各得其宜，则其和也孰大于是”[⑤]。程朱理学的另一个显著特点是，名分作为一个规则，是处理狱讼的原则，而这一原则是有强制性的，“臣伏愿陛下深诏中外司政典狱之官，凡有狱讼，必先论其尊卑、上下、长幼、亲疏之分，而后听其曲直之辞。凡以下犯上，以卑凌尊者，虽直不右，其不直者，罪加凡人之坐；其有不幸至于杀伤者，虽有疑虑可悯，而至于奏谳亦不许辄用拟贷之例”[⑥]。

---

① 周翠彬：《中国封建社会平等观念浅析》，《武汉科技大学学报（社会科学版）》2004年第3期。

② 朱熹：《朱文公文集》卷十四。

③ 朱熹：《朱子文集·经筵讲义》。

④ 朱熹：《朱子文集·甲寅行宫便殿奏札一》。

⑤ 黎靖德编；王星贤点校：《朱子语类（第五册）》卷第六十八，中华书局1986年版，第1708页。

⑥ 朱熹：《朱子文集·戊申延和奏札一》。

八、“居敬”“穷理”以践履。“居敬”一词原出于《论语·雍也》：“居敬而行简，以临其民，不亦可乎？”“穷理”一词原出于《周易·说卦》：“穷理尽性以至于命。”所谓“敬”，“不是万事休置之谓，只是随事专一，谨畏，不放逸耳”[①]。“只是收敛起来，……敬是始终一事……只是内无妄思，外无妄动。”[②]意思即《二程遗书》所载：“人心不能不交感万物，亦难为使之不思虑。若欲免此，唯是心有主。如何为主？敬而已矣。”即通过“居敬”工夫，长期修炼，克制私欲、物欲和邪念的干扰，使“身心修敛”，“俨然肃然”，便可达到心与理的合一[③]。所谓“穷理”，“欲知事物之所以然与其所当然者而已”，“如事亲当孝，事兄当弟之类，便是当然之则。然事亲如何却须要孝，从兄如何却须要弟，此即所以然之故”[④]。程朱理学重视“敬”，“敬”是“真圣门之纲领，存养之要法”。“敬字工夫，乃圣门第一义，彻头彻尾，不可顷刻间断。”也重视“穷理”，“穷理，如性中有个仁义礼智，其发则为恻隐、羞恶、辞逊、是非，只是这四者，任是世间万事万物，皆不出此四者之内”[⑤]。“知其所以然，故志不惑；知其所当然，故行不谬，非谓取彼之而归诸此也。”[⑥]“居敬”和“穷理”是程朱理学的治学方法，“学者工夫，唯在居敬、穷理二事”[⑦]。“圣贤之学，彻头彻尾只是一个敬字。致知者，以敬而致之也；力行者，以敬而行之也。”[⑧]“儒者之学，大要以穷理为先。”“须先明此然后心之所发，轻重长短各有准则。”[⑨]“穷理之要，必在于读书。”“夫天下之物

---

① 黎靖德编；王星贤点校：《朱子语类（第一册）》卷第十二，中华书局1986年版，第212页。

② 黎靖德编；王星贤点校：《朱子语类（第一册）》卷第十二，中华书局1986年版，第212页。

③ 宋希仁，陈劳志，赵仁光等：《伦理学大辞典》，吉林人民出版社1989年版，第725页。

④ 黎靖德编；王星贤点校：《朱子语类（第二册）》卷第十六，中华书局1986年版，第414页。

⑤ 黎靖德编；王星贤点校：《朱子语类（第一册）》卷第九，中华书局1986年版，第155页。

⑥ 朱熹：《朱子全书》卷三。

⑦ 黎靖德编；王星贤点校：《朱子语类（第一册）》卷第九，中华书局1986年版，第150页。

⑧ 朱熹：《朱子文集·答程正思》。

⑨ 朱熹：《朱子文集·答张钦夫》。

莫不有理，而其精蕴则已具于圣贤之书；故必由是以求之。然欲其简而易知，约而易守，则莫若《大学》《论语》《孟子》《中庸》之篇也。”[①]也是程朱理学的修养方法，“持敬之说，不必多言，但熟味整齐严肃、严威俨恪、动容貌、整思虑、正衣冠，尊瞻视此等数语，而实加功焉”[②]。穷理之要：“读书以讲明道义……论古今人物以别其是非邪正……应接事物而审处其当否。”[③]“居敬”与“穷理”相互联系，“居敬”是“穷理”的根据，“穷理”中也包含了“居敬”工夫，两者实不可分，“学者若不穷理，不见不得道理。然去穷理，不持敬，又不得。不持敬，看道理便都散，不聚在这里”[④]。而且互相引发，相须而行，“能穷理，则居敬工夫日益进；能居敬，则穷理工夫日益密”[⑤]。强调“居敬穷理”以践履，是程朱理学对先秦和尔后儒学关于道德修养论的又一发展和理论贡献。所谓“居敬穷理以践履”，江畅、冯平的《中国伦理学》分析认为可以从以下四个方面来理解：（1）居敬、穷理，最终要落实到力行上，《朱子语类》卷第十三载：“学之之博，未若知之之要；知之之要，未若行之之实。善在那里，自家却去行也，行之久，则与自家为一，为一则得之在我。未能行，善自善，我自我。”（2）居敬、穷理、力行，有先后、轻重、难易之别，用功不可偏，“偏过一边，则一边受病。……但只要分先后轻重”。论先后，当以居敬、穷理为先；论轻重，“当以力行为重”[⑥]。（3）力行并不是为了改造客观世界，而是对主观理想人格的自我塑造，《朱子语类》卷第十三载：“天下之理，不过是与非两端而已。从其是则为善，徇其非则为恶。事亲必是孝，不然则非事亲之道；事君须是忠，不然则非事君之道。凡事皆要审个是非，择其是而行之。”

---

① 朱熹：《朱子文集·答曹元可》。

② 朱熹：《朱子文集·答杨子直》。

③ 黎靖德编；王星贤点校：《朱子语类（第二册）》卷第十八，中华书局1986年版，第391页。

④ 黎靖德编；王星贤点校：《朱子语类（第一册）》卷第九，中华书局1986年版，第151页。

⑤ 黎靖德编；王星贤点校：《朱子语类（第一册）》卷第九，中华书局1986年版，第150页。

⑥ 黎靖德编；王星贤点校：《朱子语类（第一册）》卷第九，中华书局1986年版，第148页。

（4）穷理、力行非一朝一事之功，《朱子语类》卷第十三载：“学者实下功夫，须是日日为之，就事亲、从兄、接物、处事理会取。其有未能，盖加勉行。如此之久，则日化而不自知，遂只如常事而做将去。”

九、明人伦，为圣贤。“人伦”语出《孟子·滕文公上》：“使契为司徒，教以人伦，父子有亲，君臣有义，夫妇有别，长幼有序，朋友有信。”所谓“明人伦”，即“父子有亲，君臣有义，夫妇有别，长幼有序”。通俗地说，就是要明父子人伦、君臣人伦、夫妇人伦、长幼人伦、师徒人伦、同僚人伦。先秦及其尔后的儒家视之为“三纲五常”，程朱理学则视之为“天理”。这种“天理”在朱熹的著作中得到了集中的展示。朱熹在《朱文公文集》卷七十九中说：“昔者圣王作民君师，设官分职，以长以治，而其教民之目，则曰：父子有亲，君臣有义，夫妇有别，长幼有序，朋友有信，五者而已。盖民有是身，则必有是五者，而不能以一日离；有是心则必有是五者之理，而不可以一日离也。是以圣王之教，因其固有，还以道之，使不忘乎其初。”又在《朱子语类》卷第八中说：“圣人教人有定本，舜使契为司徒教以人伦，父子有亲，君臣有义，夫妇有别，长幼有序，朋友有信……皆是定本。”还在《孟子集注》卷五中说：“父子有亲，君臣有义，夫妇有别，长幼有序，朋友有信，此人之大伦也。庠、序、学、校，皆以明此而已。”在朱熹看来，人伦，即是“五伦”，“五伦”就是“五教”：“五教谓父子有亲，君臣有义，夫妇有别，长幼有序，朋友有信。”社会教化要以“明人伦为本”，“父子有亲。君臣有义。夫妇有别。长幼有序。朋友有信”[①]。“明五伦”，即是明义理，也就是明道德伦理规范，“熹窃观古昔圣贤所以教人为学之意，莫非使之明义理以修其身，然后推己及人。非徒欲其务记览为词章，以钓声名、取利禄而已也”[②]。“为圣贤”，是程朱理学伦理思想的又一目标，“古之学者，始乎为士，终乎为圣贤”[③]。此说在中国可谓源远流长，比如，

① 朱熹：《白鹿洞书院揭示》，载邓洪波：《中国书院学规》，湖南大学出版社2000年版，第114页。

② 朱熹：《白鹿洞书院揭示》，载邓洪波：《中国书院学规》，湖南大学出版社2000年版，第115页。

③ 朱熹：《朱文公文集》卷七十四。

孔子有“若圣与仁，则吾岂敢！抑为之不厌，诲人不倦，则可谓云尔已矣”[①]。朱熹集此说之大成，提出“明人伦，为圣贤”的教化目标，强调小学是打“圣贤坯模”的阶段：“小学是事，如事君、事父，事兄、处友等事，只是教他依此规矩做去。”[②]大学乃是“学为圣贤”阶段，《小学辑说》载：“大学之道，知之深而行之大者也。”一方面达到“诚意、正心、修身、齐家、治国、平天下”的目的，另一方面为国家培养明君贤臣和御用贤才[③]。

此处值得注意的是，程朱理学倡导的上述伦理思想受到明清时期徽州家训普遍重视。从现存的文献资料中可以看出明清时期徽州家训发展的两个特点：一是家训伦理条目大量增加。家训中除了必要的孝顺父母、尊敬长上、和睦乡里、教训子孙、各安生理、毋作非为外，还有各家强调的正名分、崇俭约、和兄弟、敬祖宗、敦宗族、慎交游、辨尊卑、别男女、尽子道、宜室家、严规则、供赋税等，甚至包括各种措施，如禁乱伦、惩忤逆、禁赌博、禁嫖荡、戒邪淫、戒酗酒、戒争讼、禁盗窃、禁诈伪等。二是家训充满伦理说教。家训既有训忠、训义、训孝、训礼、训节，又有训女、训蒙、训妻、训子、训男、训妾，还有各种规定，如“名分”的规定、“节俭”的规定、“读书”的规定、“济贫”的规定、“救灾”的规定等。这就使明清时期徽州家训的内容更加伦理化了。

第二节　明清时期徽州家训的内容构成

明清时期徽州家训的内容是明清时期徽州家训目的和任务的体现和具体化，反映明清时期徽州家训的思想。明清时期徽州家训对仕宦、忠君、孝悌、礼教、名分、读书、人伦、为妇、义行、积善等内容作了明确具体的规定，使这个时期这个地区的人们有了基本的伦理规范。通过这些规定，明清时期徽州家训的内容得以清晰。明清时期

---

① 冯国超：《论语》第七篇《述而》，吉林人民出版社2005年版，第62—63页。

② 黎靖德编；王星贤点校：《朱子语类（第一册）》卷第七，中华书局1986年版，第125页。

③ 李军：《教育学志》，上海人民出版社1998年版，第182页。

徽州家训的内容，主要是围绕仕宦之道、忠君之道、孝悌之道、礼教之道、名分之道、读书之道、人伦之道、为妇之道、义行之道、积善之道等方面展开的。

一、仕宦之道

明清时期，徽州宗族的政治地位的取得，徽州家庭社会地位的提升，徽州人实现价值的方式以及徽州人的职业选择，在很大程度上依赖科举制度。徽州人兴学重教，令子弟读书科第，其目的就是为了族内或家里子弟有朝一日“金榜题名”，继而“读书做官”，“显亲扬名”，“光耀门楣”。在此背景下，促使族内、家里子弟应举入仕成为明清时期徽州家训的重中之重。就是说，明清时期徽州家训总是把科举取士作为对子弟的最高要求。明清时期徽州家训也强调“重生业”，但将“士”排在第一位。休宁《富溪程氏中书房祖训家规封丘渊源考》解曰：

> 生业有四：曰士，曰农，曰工，曰商，凡人必业其一以为生，当随其才智而为之，然皆不外于专志坚精，勤励不息，乃能有成。……吾人稍有才智者，士业不可后也。[①]

为官之道，做人是不可或缺的。在明清时期的徽州家训中，有关做人与做官的讨论颇多。其中一个共识性结论是做人与做官紧密联系，做人与做官相辅相成，做官首先要学会做人，如果做人做不清楚，为官必邪。正如绩溪《积庆坊葛氏重修族谱》所言：

> 泛观世态，方穷居诵读时，不知学做好人。及得一第而居官也，则欺上剥下，无所不至，惟务足其囊箧，以为遗荫子孙之计。[②]

在官宦之道的大框架下，如何协调为官与为民的关系？明清时期徽州家训提出了当官者已任乃为民谋利、谋福的主张，获得了这个时期徽州社会的广泛认同。婺源《济阳江氏统宗谱》卷一《江氏家训》基于当官者“在官一任，造福一方”的重要性，提出了可以效仿的事

① 《富溪程氏中书房祖训家规封丘渊源考》，作者不详，清宣统三年钞本。
② 绩溪《积庆坊葛氏重修族谱》卷三《家训》，葛文简等纂修，明嘉靖四十四年刻本。

例，在家训上很有说服力。

明杨公廷和每宦游归，则为乡党办一善事。初归，通水利灌田万顷。再归，捐建坊费修城。后归，置义田周贫困。可为居贵显而惠及乡党者法。[①]

研究明清时期徽州家训有关官宦之道的内容后会发现，明清时期徽州家训中一直流传着一种观点，即官宦之道并非只是爱民，还有忠君。在一个忠君即忠于国家、君主代表国家的封建社会中，忠君是官宦之道应有之义。正因为如此，忠君、敬君、顺君，便成为明清时期徽州家训中官宦之道的一个重要的基础性内容。对此，《中井河东冯氏宗谱》卷一《家规》规定：

子孙仕官，不拘职任内外、大小，皆当存心于忠君爱民。廉以律身，仁以出治，恕以处事，宽以御众，而辅之以勤谨和缓，公正明决，未有不保终者。设不幸而横灾挠抑，亦安于天命。[②]

官宦之道，必然要涉及一个重要的问题，亦即官宦的廉洁问题。就明清时期徽州家训的意义上讲，每一个官员的廉洁都是不可缺少的。骄奢淫逸、唯利是图、贪赃枉法、腐败堕落的官员，最终都会被社会和民众所唾弃。因此，告诫当官的子孙廉洁从政便成为明清时期徽州家训中一件十分重要的事情。如《古歙谢氏统宗志》卷六《家规》指出：

清白传家，世为至宝。予今年五十有七，窃君之禄者一十二年。常俸之外，一毫不敢妄取，听讼未尝妄入人罪，此臣子之分也。继今有能登科跻显者，当遵家法，当佩吾训，廉以律己，公以处事，仁以爱民，恕以待人，以全令名，以保禄位。毋贪婪虐民，有累身家，世当警戒。[③]

官宦的约束规矩是明清时期徽州家训最为关注的问题之一，要求族中、家中为官者应该做什么、不应该做什么，是明清时期徽州家训

① 婺源《济阳江氏统宗谱》卷一《江氏家训》，江峰青等纂修，民国八年木活字本。
② 祁门《中井河东冯氏宗谱》卷一《家规》，冯光岱纂修，清嘉庆九年和义木活字本。
③ 《古歙谢氏统宗志》卷六《家规》，谢廷谅等纂修，明万历三十三年刻本。

实践中最重要的内容之一。统观明清时期徽州家训，有关为官者应该做什么，不应该做什么，既有可参照的依据，又有明确、具体的规定。如《龙池王氏宗谱》卷首《祠训》规定：

为士者，毋未成而荒功，毋小成而得志，幸而弋取科第，毋奔竞当权，毋傲睨后进。即备位国家，毋徇上官而虐百姓，毋逞己见而滥五刑，毋纵嗜欲而重征求，毋蔽子弟而扰乡里。①

二、忠君之道

程朱理学认为，君对臣的支配、臣对君的服从，是天理，不可改变。这是明清时期徽州家庭、家族制订家训的纲领。程朱理学中“三纲五常”被当作社会伦理之纲，“君为臣纲”为其第一条。明清时期徽州家训中关于“忠君”“事君”的规定，再现和重复了这一切。如婺源《武口王氏统宗世谱》规定：

事君，则以忠，当无二无他以乃心王室，当有为有守而忘我家身；为大臣，当思舟楫霖雨之才；为小臣，当思奔走后先之用；为文臣，当展华国之谟；为武臣，当副干城之望。②

在程朱理学看来，君臣之道，属于天理，“理则天下只是一个理，故推至四海而准，须是质诸天地、考诸三王不易之理”③。也就是说，为君臣者，有君臣之理，君对臣的支配和统治，臣对君的侍奉和听从，皆天理之固然。明清时期徽州家训秉承了程朱理学中的这个天理，并将之具体化加以规定。如绩溪《南关许氏惇叙堂宗谱》卷八《家训》规定：

君是君王，臣是官员，君王要仁爱百姓，要做仁君，不可做昏君；臣子要尽忠报国，要做忠臣，不可做奸臣。君明

① 《龙池王氏宗谱》卷首《祠训》，王全芝等纂修，清道光二十六年木活字本。

② 婺源《武口王氏统宗世谱·西皋祠训》，王铣等纂修，明天启四年刻本。

③ 程颢，程颐撰；潘富恩导读：《二程遗书》卷第二上《二先生语二上》，上海古籍出版社2000年版，第89页。

臣忠，叫做君臣有义。①

明清时期徽州家训中的忠君观念，从形成之日起就具有忠于国家的特性。明清时期徽州家训对忠于国家问题有很多表述并将之运用于实践。在明清时期徽州家训那里，忠君是对国家绝对的忠诚，为国家可以牺牲个人利益甚至生命。正如《程里程叙伦堂世谱》卷十二《庭训》所云：

士之贵位，孰不曰显亲扬名哉？然曰显亲，徒食其禄，如曰扬名，徒策其名。仕版惟有惓惓之忠，芳名不朽，荣及先人，此真可为显亲扬名矣，然所谓忠者，又岂仅捐躯徇国而已耶？凡分猷宣力，靖献不遑，恪恭厥职，不二不欺，无论崇卑内外，总皆公尔忘私，国尔忘家，如诸葛武所云："鞠躬尽瘁，死而后已。"②

忠于国家必然会包含着忠于职守，或者说忠于国家是忠于职守的结果性过程。明清时期徽州家训理清了忠于职守的内涵。此内涵包括忠于职责、忠于操守等，并在家训实践中得到进一步确认和发展。忠于职守问题始终是徽州家训关注的问题。明清时期，徽州家训一直认可和倡导忠于职责和忠于操守。如《华阳邵氏宗谱》卷十七《家规》记载称：

忠上之义，担爵食禄者固所当尽。若庶人不傅质为臣，亦当随分报国，趋事输赋，罔敢或后。区区蝼蚁之忱，是即忠君之义。《传》曰："嫠不恤纬，而忧王室。野人献芹，犹念至尊。"③

明清时期徽州家训十分注重忠于信念问题。徽州家训中的忠于信念，是忠于君主、忠于国家、忠于职守的"不沉的方舟"。就是说，忠于信念是忠于君主、忠于国家、忠于职守的力量支撑和精神保障。

① 绩溪《南关许氏惇叙堂宗谱》卷八《家训》，许文源等纂修，清光绪十五年木活字本。

② 绩溪《程里程叙伦堂世谱》卷十二《庭训》，程敬忠纂修，民国二十九年叙伦堂铅印本。

③ 绩溪《华阳邵氏宗谱》卷十七《家规》，邵玉琳、邵彦彬等纂修，清宣统二年叙伦堂木活字本。

忠于信念，始于梦想、追求。对此，《明经胡氏龙井派宗谱》卷首《明经胡氏龙井派祠规》写道：

> 扬名显亲，孝之大也。然能仕而父教之忠，在位而恪共乃职，始不负于朝廷，乃有光于宗祖。节俭正直，靖共之大节，宜追肃慎柔嘉，烝民之遗规尚在，而且夙夜匪懈，进退有思。有此贤能子孙，生则倍常颁胙，殁则给其配享，以训忠也。[①]

三、孝悌之道

“孝”是对父母、祖辈的敬爱，“悌”是对兄长的顺从。孝悌是人的“天性”，是“仁爱”的本质，朱柏庐在《朱子治家格言》中说：“孩提之童，无不知爱其亲，及其长也，无不知敬其兄。可知孝亲悌长，是天性中事，不是有知有不知、有能有不能者也。”孝悌是成人的基础，姚舜牧在《药言》中说：“孝悌忠信，礼义廉耻，此八字是八个柱子，有八柱始能成宇，有八字始克成人。”孝悌是家训的核心，“愚谓人之爱子，但当教之以孝悌忠信，所读须先《六经》《论》《孟》。通晓大义，明父子君臣夫妇昆弟朋友之节，知正心修身齐家治国平天下之道，以事父母，以和兄弟，以睦族党，以交朋友，以接邻里，使不得罪于尊卑上下之际”[②]。孝悌是齐家的根本要道，“一家之事，贵于安宁和睦悠久也，其道在于孝悌谦逊”[③]。正是这样，明清时期徽州家训特别强调孝悌的重要性。如《古黟环山余氏宗谱》卷一《余氏家规》规定：

> 孝为百行之原，人子所当自尽者。大而扬名显亲，小而承颜顺志。父母有教，则当敬爱，佩之勿忘；父母若有命，则当欢承，行之勿怠；父母有疾，则朝夕侍侧，躬进汤药，……父母年老，或无兄弟，毋得弃亲远游。兄友弟恭，两相爱念，当如手足相顾可也。……家中倘有不念前弊，争

① 绩溪《明经胡氏龙井派宗谱》卷首《明经胡氏龙井派祠规》，胡宝铎、胡宣铎纂修，民国十年木活字本。

② 周秀才，王若，李晓菲等：《中国历代家训大观》，大连出版社1997年版，第256页。

③ 周秀才，王若，李晓菲等：《中国历代家训大观》，大连出版社1997年版，第257页。

长竞短，家长召至中堂，或财产事端，务与分剖明白。其拗曲不让，逞凶斗殴，罚之。弟理曲者，重罚之。[①]

明清时期徽州家训在传承和倡导孝道、悌道的同时，把孝道视为“百行之先”，把悌道视为“仁之本”。不仅强调孝道与悌道的重要意义，而且强调孝道与悌道的统一性和规范性。由此，明清时期徽州家训表现为一种既讲孝道又讲悌道的家训。徽州《方氏宗谱》指出了孝道与悌道的内在联系：

父母，犹天地也。为子者宜愉色婉容，养志承顺。平时饮食、衣服竭力经营。或遇疾病，朝夕依侍，汤药必亲尝，毋得轻委他人。如兄弟不尽心者，好言劝谕敬戒，不得反行仿效，以取不孝之罪。

兄弟，犹手足也。毋得伤情失谊，以贻父母之忧。然阋墙之变有二，非听信乎枕边，即溺情于财产。……嗣后余族兄弟，当念同气连枝之重，思古人推梨让枣之义，勿启争端，为外人笑。[②]

纵观明清时期徽州家训实践史，遵循孝道、传承孝道、发展孝道始终贯彻始终。明清时期徽州家训对孝道进行了深入的阐释，梳理了孝道的主要内容，指出了孝道的地区指向。与此同时，践行孝道的方式方法和路径，也逐渐地清晰起来。此种情况仅从婺源《济阳江氏统宗谱》有关规定中就可以看出来：

事父母宜孝，孝者百行之原。人能孝，则万善从之。晨昏定省，必供职无缺，下气怡声，服劳奉养，依依膝下，以娱老人。《论语》云：“父母在，不远游。”正为此也。……凡事必体父母之心，父母或不欲明言，人子当先意承志。自以为孝，便是不孝。自知其不孝，便当竭力尽孝。[③]

明清时期徽州家训除了设定明确的孝道之外，也加强了对悌道的设定与引导，可谓是发挥得淋漓尽致。通过设定明确的悌道，再进行

① 《古黟环山余氏宗谱》卷一《余氏家规》，余攀荣总纂，余旭昇修，民国六年木活字本。

② 徽州《方氏宗谱》卷之首《家族》，纂修者不详。

③ 婺源《济阳江氏统宗谱》卷一《江氏家训》，江峰青等纂修，民国八年木活字本。

深入浅出的阐述，让家人、族人认同设定的悌道，进而将悌道落到实处。如婺源济阳《江氏家训》因时应势，依据家族自身情况，推出家族设定的预期引导措施。

兄弟不和，或由小人唆弄，离间骨肉，营菟衰而不终，隐、桓之事可鉴。使兄弟情笃，谗何由入？故凡事只从天理、人心推去，其衅自泯。

兄弟之子，犹子也。不幸雁行早折，延及其子。与之分居，当如薛包待侄，田庐、器物以美者让之，自取其荒顿朽败者。今人虽不及，亦当勉尽一二。若仅曰公平，人各有私见，正恐不平不公。倘更欺侄自肥，族长当为理论。

凡有弟不恭兄者，家长当反覆诰诫，使其省悟。不悛，则治以家法，甚则鸣于官。若兄不友弟，亦当劝之尽道。①

明清时期，徽州的家训似乎形成了这样一个理念，就是孝悌以诚为贵，作为子女不能让父母失望，要兴家立业、读书光显，从而渗透、弘扬了孝悌思想。在这种理念下，家中子孙、族中子弟要尽孝道、悌道，就要在做人和事业上有所建树。明清时期徽州家训中的孝悌之道，也是这种理念推而广之的过程。究其根源，主要来自孝敬父母的传统：

父母之德，同于昊天罔极，故立爱必自父母始，然必先能敬而后能爱。……故凡事父母者，饮食必异，进奉必谨，器具必洁；视膳必亲，寝兴必俟候，出入必禀告；声必柔，气必下，颜色必和，一切奉命维谨，须见得父母无不是处。父母稍不悦，即引为己罪，长跪谢过。至于友爱兄弟，和睦乡党，立志成人，不入邪路，在恐玷辱其先人，此则尤为孝之大者也。②

经考察，我们发现，明清时期徽州家训始终倡导孝道、悌道，经历明清时期，虽然内容有所侧重，但无一例外地都把惩罚不肖子孙作

① 婺源《济阳江氏统宗谱》卷一《江氏家训》，江峰青等纂修，民国八年木活字本。
② 绩溪《东关冯氏家谱》卷首《祖训》，冯景坡、冯景坊纂修，清光绪二十九年木活字本。

为一项重要的措施。如歙县东门许氏《家规》和《馆田李氏宗谱》卷二十二《家法》，均极力强调惩罚不肖子孙的必要性，并且提出明确的惩罚措施。

> 于不孝不悌者，众执于祠，切责之，痛治之，庶几惩已往之愆，图将来之善。昔为盗蹠，而今亦可为尧舜之徒矣。其或久而不悛、恶不可贷者，众鸣于公，以正其罪。[①]

> 罪莫大于不孝，如有子媳忤逆，初犯时分长带入祠，令跪祖宗神位前，轻则罚，重则责，使改过自新。若敢重犯，甚至有殴伤等情，分长验其属实，捆送入祠责杖。情重者，令其自尽。如凶狠不服，送官究办。……如果有不孝情事，无论嫡继，一例治罪。[②]

四、礼教之道

明清时期徽州家训在“礼”上的规定与实践，深受中国传统文化的影响，特别注重礼教。儒家认为：“夫礼者，所以定亲疏、决嫌疑、别异同、明是非也。”强调“道德仁义，非礼不成；教训正俗，非礼不备；分争辨讼，非礼不决；君臣上下父子兄弟非礼不定”[③]。在明清时期徽州家训的礼教观中，这一观念得到了最为典型的体现。如休宁《宣仁王氏族谱》认为：

> 先王制冠、婚、丧、祭四礼，以范后人，载在《性理大全》及《家礼仪节》者，皆奉国朝颁降者也，民生日用常行，此为最切。惟礼则成父道，成子道，成夫妇之道，无礼则禽彘耳。[④]

“冠婚丧祭，称家有无，遵行文公《家礼》。”[⑤]“婚姻人道之本，亲迎、醮啐、奠雁、授绥之礼，人多违之，今一祛时俗之习，恪遵《家礼》以行。”“子弟当冠，虽延有德之宾，庶可责成人之道，其仪

① 《重修古歙东门许氏宗谱》卷八《家规》，许登瀛纂修，清乾隆十年刻本。
② 《馆田李氏宗谱》卷二十二《家法》，李嘉宾等纂修，清光绪三十一年木活字本。
③ 崔高维：《礼记》，辽宁教育出版社2000年版，第1页。
④ 休宁《宣仁王氏族谱·宗规》，王宗本纂修，明万历三十八年刻本。
⑤ 祁门《京兆金氏宗谱·家训十条》，金焕荣纂修，民国二十年双溪天合堂木活字本。

式并遵文公《家礼》。”[①]这些家训资料来自明清时期徽州家训，具体地说明了明清时期徽州家训的礼教观以朱熹所订的《家礼》为依归。据此，明清时期徽州家训重视传承和发展《家礼》，强调：

> 人之有礼，犹物之有规矩，非规矩不能成物，非礼何以成人？故凡一身之中，动息作止，慎毋以细行忽之。[②]

> 礼原于天，具于性，见于人伦、日用、昏、冠、丧、祭之间。[③]

明清时期徽州家训中有关“礼”的规定，可谓“条目最多，占的篇幅最大”。如歙县泽富王氏《宗规》共28条，冠、婚、丧、祭的规定就有7条。黟县环山余氏宗族《余氏家规》之中，冠礼、婚礼规定8条，祭礼规定6条，计14条。休宁宣仁王氏宗族《宗规》和茗洲吴氏宗族《家规》都对冠、婚、丧、祭四礼作了详细的规定[④]。这种重视“礼”的规定，强调了“礼教”在家教中的作用：

> 养生送死，先圣自有定制，可以行之万世而无弊。智者或太过，遇［愚］者或不及，皆非也。且如葬祭之类，自有《文公家礼》仪节，不丰不俭，乃为中道。何近世惑于邪说，略不以此为意？岂是大家体面？英俊合宜知之，凡葬祭仪式及祭品等件，并遵朱夫子仪节，不可妄为太过，吝而不及，失其中道。[⑤]

“遵礼”的目的在于“重德”，即加强道德教育。明清时期徽州家训重视德育的目的，立足点不是以个人为本位，而是以社会为本位。即家训之道在履行家庭和社会责任：齐家治国，以平天下。这种遵礼传统的形成，深受朱熹《家礼》的影响。之所以如此，显然是明清时期徽州家训对朱熹宣扬的以下“家礼”思想的极力推崇：

> 大抵谨名分、崇爱敬，以为之本，至其施行之际，则又

① 歙县《泽富王氏宗谱·宗规》，王仁辅等纂修，明万历元年刻本。
② 婺源《武口王氏统宗世谱·庭训八则》，王铣等纂修，明天启四年刻本。
③ 休宁《茗洲吴氏家典》卷一《家规八十条》，吴翟等纂修，清雍正十一年木活字本。
④ 赵华富：《徽州宗族研究》，安徽大学出版社2004年版，第377页。
⑤ 《华阳舒氏统宗谱》卷一《家范十条》，舒安仁等纂修，清同治九年叙伦堂木活字本。

略浮文、敦本实，以窃自附于孔子，从先进之遗意。诚愿得与同志之士熟讲而勉行之，庶几古人所以修身齐家之道，谨终追远之心犹可以复见，而于国家所以崇化导民之意亦或有小补云。[1]

明清时期徽州家训肯定"礼"的一大属性是讲"礼莫重于祭祀"，强调祭祀的重要意义是"关乎伦常"，因而强调"敬祭祀"。如祁门河间凌氏《家训条款》所说：

祭，所以报本反始也。报者，酬之以物；反者，追之以心。外尽物，内尽心，祭之道也。故感时兴思，仲春之扫墓，孟秋之荐新，冬至则祭始祖，除夕则奠祖祢，忌日之哀，奠告之仪，皆祭祀也。[2]

将"礼教"与"孝""悌""忠""信""义""廉""耻"的教育相结合，是明清时期徽州家训的一种重要形式。如歙县《义成朱氏祖训》开宗就是"孝顺父母""友爱兄弟""和睦族邻""区别男女""保守坟茔""谨循礼节""辨正名分""专务本业""崇尚朴素""敬重师傅""戒勿争讼""整理公堂"。婺源的《龙池王氏宗谱》卷首《家法》则明确了"孝""悌""忠""信""礼""义""廉""耻"的内容：

孝：生我者谁？育我者谁？择师而教我者谁？虽生事葬祭，殚力无遗，未克酬其万一。苟其或缺，滔天之罪，尚何可言？

悌：易得者赀财，难得者同气。乃或以赀财之故，而伤同气之谊，是谓难其所易，而易其所难，其惑孰甚？

忠：求忠臣者，必于孝子之门，公尔忘私，国尔忘家，非云忠孝难以两全，正谓君亲本无二致。

信：无欺之谓信。试观阴阳寒暑、日月晦明，何曾有一毫假借？故欲人信我，切莫欺人。果能不欺，则至诚可感豚鱼，而况同类？

礼：人之有礼，犹物之有规矩，非规矩不能成物，非礼

① 朱熹：《朱子家礼·序》。
② 《河间凌氏宗谱》卷一《家训条款》，凌雨晴、凌克让纂修，民国十年刻本。

何以成人？故凡一身之中，动息作止，慎毋以细行忽之。

义：尚义之与任侠，固大不同。任侠者，邻于慷慨，不无过举；尚义者，审事几揆轻重，非穷理尽性不能。

廉：好利谓之贪，沽名亦谓之贪，世有却千金而不顾者，名心未忘，可谓廉乎？四知是畏，当取以自勖。

耻：羞恶之心，人皆有之，斯为改过迁善之几。苟漠然无所动于中，岂非小人而无忌惮者乎？故曰：人不可以无耻。①

明清时期徽州家训中的家礼，在明清时期徽州社会的一大作用是“辨尊卑、别等级”。绩溪华阳舒氏《庭训八则》有记载说：“经礼、曲礼三百三千，先王之所以范围乎人者，抑何严欤？夫人之处世，大而有纲常名教，小而有日用细微。吾惟于大者，凛遵名分而不踰，小者恪守成宪而不越。……恭敬为礼之本，谦让为礼之实。尊卑上下，秩然不紊；吉凶宾嘉，有典有则；视听言动，蹈矩循规，则身修而家亦于是齐矣。”②这正是对明清时期徽州家训中家礼的社会作用的注解。明清时期徽州家训重视家礼社会作用的发挥，把家礼的“辨尊卑、别等级”功能发挥到极致。如祁门河间凌氏《家训条款》推出的措施：

尊卑有序，则上下和。凡宗族人等，不惟我之父兄当敬也，伯父、叔父、从兄、族兄亦莫不然；不惟我之子弟当爱也，从弟、族弟、从侄、族侄亦莫不然。推及姑姊妹族、祖母族、母族、妻族，亦莫不然。随行隅坐，恭听慎应，见必衣冠，不敢露顶跣足；遇必拱立，不敢径行过越。若卑幼骑坐，须下行礼，俟尊长过，方得自便。违者，罚之。③

五、名分之道

休宁《宣仁王氏族谱·宗规》云：“同族者实有名分，兄弟叔侄，

① 《龙池王氏宗谱》卷首《家法》，王全芝等纂修，清道光二十六年木活字本。

② 《华阳舒氏统宗谱》卷一《庭训八则》，舒安仁等纂修，清同治九年叙伦堂木活字本。

③ 《河间凌氏宗谱》卷一《家训条款》，凌雨晴、凌克让纂修，民国十年刻本。

彼此称呼，自有定序。……我族于趋拜必祈于恭，言语必祈于逊，坐次必祈依于先后。不论近宗远宗，但照名分序列，情实亲洽，心更相安。故家巨室之礼，原自如是。”[①]这段话明显揭示了，明清时期徽州家训是重“名分”的。明清时期徽州家训讲究人的名位及其应守的职分，认为：

同族兄弟叔侄，名分彼此称谓，自有定序。近世风俗浇漓，或狎于亵昵，或狃于阿承，皆非礼也。拜揖必恭，言语必逊，坐次必依先后，无论近族远族，俱照叔侄序列，情既亲洽，心更相安。须严遵约束，不得凌犯疏房致失族谊。此防微杜渐之意，殊可效也。[②]

重“尊卑”在明清时期徽州家训中有着鲜明的体现，“伯先而仲后”“叔行而侄随”“有问则答，受命必复”“为尊长者亦当以礼自守”“主仆之分犹谨严”等[③]，无不体现家庭、家族中的老少尊卑、等级有序。所谓重“尊卑”，歙县《济阳江氏宗谱·家训》云：

族中辈行尊者当尊之，行不尊而年老以敬老之礼待之。……族内有慢侮尊长者，族长宜谆诲之，不悛则扑之，以有服无服论其罪之轻重，不服则告官罪之。[④]

绩溪《明经胡氏龙井派宗谱》写道：“下不干上，贱不替贵，古之例也。然间有主弱仆强、主懦仆悍者，逞其忿戾，不顾统尊。或至骂詈相加，甚且拳掌殴辱，虽非犯其本主，然以祖宗一体之例揆之，是则凌其本主也。族下如有此婢仆，投明祠首，祠首即唤入祠内，重责示惩，仍令其叩首谢罪。倘本主不达大义，护短姑息，合族鸣鼓攻之。正名分也。”[⑤]从中可以看出，明清时期徽州家训中的“守名分”和“辨尊卑”是互为因果的，“守名分”是为了“辨尊卑”，“辨尊卑”是为了“守名分”，两者不可分割。歙县义成朱氏《祖训十二则》所

① 休宁《宣仁王氏族谱·宗规》，王宗本纂修，明万历三十八年刻本。
② 《袁氏族谱·家规》，作者不详，民国卧雪堂木活字本。
③ 歙县《仙源吴氏家谱·家规》，吴永凤等纂修，清光绪五年木活字本。
④ 歙县《济阳江氏宗谱·家训》，江国华、江德新纂修，明崇祯十七年刻本。
⑤ 绩溪《明经胡氏龙井派宗谱》卷首《明经胡氏龙井派祠规》，胡宝铎、胡宣铎纂修，民国十年木活字本。

作训诫，说的就是这一问题，该祖训云：

名分者，世教之大防，人伦之要领也。名不正则情不顺，分不明则理不足，情与理亏，而措之天下，何者非背谬之行？盖尊卑、长幼之间，不别之为尊卑、为长幼，则名失。名既失，遂不循尊尊、卑卑、长长、幼幼之节，而分亦失。若是者，总由僭侈之习与亵狎之私，渐而干之，遂至目无法纪者有然，甚矣！①

徽州《方氏宗谱》卷之首《族规》规定："长幼有一定名分，不可易也。宗族中尊卑相见，务要各尽分礼：揖则少者端拱而长者答之，行则长者先步而少者随之，在席则长者正坐而少者隅之，起则少者先立，出则少者徐行。称呼皆依行第正名，毋得简略失实。有行尊而年卑者，都宜加礼，以崇厚风。"②该规定点明了明清时期徽州"守名分"和"辨尊卑"的家训要求：对尊长必须恭敬。

凡族人相遇于道，尊长少立，卑幼进揖，仍立路旁，以俟其过，毋得傲忽，疾行先长，以蹈不恭。③

民国《济阳江氏统宗谱》卷一《江氏家训》指出："族长为一族之尊，其责任视家长尤重，今《家训》十数条，惟赖族长家喻户晓之……凡为族长者，年必高，行必尊，尤须公而不私、正而不偏、廉而不贪、明而不昧、宽而不隘、耐而不烦、刚而不屈，七者兼备，乃能胜任。"④该祖训中的"守名分"和"辨尊卑"，都指向着绝对服从族长。

族长议论是非，从公处分，必合于天理，当于人心。轻则晓谕，重则责罚，财产为之分析，伦理为之整顿。如处分不服，然后共鸣之官府，以听讯断。⑤

"守名分""辨尊卑"自然少不了对违反规定者的惩处。《周氏族

① 《古歙义成朱氏宗谱》卷首《祖训十二则》，汪揄如等纂修，清宣统三年存仁堂木活字本。

② 徽州《方氏宗谱》卷之首《族规》，纂修者不详。

③ 《歙西岩镇百忍程氏本宗信谱》卷十一《族约篇第九》，程弘宾等纂修，明万历十八年刻本。

④ 婺源《济阳江氏统宗谱》卷一《江氏家训》，江峰青等纂修，民国八年木活字本。

⑤ 《馆田李氏宗谱》卷二十二《家法》，李嘉宾等纂修，清光绪三十一年木活字本。

谱》卷九《宗规》云："尝闻礼莫大于分，分莫大于名，盖名分者先王所维上下而定民志者也。故子路有为政何先之问，而夫子曰：'必也正名。'……不可违越次序。已往不咎，以后子姓恪守祠规，循乎天理，以全名分。故违僭越者，通族举之。"[①]该训诫观点都意在说明，对违反规定者进行惩处，是"守名分""辨尊卑"重要措施。可见，明清时期徽州家训中，"守名分"和"辨尊卑"的展开，深刻关联对违反规定者的惩处。

尊卑相见，务要各尽分礼。……违者尊长面责之，三犯者议罚，五服内者，罚加一等。[②]

卑幼不得抵抗尊长，其有出言不逊、制行悖戾者，会众诲之。诲之不悛，则惩之。[③]

六、读书之道

穷理之要，必在于读书。程朱理学这种学说对明清时期徽州家训读书观的影响是潜在的、直接的。受之影响，明清时期徽州家训大多辟有读书条目，有的甚至进行专门论述，强调读书的重要性和必要性。如绩溪《仙石周氏宗谱》卷二《石川周氏祖训十二条》有云：

诗书所以明圣贤之道，本不可不重。况一族子弟无论将来读书成名，即农工商贾，亦须稍读书本，略知礼义。凡请先生，第一要有品行老成之人，礼貌必须周到。凡读书人受恩不可忘，无恩不可怨，不可恃才学而傲慢乡党，不可挟绅衿而出入衙门。如果品学都好，就不发达，一样有光门户。[④]

徽州是"程朱阙里"，"徽州人视程朱为独得孔孟真传之圣人，莫不顶礼膜拜"[⑤]，所以有了"我新安为朱子桑梓之邦，则宜读朱子之

---

① 歙县《周氏族谱》卷九《周氏宗规》，周德炽总修，周德灿等纂修，民国二十九年六顺堂木活字本。

② 徽州《方氏宗谱》卷之首《族规》，纂修者不详。

③ 歙县《潭渡孝里黄氏族谱》卷四《家训》，黄臣槐等修纂，清雍正九年刻本。

④ 绩溪《仙石周氏宗谱》卷二《石川周氏祖训十二条》，周善鼎等纂修，清宣统三年善述堂木活字本。

⑤ 李琳琦：《徽商与明清徽州教育》，湖北教育出版社2001年版，第17页。

书，服朱子之教，秉朱子之礼，以邹鲁之风自待，而以邹鲁之风传之子若孙也”[①]的共识。正因为如此，明清时期徽州家训，从大家庭的家训，到一般家庭的家训，无不把读书的重点放在朱子之书上。正因为如此，朱熹所著的书籍，诸如《四书集注》《古今家祭礼》《小学书》《论孟精义》《毛诗集解》《孟子要略》《诗集传》《易学启蒙》《资治通鉴纲目》等，成了徽州人传授而恭奉不移的读物。这并非是因为所有的明清时期徽州家训有共同的行动计划，而是恰恰反映了所有的明清时期徽州家训在读书要求与规定方面的特殊的共同规律。结果：

> 凡六经传注、诸子百氏之书，非经朱子论定者，父兄不以为教，子弟不以为学也。是以朱子之学虽行天下，而讲之熟、说之详、守之固，则惟新安之士为然。[②]

我们知道，论影响因素，程朱理学的读书观并不是唯一的，其他因素，如科举考试等，也会对明清时期徽州家训强调“读书、穷理”产生激励作用。但是，程朱理学对明清时期徽州家训读书思想的影响却有其特殊性，这是其他因素无法替代的，那就是把读书纳入“致知”“修身”和“养性”的范畴。如歙县《济阳江氏宗谱》卷首《江氏蒙规》写得极为深刻：

> 诵读所以致知也，字画、咏歌所以游艺也，习礼所以修身也。致知也者，启发心也；游艺也者，存养心也；修身也者，防范心也。童而习之，长而安之，勿助勿忘之机也。[③]

明清时期徽州家训讲究读书穷理，这个“理”就是“孝悌礼义”，“子孙为学，须以孝悌礼义为本，毋偏习词章，此实守家第一要事，不可不慎”[④]。从这个意义上说，明清时期的徽州家训并不是各个家训机械地堆起来的总和，而是有深刻内涵的、持续传承“孝悌礼义”的过程，无不体现以读书穷理的旨趣。如《梁安高氏宗谱》卷十一《祖训》清楚地说明：

① 休宁《茗洲吴氏家典·序》，吴翟等纂修，清雍正十一年木活字本。

② 赵汸：《东山存稿》卷四《商山书院学田记》。

③ 歙县《济阳江氏宗谱》卷首《江氏蒙规》，江国华、江德新纂修，明崇祯十七年刻本。

④ 歙县《潭渡孝里黄氏族谱》卷四《家训》，黄臣槐等修纂，清雍正九年刻本。

四民皆是正业。然不读书则不知礼义，故凡为农、为工，皆当读书。虽不望成名，亦使粗知礼义，不至为非。至于子弟佳者，则为之读书，使家贫无力，宗族宜加意培植。盖族内有读书人，则能明伦理、厚风俗，光前而裕后，其关系非浅，又不但科第仕官为宗族光已也。①

明清时期徽州家训在传承优良家风时，提出“书香”这一概念，“书香”的鲜明之处在于与家风相随相伴。即家风会对“书香”的变化做出回应，“书香”也会对家风的变化做出回应。对于家风来说，“书香”不可或缺。而“书香”与家风的关系，也会进入到“书香”与家风互动的层面。明代张习孔已回答了这一问题：

书香不可绝。书香一绝，则家声渐垮于卑贱，则出入渐鄙陋。人既鄙陋，则上无君子之交，下无治生之智。……猛念及此，安可不教子读书。读书存乎资性。资性昏鲁者，实不能读，然勤苦读之，纵身不能成，其生子必资质稍优于父矣。盖己之资性昏鲁者，由于父不读书也。②

作为过程的读书实践通常是围绕目标进行的。在明清时期的徽州，这一目标主要有两个层次，首先是“显亲”，其次是“亢宗”。由于“显亲”是“亢宗”的必经层次，因此它的目标需要与“亢宗”的目标相一致，就是多读书、读好书，以文化兴家、裕族，也就是歙县《吴越钱氏七修流光宗谱》指出的：

凡有志承先者，先须累德积功，以培读书种子，而又不惜隆礼重贽，择名师以祈式谷，俾成人有德、小子有造，于以振家声而光大门闾，不胜厚望焉。③

读书固然重要，但读书不能忽略师友的指教。读书目标的达成与师友的指教密切相关。隆师择友作为一种家教的方式，也因此成了明清时期徽州家训的重要选择。这在明清时期徽州家训中是由隆师择友的优势导致的：

---

① 《梁安高氏宗谱》卷十一《祖训》，高美佩总理，高富浩纂修兼校正，清光绪三年刻本。

② 张习孔：《檀几丛书》卷一八《家训》，檀几丛书本（康熙刻）。

③ 《吴越钱氏七修流光宗谱》卷一《家训》，钱文德等主修，民国三年木活字本。

发明义理，指引途辙者，师之功也。渐磨诱掖，忠告善道者，友之力也。师友可一日废哉？……各家父母于子弟，当童蒙之后，广延师友，训之义理，则楚人可使齐语，不患子弟之不成也，勖之哉！①

明清时期徽州家训中的读书之法是一个系统，是一个由各个方法组成的有机整体，每一个方法在系统中都处于特有的位置，起着特定的作用。其中“习字”“口诵”、读书字画的“敬字功夫”在明清时期的徽州受到普遍的重视。

凡训蒙童，始教之认字，次教之口诵，次导其意识。认字则先其易者，如先认“一”字“人”，次认“二”字“天”字之类。口诵则教之一二遍，使勤勉而精熟之。意识则就其所知者，启之如孝为顺，亲弟为敬长，以及行步拱揖之仪，起居食息之道之类。孔子之申申夭夭，周旋中礼只在日用行常之间而已……②

凡童子习字，不论工拙，须正容端坐，直笔楷书。一竖可以觇人之立身，勿偏勿倚。一画可以觇人之处事，勿弯勿斜。一“丿”“㇏”如人之举手，一踢挑如人之举足，均须庄重。一点如乌获之置万钧，疏密毫发不可易。一绕缴如常山，蛇势宽缓，整肃而有壮气。以此习字，便是存心工夫。字画劲弱，由人手熟神会，不可勉强取校，明道云非欲，字好即是学。③

七、人伦之道

所谓人伦，是指五伦，即人与人之间的五种关系：父子、君臣、夫妇、长幼、朋友。我国古代的哲学家和思想家对此进行过深入的探讨，也提出了一些代表性的观点。如孟子强调“父子有亲，君臣有

① 《河间凌氏宗谱》卷一《家训条款》，凌雨晴、凌克让纂修，民国十年刻本。

② 歙县《济阳江氏宗谱》卷首《江氏蒙规》，江国华、江德新纂修，明崇祯十七年刻本。

③ 歙县《济阳江氏宗谱》卷首《江氏蒙规》，江国华、江德新纂修，明崇祯十七年刻本。

义，夫妇有别，长幼有序，朋友有信”。韩非强调“君为臣纲”[①]。朱熹则强调“明人伦为本”，“三纲五常”，其修订的《白鹿洞书院揭示》还把明人伦列于首位。以二程和朱熹思想为代表的程朱理学对五伦思想的体现，需要我们从两方面来把握：一方面，程朱理学的五伦思想是孟子和韩非等哲学家和思想家五伦思想的理论升华。换句话说，程朱理学的五伦思想是此前有关哲学家和思想家五伦思想的概括和总结；另一方面是，程朱理学的五伦思想绝非仅仅是此前这些哲学家、思想家五伦思想的简单复制，而是对他们五伦思想的重大发展。

由于程朱理学在徽州占据主导地位，明清时期徽州家训对程朱理学的五伦思想高度认同，所作论述更是极力维护君臣、父子、夫妇、长幼、朋友之间的“天”定关系，认为：

君是君王，臣是官员，君王要仁爱百姓，要做仁君，不可做昏君。臣子要尽忠报国，要做忠臣，不可做奸臣。君明臣忠，叫做君臣有义。

父亲有爱惜儿女、媳妇，必须教训儿女、媳妇学好，儿女、媳妇要孝顺，还要自己学好。父亲要做慈父，不要做狠父。儿子、媳妇要做孝子、孝妇，不要做逆子、逆妇。父慈子孝，叫做父子有亲。

做丈夫的须知道淫为万恶之首，必须守正。如果艰于子媳可以娶妾，切不可好色行邪。妇人要从一而终，以贞节为贵。丈夫要做义夫，不可做鄙夫。妇人要做贤妇，不可做淫妇。夫义妇顺，叫做夫妇有别。若夫妇无别，便是禽兽。

做兄长要爱惜弟弟，做弟的要敬重兄长，须想我小时父母养育我们的恩勤，切不可听妇言，争家业。兄爱弟，弟敬兄，叫做长幼有序。至于一房一族，都要有大有小，才是长幼有序。

凡亲戚也在朋友之内，交朋友要交好人，不可交坏人。待朋友要言而有信，不可口是心非。朋友有善事当劝他做

① 宋希仁，陈劳志，赵仁光等：《伦理学大辞典》，吉林人民出版社1989年版，第133页。

去，有坏事当阻挡他不要做。以信义相结，终身不变，叫做朋友有信。[1]

“五伦，人道之要，为人者不可不知也。”[2]明清时期徽州家训所强调、所捍卫的五伦，正是为人者皆知的五伦，即父子有亲、君臣有义、夫妇有别、长幼有序、朋友有信这五伦。它是基于人类永恒不变的人伦关系，充分体现人类天然秩序，得到明清时期徽州社会广泛关注、一致认同建立起来的明清时期徽州五伦关系理念、规则、机制的总称。顺之者必然昌盛，违背者难以立身处世，正如绩溪《洞洲许氏祖训》指出的：

天地中间的人，都是五伦中间的人，五伦是父子有亲，君臣有义，夫妇有别，长幼有序，朋友有信。人有这五伦，若肯依此做事，算个完人，天地要保佑他，本身必有好处，子孙必然昌盛。倘灭伦悖理，与禽兽一样，天地不容，算不得我许氏子孙，各宜遵守此训。[3]

人与禽兽有什么不同？明清时期徽州家训认为：“人与禽兽不同，皆因人有伦理，禽兽无伦理，所以人要有伦理。”[4]亦即人的伦理是区别人与禽兽的标志。如绩溪《仙石周氏宗谱》卷二《石川周氏祖训十二条》强调：

人与禽兽不同，皆因人有伦理，禽兽无伦理耳。宇宙中的人富贵贫贱不齐，而惟读书人贵重，只因他知道伦理。你们农工商贾、妇人女子目不识字，果能知道伦理？一切事都照本心做去，便是一个好人，与读书人一样。假如儒生满口诗书，而做事不存本心，反不如农夫了。[5]

明清时期徽州家训中的人伦之道始于夫妇，其立论依据主要有三点：一是“有夫妇然后有父子”；二是“夫妇正则父子亲”；三是“君

① 绩溪《南关惇叙堂宗谱》卷之八《家训》，许文源等纂修，清光绪十五年木活字本。
② 歙县《周氏族谱》卷九《周氏宗规》，周德炽总修、周德灿等纂修，民国二十九年六顺堂木活字本。
③ 《洞洲许氏宗谱》卷一《洞洲许氏祖训》，许桂馨、许威编修，民国三年木活字本。
④ 绩溪《南关惇叙堂宗谱》卷之八《家训》，许文源等纂修，清光绪十五年木活字本。
⑤ 绩溪《仙石周氏宗谱》卷二《石川周氏祖训十二条》，周善鼎等纂修，清宣统三年善述堂木活字本。

子之道，造端乎夫妇”[①]。由此，在明清时期徽州家训中，夫妇是人伦存在与发展的条件，对人伦之道的形成产生决定性的影响。绩溪《周氏重修族谱正宗》将之概括为：

夫妇，人伦之始，万化之源。世有溺爱衽席，导欲增淫，卒之纵恣而不可收拾者；又有富由妇财、贵由妇势，惟言是听，遂至凌兄弟及父母，陷为不孝子者；又有好妍恶丑、以妾为妻，致使子之嫡者以母黜、子之孽者以母宗，此皆吾所亲见，尝为之扼腕者。要须爱之也而思其［恶］，恶之也而思其美，听之也而思其义理之当否，则三弊革而家道成矣。否则，虽作人如刘晔，如王导，如郭暧，终不免为后世诮讪。[②]

在明清时期徽州社会，朋友不仅成为家庭、家族兴旺发达的佐助，而且成为徽州社会人伦之纪纲。绩溪《周氏重修族谱正宗》中的有关规定，为此问题的解答提供了佐证资料：

朋友，纪纲人伦，所关最重。近世外则相与如饴蜜，内则相视如寇仇；名则游戏饮食相征逐，实则阴险鼓舞媒田宅，曾未闻有德业相劝、过失相规。此后，务须择人而交，谨厚者、明白正大者、有所严惮切磋者，则交之。否则，绝之。择地而处，青楼翠馆、茶坊酒肆、鞠场赌局勿往焉，虽强之往，不可。则虽未必能纪纲人伦，亦未必陷于饴蜜，媒于阴险，不为父母僇，不为天地弃人矣。尔辈懋戒哉。[③]

八、为妇之道

明清时期徽州家训继承了程朱理学男女有别、男尊女卑的思想，正如绩溪《东关冯氏家谱》卷首《祖训》所云：

男女有别，所以正人伦、厚风俗，关系最重大之

① 崔高维：《礼记》，辽宁教育出版社2000年版，第187页。

② 《周氏重修族谱正宗》卷一《宗训》，周思老、周思宣、周齐贤总理，清康熙五十五年刻本。

③ 《周氏重修族谱正宗》卷一《宗训》，周思老、周思宣、周齐贤总理，清康熙五十五年刻本。

事也。[①]

受到程朱理学男女有别、男尊女卑思想的影响，明清时期徽州家训极力推行为妇之道，以“闺门整肃”为治家的首要教条。如歙县《潭渡孝里黄氏族谱》记载称：

风化自闺门，各堂子姓当以四德三从之道训其妇，使之安详恭敬，俭约操持。奉舅姑以孝，奉丈夫以礼，待娣以和，抚子女以慈，内职宜勤，女红勿怠，服饰勿事华靡，饮食莫思饕餮，毋搬斗是非，毋凌厉婢妾，并不得出村游戏，如观剧、玩灯、朝山、看花之类，倘不率教，罚及其夫。[②]

明清时期徽州家训对于女性的生活、作风、规矩有明确规定，将之付诸实践时，注重要求与惩罚相结合，以此规范妇道，进而让女性遵守所谓的妇道。如徽州《方氏宗谱》卷之首《族规》规定：

诸妇务要恪遵，内则孝事舅姑，敬顺丈夫，和睦娣姒，恩御奴婢。如有妒忌饶舌者，翁姑诲谕之，不改，则继之以怒，又不改，则声其罪，出之。倘有秽德污行，即宜屏逐，不待教责也。[③]

女性为了守住妇道，必须守身如玉，做到像玉一样洁白无瑕；为了做到像玉一样洁白无瑕，男女之间必须洁身自爱。在这个意义说，女性的贞节是在女性守身如玉、洁身自爱的过程中形成的。因此，《古黟环山余氏宗谱》在所录《余氏家规》中明确提出：

闺门内外之防，最宜严谨。古者，妇人昼不游庭，见兄弟不逾阈，皆所以避嫌而远别也。凡族中妇女，见灯毋许出门，及仿效世俗，往外观会、看戏、游山、谒庙等项。违者，议罚。……本族男妇接见，自有常礼。但居室密迩，而道路往来，仓卒相遇，务照旧规，各相回避，毋许通问玩狎。违者，重罚。……女子年及十三以上，随母到外家，当

① 绩溪《东关冯氏家谱》卷首《祖训》，冯景坡、冯景坊纂修，清光绪二十九年木活字本。

② 歙县《潭渡孝里黄氏族谱》卷四《家训》，黄臣槐等修纂，清雍正九年刻本。

③ 徽州《方氏宗谱》卷之首《族规》，纂修者不详。

日即回。余虽至亲，亦不许往。违者，重罚其母。[①]

与明清时期徽州家训中的女性守身如玉要求相适应的是男女社交关系，而处理这种社交关系大多以禁止男女接触为方式和手段。婺源《武口王氏统宗世谱》中所列《王氏家范十条》就认为："《易》之'家人'卦曰：'男正位乎外，女正位乎内，男女正，天地之大义也。'至哉，圣人之言。盖天地之风化始于闺门，若不先正以男女，则家风何以厚哉？男子出入宜行左，女子从右，违者罚在本房族长。"[②]这一认识转化为实践的成果，就是：

凡男女不与并立，不相杂坐。男子不得入内室，男女不得相笑谑。妇女不得入寺观烧香，三姑六婆不许入门。至于男子外出及妇女青年守寡者，无故尤不宜出入其门，皆远嫌辨疑之道也。[③]

休宁《茗洲吴氏家典》中所录《家规八十条》规定："妇人必须安详恭敬，奉舅姑以孝，事丈夫以礼，待娣姒以和。无故不出中门，夜行以烛，无烛则止。如其淫狎，即宜屏放。若有妒忌长舌者，姑诲之。诲之不悛，则出之。"按照这些规定，妇女体现自己价值的途径，只能信守"三从四德"，做贤妻良母，如歙县《泽富王氏宗谱·宗规》所云：

家之和与不和，皆系妇人之贤否。其贤者，奉舅姑以孝顺，事丈夫以恭敬，待妯娌以温和，抚子侄以慈爱，御奴仆以宽恕，如此之类是也；其不贤者，狼戾妒忌，恃强欺弱，摇唇鼓舌，面是背非，争长竞短，任意所为，以坏家政，如此之类是也。[④]

明清时期徽州家训在这里强调的"三从四德"与"从一而终"的关系是非常密切的。"三从四德"之仪与"从一而终"之道相互渗透，

---

① 《古黟环山余氏宗谱》卷一《余氏家规》，余攀荣总纂，余旭昇修，民国六年木活字本。

② 婺源《武口王氏统宗世谱·王氏家范十条》，王铣等纂修，明天启四年刻本。

③ 绩溪《东关冯氏家谱》卷首《祖训》，冯景坡、冯景坊纂修，清光绪二十九年木活字本。

④ 歙县《泽富王氏宗谱·宗规》，王仁辅等纂修，明万历元年刻本。

“三从四德”之仪渗透于“从一而终”之道之中，而“从一而终”之道又离不开“三从四德”之仪。所谓“从一而终”，是指“从一之志，可以生，可以死，固守不变”。绩溪《明经胡氏龙井派宗谱》卷首《明经胡氏龙井派祠规》对此进行了精确的描述：

妇人之道，从一而终，一与之齐，终身不改。泛柏舟而作誓，矢志何贞？歌黄鹄以明情，操心何烈？倘有节孝贤妇，不幸良人早夭，苦志贞守，孝养舅姑，满三十年而殁者，祠内酌办祭仪，请阖族斯文迎祭以荣之。其慷慨捐躯殉烈者亦同，仍为公呈，请旌以表节也。[①]

歙县江氏《家训》强调：“夫妇为人伦之始。夫者，妇之纲也。……族内有夫纲不整，不能制其妇，与妇悍泼不受制于夫者，族长当申家诫以正之。其不孝舅姑及帷薄不修、玷辱门户者，令其夫去之，否则，屏之出族。”夫妻之间这些特殊的道德关系，在明清时期徽州家训中有许多论述，如绩溪《仙石周氏宗谱》中所录《石川周氏祖训十二条》记载称：

男女居室，人之大伦，所以人家最重是门风。如果闺门不正，那怕他富贵，也可羞可恶。如果男女有别，那怕他贫贱，也可荣可敬。朱柏庐先生《家训》云：“三姑六婆，淫盗之媒。”男女相见，必须恭敬，不许笑谑。村中不许买淫书，不许唱淫词，不许点淫戏。但夫为妻纲，男子守正，妇女谁敢不正。[②]

值得注意的问题是，明清时期徽州家训中的妇女之道与责任追究又是相连的。明清时期徽州家训在此方面表现出的特征是对妇女的要求和责任的追究到了极其苛刻的程度。与同一时期其他地区的家训相比，徽州家训更多地加入了对妇女要求与追责的内容：

家室宜分内外，男女宜别。男无故昼不处私室，妇无故不窥中门，夜行必以烛。男仆无故不入中门，女仆无故不出

① 赵华富：《徽州宗族研究》，安徽大学出版社2004年版，第373页。

② 绩溪《仙石周氏宗谱》卷二《石川周氏祖训十二条》，周善鼎等纂修，清宣统三年善述堂木活字本。

中门，《温公家礼》备言之。[①]

族内有夫纲不整，不能制其妇，与妇悍泼不受制于夫者，族长当申家诫以正之，其不孝舅姑及帷薄不修玷辱门户，令其夫去之。否则，屏之出族。[②]

九、义行之道

明清时期徽州家训重义轻利。要了解明清时期徽州家训这种义利观，还得从程朱理学的义利观谈起。这是因为，程朱理学的义利观深刻地影响着明清时期徽州家训义利观的形成和发展。程朱理学的代表人物对义和利的关系有深刻的论述。《二程遗书》卷十七记载了程颢、程颐的义利观："义与利只是个公与私也。才出义，便以利言也。"《河南程氏遗书》卷十一载："大凡出义则入利，出利则入义，天下之事惟义利而已。"朱熹在其《朱子语类》中谈道："学无浅深，并要辨义利。""为义之人，只知有义而已，不知利之为利。""不顾利害，只看天理当如此。"朱熹还在其《朱子全书》卷五十七谈到为义"便是向圣贤之域"，为利"便是趋愚不肖之徒"。正谊不谋利，重义轻利，义中取利，不为利所左右的义利思想，正是程朱理学义利观的内核所在。

承袭程朱理学的义利观，明清时期徽州家训视"义"为"天地间正大之理"，认为"以之决死生，则临难无惧；以之衡取予，则见利不贪；轻财重义，则伦理无伤；疏财仗义，则贫寒戴德"[③]。主张"以义为先""重义轻利""正谊不谋利"。正如绩溪《明经胡氏龙井派宗谱》卷首《明经胡氏龙井派祠规》所云：

仁人正谊不谋利，儒者重礼而轻财。然仁爱先以亲亲孝友，终于任恤。辟家塾而教秀，刘先哲具有成规；置义田以赈贫，范夫子行兹盛举。[④]

---

① 歙县《济阳江氏宗谱·家训》，江国华、江德新纂修，明崇祯十七年刻本。

② 歙县《济阳江氏宗谱·家训》，江国华、江德新纂修，明崇祯十七年刻本。

③ 绩溪《程里程叙伦堂世谱》卷十二《庭训》，程敬忠纂修，民国二十九年叙伦堂铅印本。

④ 绩溪《明经胡氏龙井派宗谱》卷首《明经胡氏龙井派祠规》，胡宝铎、胡宣铎纂修，民国十年木活字本。

明清时期徽州人的重义特征，在这个时期的徽州家训中得到充分体现。这种义及其在全部生活中的重大作用，从根本上说，是把做人的最基本要求和处世的最基本素养归结为坚守信义和道义的结果。在这个意义上，明清时期徽州家训有关“义”的训诫，既有其合理性，也蕴含着内在的针对性、适应性。如休宁《古林黄氏重修族谱》卷首上《祠规》指出：

> 无论智愚，皆当笃以信义，俾知人有所恃以为固，事有所准以为平，然后忠信笃敬，蛮貊可行，慎毋自溃厥防，沦胥莫挽。[①]

徽商舒遵宪曰：“生财有大道，以义为利，不以利为利。”明清时期的徽州人在重义的行为中，形成了以轻利为指向的价值观。这种轻利行为的出发点和归宿，依据明清时期徽州家训的有关规定，是理解、把握、处理义利矛盾，教育、引导、要求家人、族人学会重义轻利。如《华阳舒氏统宗谱》卷一《庭训八则》规定：

> 义之于人重矣。盖所谓义者，乃天地间正大之理，以之决死生，则临难无惧；以之衡取予，则见利不贪。轻财重义，则伦理无伤；疏财仗义，则贫寒戴德。公义所在，勿以私恩而徇情；大义所存，勿以怨仇而戾众。权为义之断，中为义之准，古来好义之君子，孰不精义以行义也哉！[②]

明清时期徽州家训关于义利的训诫，比较集中地探讨了处理义与利的关系问题。在这一讨论中，以义制利的思想获得了越来越深刻的内涵，并得到徽州人的广泛认同，变成普遍实践。如休宁的张洲：

> 持心不苟，俭约起家，挟资游禹杭，以忠诚立质，长厚摄心，以礼接人，以义应事，故人乐与之游，而业日隆隆起也。[③]

明清时期徽州家训中的义利之道，不仅规范和引导家人、族人“在义利方面做什么”，而且规范和引导家人和族人“在义利方面不做

① 休宁《古林黄氏重修族谱》卷首上《祠规》，黄文明纂修，明崇祯十六年刻本。

② 《华阳舒氏统宗谱》卷一《庭训八则》，舒安仁等纂修，清同治九年叙伦堂木活字本。

③ 《休宁名族志》卷一，曹叔明辑，明天启六年刻本。

什么”。这种规范和引导在徽商身上得到了充分的体现。如《沙溪集略》卷四《文行》记载徽商凌晋：

> 与市人贸易，黠贩或蒙混其数，以多取之，不屑屑较也；或讹于少与，觉则必如其数以偿焉。然生计于是益殖。[①]

类似记载在徽州族谱、方志中比比皆是，诸如徽商鲍雯“一切治生家智巧机利悉屏不用，惟以至诚待人”[②]，徽商吴南坡“人宁贸诈，吾宁贸信，终不以五尺童子而饰价为欺”[③]，等。值得称道的是，徽州人将之转化为实践，并取得了实践成果。如婺源商人潘元达在吴楚间“以信义著”，休宁商人吴天衢在广东“以信义交易”，祁门商人张元涣“与人交，尚信义”等[④]。

十、积善之道

理学集大成者朱熹分析了孟子“性善论”和荀子“性恶论”存在的问题，提出了“有善有不善”的主张。自从此说提出后，它和程朱理学的其他伦理观一起受到明清时期徽州家训的普遍重视。歙县《泽富王氏宗谱》收录了泽富王氏《宗规》，该宗规提出“善”和“恶”的概念：

> 何谓积善？恤寡怜贫而周急，居家孝悌而温和，处事仁慈而宽恕，凡济人利物之事皆是也。何谓积恶？欺孤虐寡，恃富吞贫，阴毒良善，巧施奸伪，侮［舞］弄是非，恃己势以自强，剥人赀以自富，反道败德之事皆是也。[⑤]

新安《王氏祖训》所持看法与此完全相同：

> 家之盛衰，系乎所积之善恶而已。何谓善？恤寡怜贫，周急救灾，凡济人利物之事皆是也。何谓恶？巧施奸伪，舞

---

① 凌应秋：《沙溪集略》卷四《文行》。

② 《歙新馆鲍氏著存堂宗谱》卷二《鲍解占先生墓志铭》，鲍存良等纂修，清光绪元年著存堂木活字本。

③ 《古歙岩镇东磡头吴氏族谱·吴南坡公行状》，吴雯清等纂修，清嘉庆十一年有佚堂抄本。

④ 张海鹏，王廷元：《徽商研究》，安徽人民出版社1995年版，第423页。

⑤ 歙县《泽富王氏宗谱·宗规》，王仁辅等纂修，明万历元年刻本。

弄是非，凡反道之事皆是也。爱子孙者，遗之以善，不爱子孙者，反是。[①]

绩溪华阳邵氏宗族《新增祠规》所持观点与此也没有区别，该祠规主张：

彰善瘅恶：三代以还，全人罕觏，苟有一行一节之美，如孝子顺孙、义夫节妇，或务学而荣宗，或分财而惠众，是皆祖宗之肖子，乡党之望人，族之人宜加敬礼，贫乏则周恤之，患难则扶持之，异日修谱，则立传以表扬之。[②]

人之行检，虽恐惧修省，且未易致声称，况席祖、父之庇，惟思般乐怠傲，上不足以光前，下不足以裕后。此无赖之徒，有识羞之。又有一等玩王法而不顾，奸盗诈伪，行同禽兽，小则徒黔，大则处死，此尤为辱先人而玷家声也。名列于谱者，省之。[③]

绩溪《仙石周氏宗谱·石川周氏祖训十二条》还从"积阴功"的角度，论述了积善的重大意义。"《易》云：'积善之家，必有余庆；积不善之家，必有余殃。'自古以来，善恶之报，历历不爽。如宋郊救蚁而中状元，毛宝放龟而膺侯爵。救物且有此厚报，而况救人？凡我族男女，务须各存善心，勉力做好事，自然福寿绵长、子孙昌盛也。"正如休宁《查氏宗谱》收录的《家规》所云：

尝谓乐善而不倦，人之心也。为善无不昌，天之道也。我辈躬乏尺寸柄势，不能人人噢咻沾溉之。但于寻常日用间，存一点阴骘，开一线方便，便是无量功德，虽无所为而。……《书》曰："吉人为善，惟日不足。"《易》曰："积善之家，必有余庆。"[④]

可以看出，产生于程朱理学的"有善有不善"论，在明清时期徽州家训领域获得继承与应用是一种普遍现象。这种继承和应用还体现在，明清时期徽州家训"彰善"有办法，"瘅恶"有措施。如歙县许

① 新安《武口王氏支谱》卷首《王氏祖训》，齐礼等纂修，清光绪十年木活字本。
② 赵华富：《徽州宗族研究》，安徽大学出版社2004年版，第382页。
③ 赵华富：《徽州宗族研究》，安徽大学出版社2004年版，第383页。
④ 休宁《查氏宗谱·家规》，纂修者不详，清钞本。

氏《家规》规定：

立彰善、瘅恶二匾于祠，善可书也，从而书诸彰善之匾；恶可书也，从而书诸瘅恶之匾。屡善则屡书，而善者知所劝；屡恶则屡书，而恶者知所惩。使其惩恶而为善，则亦同归于善，是亦与人为善之意也。树德务滋，与众旌之；积恶不悛，与众弃之，人何不改恶趋善哉！①

类似族规家训还有很多，如新安武口《王氏祖训》、歙县金川胡氏《家训》、绩溪程里程叙伦堂《家规二十则》、绩溪《明经胡氏龙井派祠规》、绩溪东关《冯氏家法》、婺源汪氏《宗规》、绩溪周氏《祠规》等。以绩溪周氏《宗规》为例，该宗规规定：

外置《扬善簿》一本，纪其实迹。修谱之时，表赞其德，以旌其善。族人不得嫉妒而泯其善。……吾族贤否不一，或有等不肖子孙，游手好闲，不务生理，不遵圣谕，撒泼抵触父母，欧骂尊长，天理不容。……倘有如此者，本房访出，鸣于宗祠，责罚警戒。教而不悛者，族长告官治罪，以殄其恶。②

此外，明清时期徽州家训的规定及其所揭示的内容还包括教学、交游、睦邻、修身、慎行、婚姻、廉耻等领域。不仅如此，上述各领域包含的内容也极其广泛，可概括为29个方面，它们是敬祖先、孝父母、宜兄弟、正闺门、慎交游、尚勤俭、建祠堂、正名分、知礼节、尊圣谕、重家声、贵名节、睦乡邻、敦宗族、待妻妾、厚故旧、务本业、戒忤逆、戒赌博、戒乱伦、戒盗窃、戒争讼、戒游荡、立族长、别男女、严规则、谨茔墓、供赋税、教子孙等。这些内容都不难理解，因为明清时期徽州家训对此逐一做了解释，并加以明确的规定。如对"供赋税"，明清时期徽州家训规定：

朝廷赋税，须要应时完纳，无烦官府追比。倘拖欠推捱，致受笞扑挛系，毋论于体面有伤，且非诗礼之家、好义

① 《重修古歙东门许氏宗谱》卷八《家规》，许登瀛纂修，清乾隆十年刻本。
② 绩溪《城西周氏宗谱·宗规》，周之屏等纂修，清光绪三十一年敬爱堂木活字本。

急公者所宜。各有钱粮之族丁，悉宜深省。[①]

朝廷国课，小民输纳，分所当然。凡众户己户每年正供杂项，当预为筹划，及时上官，毋作顽民，致取追呼，亦不得故意拖延，希冀朝廷蠲免意外之恩。[②]

百姓无君臣之分，只有钱粮是奉君王的。一日完粮，即一日太平。惟乱世不完粮，苦不忍言。如今太平不完粮，等到粮差上门，所费更多。到官受责，甚至破产倾家。每年钱谷，务先完粮，而后做别事。[③]

吾人安居粒食，享太平之福者，皆朝廷所赐也。古语有曰：治于人者食人，治人者食于人。盖尺地莫非王土，一民莫非王臣。竭报效之忱。……倘有奸猾鄙吝，昧奉上急公之义，拖欠不完，又或于他人应完之国课兜揽入手，而设计侵欺，皆将不免公庭之辱也。亟宜于祠内责之，使知改过。不罹其罪，如强项执梗，不肯俯服，即送官究治。[④]

比较而言，明清时期徽州家训对各种社会恶习的说明与禁止则更有特点。具体地说，有关禁止迷信的规定非常具体，如休宁《茗洲吴氏家典》规定：

一、子孙不得修造异端祠宇，装塑土木形像；一、子孙不得惑于邪说，溺于淫祀，以徼福于鬼神；一、三姑六婆，概不许入门。其有妇女妄听邪说、引入室内者，罪其家长；一、遇疾病当请良医调治，不得令僧道设建坛场，祈禳秘祝，其有不遵约束者，众叱之，仍削本年祭胙一次。[⑤]

有关禁止闲游的规定非常严格，如《古黟环山余氏宗谱》规定：

祖宗家法，于本家子弟，非课以读书，即责之务农……至于商贾技艺，随才治业，则资生不患无策。近世闲游子

① 《古黟环山余氏宗谱》卷一《余氏家规》，余攀荣总纂，余旭昇修，民国六年木活字本。

② 休宁《茗洲吴氏家典》卷一《家规八十条》，吴翟等纂修，清雍正十一年木活字本。

③ 绩溪《仙石周氏宗谱》卷二《石川周氏祖训十二条》，周善鼎等纂修，清宣统三年善述堂木活字本。

④ 《馆田李氏宗谱》卷二十二《家法》，李嘉宾等纂修，清光绪三十一年木活字本。

⑤ 休宁《茗洲吴氏家典》卷一《家规八十条》，吴翟等纂修，清雍正十一年木活字本。

弟，假称豪侠，或于衙门内外、街头巷口，遇事生风，以讥谈拳勇为酒食之谋……构祸滋衅，损坏家声，莫此为甚。我族子弟，如有前项行为，家长、家督即宜呼来面斥，痛惩其非。如刚狠不驯，众共鸣公重处，以儆效尤。[①]

有关禁止赌博的规定非常明确，如歙县《金山洪氏宗谱》规定：

赌博一事，更关风化。素封子弟，忘其祖、父创业之艰，挥金如土，狼藉者饵诱，呼红喝绿，一掷千金，迷不知悟，及至倾家荡产，无聊底止，方知怨恨，殊不思不能谨于始，事后悔前非，其能济乎？犯此者，众共击之。[②]

有关禁止械斗的规定非常详尽，如《古黟环山余氏宗谱》规定：

邻里乡党，贵尚和睦，不可恃挟尚气，以启衅端。如或事尚辩疑，务宜揆之以理。曲果在己，即便谢过。如果彼曲，亦当以理谕之。彼或强肆不服，事在得已，亦当容忍；其不得已，听判于官。毋得辄逞血气，恕詈斗殴，以伤和气。违者，议罚。迩来盛族大姓，恃强相尚，少因睚眦之忿，遂各集众斗打，兴讼求胜，风俗恶薄，莫此为甚，而殒命灭门多由此也。族众务宜痛惩，毋相仿效，以保身家。其有子弟三五成群、讥此赛彼、甘靡荡、造端生事者，族众不许干预外，仍各重罚，以警其余。其有轻听肤愬、望风鼓众者，一例重罚。[③]

有关禁止偷盗的规定非常严格，如绩溪《明经胡氏龙井派祠规》规定：

天地之间，物各有主。乃有不轨之徒，临财起意，纳履瓜田，见利生心，整冠李下，鼠窃狗偷。此等匪人，宜加惩戒。如盗瓜菜、稻草、麦杆之属，罚银五钱；盗五谷、薪

---

① 《古黟环山余氏宗谱》卷一《余氏家规》，余攀荣总纂，余旭昇修，民国六年木活字本。

② 歙县《金山洪氏宗谱》卷一《家训》，洪承科、洪毕华修，鲍杏林纂，清同治十二年致祥堂刻本。

③ 《古黟环山余氏宗谱》卷一《余氏家规》，余攀荣总纂，余旭昇修，民国六年木活字本。

木、塘鱼之属，罚银三两，入公堂演戏示禁。其穿窬夜窃者，捉获有据，即行黜革。[1]

有关禁溺女婴的规定非常到位，如绩溪《华阳邵氏宗谱》规定：

世俗溺女，最可痛恨。彼来投生父母，何仇而致之死？若云家贫，甘苦可以同尝，一丝一粒皆有分定；若云难嫁，荆钗裙布可以从夫；若云出腹生子，则得子有一定之命。岂不思残忍不仁，天必斩其嗣。此等人，天理尽绝，人心尽丧，罪恶与杀人同科，可不戒哉！[2]

从这些规定的字里行间，我们可以发现，明清时期徽州家训坚持以下看法：一是禁止恶习要通过严格的规定来进行。做出的惩罚性规定，既明确又具体且严厉，这是明清时期徽州家训的一大特色。上述家训所作的规定可做例证。除此之外，做为例证的还有很多，如歙县《梅溪江氏家训》中的“戒奢侈”条，休宁宣仁王氏《宗规》中的“守望当严”条，歙县东门许氏《家规》中的“游戏赌博”条，黟县南屏叶氏《祖训家风》中的“禁邪僻”条，绩溪南关惇叙堂《家训》中的“杜邪风”“禁溺女”条，歙县义城朱氏《祖训》中的“戒勿争讼”条，新安柯氏《规训》中的“禁忤逆”“禁奸淫”“禁盗窃”“禁痞棍”“禁僧道”“禁嫖赌”条，等等。二是严格规定的实施，需要家人和族人的认同和理解。明清时期徽州家训既强调“应该怎样”“不应该怎样”，又强调“为什么这样”，采取的做法普遍是重“说理”。如歙县东门许氏《家规》斗殴相争条、游戏赌博条分别记载云：

君子无所争，言其恭逊，不与人争；争固不可，而况斗殴以争乎？构徒聚党，登场赌博，坏人子弟，而亦有坏其心术，破毁家产，荡析门户；若此之流，沉溺既久，迷而弗悟，宜痛戒治，使其改行从善，不亦可乎？[3]

① 绩溪《明经胡氏龙井派宗谱》卷首《明经胡氏龙井派祠规》，胡宝铎、胡宣铎纂修，民国十年木活字本。

② 绩溪《华阳邵氏宗谱》卷十七《家规》，邵玉琳、邵彦彬等纂修，清宣统二年叙伦堂木活字本。

③《重修古歙城东许氏世谱》卷七《家规》，许登瀛纂修，清乾隆十年刻本。

第三节　明清时期徽州家训的类型划分

划分明清时期徽州家训的类型，对准确理解明清时期徽州家训的内容至关重要。因为明清时期徽州家训可划分为多种类型，而家训内容又受到家训类型的约束，绝大多数明清时期徽州家训都是遵循中国传统家训的类型框架。从中我们可以看出，明清时期徽州家训的内容在不同类型框架上的差异。

一、明清徽州家训类型的划分依据

中国传统家训的类型多种多样。徐少锦、陈延斌的《中国家训史》将之分为帝王家训、仕官家训、义士家训、名儒家训、女子家训、商贾家训六类。这种划分的依据是训主的社会身份。

一是帝王家训。以《帝范》《祖训录》和《庭训格言》为代表。《帝范》为李世民所作，共四卷，分十二篇，依次为君体篇、建亲篇、求贤篇、审官篇、纳谏篇、去谗篇、诫盈篇、崇俭篇、赏罚篇、务家篇、阅武篇、崇文篇，另有两序，即前序和后序。其在唐代有两个注本，一个是秘书省著作郎韦公肃注，一个是贾行注。前者由《旧唐书·敬宗本纪》记载，后者则由《新唐书·艺文志》记载。明成祖朱棣对此书极为推崇，曾因此盛赞唐太宗，《明实录》载："其思患也，不可谓不周；其虑后也，不可谓不远。作《帝范》十二篇以训其子，曰饬躬阐政之道，备在其中。详其所言，虽未底于精一执中之蕴，要皆切实著明，使其子孙能守而行之，亦可以为治，终无闺门、藩镇、阍寺之祸"。《祖训录》为朱元璋所作，成书于1369年，是朱元璋登基次年所确定的法令制度汇编，包括严祭祀、谨出入、慎国政等十三个方面，《明实录》载："凡我子孙，钦承朕命，无作聪明，乱我已成之法，一字不可改易。"该书以制度规定对皇室子孙加以约束，这种做法比单纯的训诫更为有效[①]。《庭训格言》为康熙所作，凡一卷，246则。雍正皇帝对之评价极高："侍养两宫之纯孝，主敬存诚之奥

① 徐少锦，陈延斌：《中国家训史》，陕西人民出版社2003年版，第521—523页。

义，任人敷政之宏猷，慎刑重谷之深仁，行师治河之上略，图书经史礼乐文章之渊博，天象地舆历律步算之精深，以及治内治外，养性养身，射御方药，诸家百氏之论说，莫不随时示训，遇事立言。字字切于身心，语语垂为模范。”[①]《庭训格言》的编成与实施，将帝王家训推上历史的高峰，深深地影响了雍正诸帝。因此清代史学家、文学家赵翼称颂说：“本朝家法之严，即皇子读书一事，已迥绝千古。”[②]

二是仕宦家训。以颜之推所作的《颜氏家训》、袁采所作的《袁氏世范》、袁黄所作的《训子言》及其“功过格”为典型代表。颜之推的《颜氏家训》共七卷，分二十篇，序致第一，教子第二，兄弟第三，后娶第四，治家第五，风操第六，慕贤第七，勉学第八，文章第九，名实第十，涉务第十一，省事第十二，止足第十三，诫兵第十四，养生第十五，归心第十六，书证第十七，音辞第十八，杂艺第十九，终制第二十，是我国第一部系统完整的家训著作，被誉为“古今家训之祖”。袁采的《袁氏世范》本名《训俗》，分睦亲、处己、治家三卷，每卷又分若干条，均冠以标题，《四库全书》的编校者在该书的《提要》中称袁采的《袁氏世范》为《颜氏家训》之亚[③]。袁黄为训导儿子袁俨作的《训子言》按内容分类，共分四个部分，分别是立命之学、改过之法、积善之方和谦德之效，在民间流传甚广，且有多种版本流行，书名也因版本不同而有所区别，有的署名《立命篇》，有的署名《了凡四训》，有的署名《诫子文》，有的署名《阴骘录》，也有的署名《命铨》。该书篇末附有袁黄修订的《功过格款》（功格五十条，过格五十条）。此《功过格款》相传为云谷禅师拟定，也有人说是袁黄所作。其实，《训子言》中的《功过格款》并非袁黄一人所拟定，也不是云谷禅师一人所拟定，而是袁黄和云谷禅师共同拟定的。且看《训子言》中记录的一段：“云谷出《功过格》示余，令所行之事逐日登记，善则记数，恶则退除，且教持准提咒，以期必验……凡祈天立命，都要从无思无虑处感格。”明末清初的思想家张

① 康熙：《庭训格言·序言》，中州古籍出版社1994年版，第2页。
② 李秀忠，曹文明：《名人家训》，山东友谊出版社1998年版，第208页。
③ 翟博：《中国家训经典》，海南出版社1993年版，第474页。

履祥视之为至宝，称赞："袁黄《功过格》竟为近世士人之圣书。"它表明，袁黄和云谷禅师的《功过格》，不仅在中国家训史上占有重要的地位，而且在一部分学人士子身上得到了突出的反映。

三是义士家训。以杨继盛的《杨忠愍公遗笔》和高攀龙的《家训》为代表。杨继盛（1516—1555），字仲芳，号椒山，保定容城（今属河北）人。明世宗嘉靖年间进士及第。历任兵部员外郎、刑部员外郎、兵部武选司员外郎。因上疏力劾奸相严嵩"十大罪，五奸"，被明世宗下诏入狱。在狱中三年，受尽酷刑，临死不屈，为历世所赞。他的《杨忠愍公遗笔》写于临刑前夜，内有两封信，一封为妻子张贞而写，一封为儿子杨应尾和杨应箕而写。这篇家训文字不多，但非常有名。"死有重于泰山，死有轻于鸿毛"成了千古传诵的名言。高攀龙（1562—1626），字云从，又字存之，号景逸，无锡人。明神宗万历年间进士及第。历任光禄寺丞、刑部右侍郎、左都御史等职。因揭发魏忠贤死党崔呈秀贪污秽行惹怒熹宗被革职。后在崔呈秀派人逮捕他时，投水而死。高攀龙为官正直，品行端正，性格刚强，疾恶如仇，正如《四库全书》的编纂者在其家训前的按语中所说的："严气正性，卓然自立。"陈宏谋评价他的《家训》说："周致详密，贯精粗，彻下上，易知易从……能属遵守之，则上可以入圣贤之门，下亦不失为佳子弟矣。"

四是名儒家训，又名学者家训。比较有名的有朱熹的《训子从学帖》、孙奇逢的《孝友堂家训》、张履祥的《训子语》和申涵光的《荆园小语》以及朱柏庐的《朱子治家格言》等。在这类家训资料中，《朱子治家格言》尤为突出，清代曾将它定为蒙学课本，系修身齐家、为人处世的箴规宝鉴。朱柏庐的《朱子治家格言》，世称《朱子家训》。作者朱柏庐（1617—1688），本名用纯，字致一，自号柏庐，明末清初江苏昆山人。入清后，居乡侍候母亲，设馆授徒。康熙时开博学鸿词科，有人推荐他，他坚辞不应。他治家以程朱为本，治学也以程朱为本，提倡知行并进。与当时著名的学者徐枋、杨无咎齐名，合称"吴中三高士"。他的《朱子治家格言》以阐述修身齐家、为人处世的道理为主，篇幅不长，简明扼要，用词讲究押韵，对仗工整，文字表达十分明晰，为民所喜闻乐见，因此历经三百多年而不衰。

五是女子家训。据《中国丛书综录》记载，仅明清两代的女训读物就有三十种之多，它们是吕近溪的《女小儿语》，吕坤的《闺范》，解缙的《古今烈女传》，李文定的《训女文》，赵南星注释的《女儿经注》，贺瑞麟的《女儿经》，王刘氏的《古今女鉴》，陈宏谋的《教女遗规》，任启运的《女教经传通纂》，蓝鼎元的《女学》，等等[①]。在这些女训读物中，明成祖仁孝文皇后的《内训》、王刘氏的《女范捷录》、温陆氏的《温氏母训》最具代表性。明成祖仁孝文皇后撰写的《内训》，共二十篇，依次为德行、修身、慎言、谨行、勤励、节俭、警戒、积善、迁善、崇圣训、景贤范、事父母、事君、事舅姑、奉祭祀、母仪、睦亲、慈幼、逮下、待外戚，是明清两代对妇女教育训诫的教材[②]。《女范捷录》为王刘氏所作，也称《王节妇女范捷录》，分统论、后德、母仪、孝行、贞烈、忠义、慈爱、智慧、勤俭、才德共十一篇，颇富文采和哲理[③]。《温氏母训》由温陆氏所作，系温璜对其母教诲的记录，被誉为明清两代女子“立行身己之要，型家应物之方”。

六是商贾家训。明清时期，出现了以行业为特点的商贾家训。如晋商榆次常家十二世常龄作的“鸦片烟四戒”：一败先人名节；一促本身寿算；一耗自家财产；一失子孙楷模。意在讲述鸦片之毒害。常家后代将之书字刻碑，名曰“戒烟碑”，嵌于家祠而训诫子孙。这种以杜绝某一恶习而专门立碑为训之事，在中国传统家训史上极为罕见，反映出“鸦片烟四戒”的面貌与特色。此外，徽商中流传的《生意蒙训俚语十则》也很有特色。

就体例而言，中国传统家训则可分为以下十九类：一是“诫”。如周公的《诫伯禽》、诸葛亮的《诫子书》、嵇康的《家诫》、徐勉的《诫子崧》、班昭的《女诫》等。二是“戒”。如郑玄的《戒子益恩书》、向朗的《遗言戒子》、王昶的《戒子侄书》等。三是“令”。如

① 徐少锦，陈延斌：《中国家训史》，陕西人民出版社2003年版，第552页。
② 李秀忠，曹文明：《名人家训》，山东友谊出版社1998年版，第166页。
③ 徐少锦，陈延斌：《中国家训史》，陕西人民出版社2003年版，第557页。

曹操的《诸儿令》、源贺的《遗令诸子》、李暠《手令诫诸子》、张浚的《遗令》等。四是“训”。如司马光的《温公家训》、陆游的《放翁家训》、柳玭的《柳玭家训》、庞尚鹏的《庞氏家训》等。五是“书”。如胡安国的《与子寅书》、陈献章的《诫子弟书》、周怡的《示儿书》、张居正的《示季子懋书》、张之洞的《致儿子书》等。六是“诰”。如周公的《酒诰》、颜延之的《庭诰》等。七是“谕”。如万斯同的《谕侄》、蒲松龄的《谕诸侄》等。八是“言”。如姚舜牧的《药言》、吴麟徵的《家诫要言》、李元春的《教家约言》、刘沅的《家言》等。九是“敕”。如刘备的《遗诏敕后主》、刘邦的《手敕太子书》等。十是“范”。如李世民的《帝范》、钱伊庵的《宗范》等。十一是“法”。如江州陈氏的《义门家法》等。十二是“诗”。如陆游的《示儿》、许衡的《训子》、李白的《赠从弟冽》、白居易的《狂言示诸侄》、杜甫的《元日示宗武》《又示宗武》等。十三是“规”。如孙奇逢的《孝友堂家规》、何伦的《何氏家规》、李毓秀的《弟子规》等。十四是“箴”。如方孝孺的《家人箴》等。十五是“语”。如辛宪英的《戒子语》、家颐的《教子语》、郑晓的《训子语》、吕近溪的《小儿语》等。十六是“录”。如赵鼎的《家训笔录》、吕祖谦的《辨志录》、许衡的《许鲁斋语录》、袁衷的《庭帏杂录》等。十七是“歌”。如庞尚鹏的《训蒙歌》等。十八是“帖”。如颜真卿的《守政帖》、顾宪成的《示淳儿帖》、陈确的《示儿帖》等。十九是“文”。如邵雍的《戒子孙文》、孙枝蔚的《诫子文》、谢启昆的《训子侄文》等。

此外，从社会阶层看，中国传统家训还可分为帝王家训、贵族家训、士大夫家训、中下层官僚家训、地主家训、平民百姓家训等。当然还可以按照训主的职业来划分，如名儒家训、商贾家训等。上述各类家训都以儒家思想为理论基础，无不以儒家文化为核心，但由于侧重点不同，内容也各具特色。

概而言之，中国传统家训类型划分的角度，主要包括训主的社会身份、家训的体例、社会阶层、训主的职业和训主的性别。其中，训主的社会身份和家训的体例是研究者们划分中国传统家训类型最重要的两个依据。这两个依据各有作用：训主的社会身份是解决家训制订者的出身和社会地位问题，家训的体例是解决家训的编写格式和内容呈现方式问题。这两个依据联系紧密，互相贯通，共同作用，支撑起中国传统家训的类型框架。以上结论为中国传统家训研究的有益成果，在明清时期徽州家训类型划分中得以借鉴和吸收。

二、明清时期徽州家训的类型涵括

上述中国传统家训类型划分的角度与思维，实际上已经框定了明清时期徽州家训所涵盖的主要类型。据此，我们可以从两个层面上来划分明清时期徽州家训的主要类型：第一是训主的社会身份层面，这涉及仕官家训、义士家训、名儒家训、女子家训、商贾家训、百姓家训等；第二是家训的体例层面，这涉及训、规、法、约、诗、箴、礼等。关于明清时期徽州家训训主的社会身份层面的类型划分，前文已有论述，这里仅对明清时期徽州家训的体例层面的类型划分作一逻辑的追问和阐述。

1.训。明清时期，徽州家训、祖训、庭训、规训、祠训的数量增幅相当明显，使得“训”成为明清时期徽州家训的一种体例。除了家训，徽州还有大量的族训、庭训、规训和祠训。前者如祁门沙堤叶氏宗族《松岩公家训》、绩溪西关章氏《家训》、绩溪坦川汪氏《家训》、绩溪旺川曹氏《家训》、歙县潭渡孝里黄氏《家训》等，后者如祁门锦营郑氏《祖训》、绩溪梁安高氏《祖训》、绩溪华阳舒氏宗族《庭训八则》、绩溪上庄明经胡氏《规训》、婺源龙池王氏《祠训》等。分析这些家训可以发现，明清时期徽州的族训、庭训、规训和祠训，主要来源于祖训。绩溪积庆坊葛氏宗族《家训》指出：“凡十六条，文简承祖宗之遗训而采集之，所以立心行己、接人处事者，备其概矣。”[①]绩溪旺川曹氏《家训》也指出：“右家训十则，乃列祖口泽相传，累世无异。至二十四世，有族祖邑廪生讳翼宸者，本其意而敷衍成文，刊入家谱，益以传于不朽云。”[②]由此，“祖训”在明清时期徽州家训

① 绩溪《积庆坊葛氏重修族谱》卷三《家训》，葛文简等纂修，明嘉靖四十四年刻本。

② 《曹氏宗谱》卷一《家训·旺川家训十则》，曹成瑾等纂修，民国十六年敦叙堂木活字本。

中不断流传，并被赋予丰富的含义。祁门沙堤叶氏宗族《松岩公家训》记载称："庄诵祖训，启佑后人，至矣！而忠孝节义，尤操行之最者。桂芳衍为《四箴》，以勖后裔，庶于祖训为无忝，于家声为弗坠矣。"[①]明清时期的徽州，对祖训的意义与作用有如此深刻的认识，的确难能可贵。正是有如此深刻的认识，徽州家训、祖训、庭训、规训、祠训，才能在明清时期的徽州落地、开花和结果。

2. 规。这类家训主要包括家规、宗规、族规、祠规等。经过明清时期的发展，徽州出现了一批家规、宗规、族规、祠规。家规方面有绩溪《仁里程继序堂专续世系谱·家规》、绩溪《东关冯氏存旧家戒·家规》、黄山迁源王氏《族约家规》、绩溪姚氏《家规》、休宁叶氏宗族《家规》、歙县东门许氏宗族《家规》、黟县湾里裴氏宗族《家规》等。宗规、族规方面有歙县泽富王氏《宗规》、婺源龙池王氏宗族《宗规》、绩溪华阳邵氏宗族《宗规》、休宁《商山吴氏宗法规条》、休宁范氏《林塘族规》、祁门清溪郑氏宗族《族规》、婺源清华东园胡氏宗族《族规》等。祠规方面有休宁古林黄氏宗族《祠规》、歙县潭渡黄氏宗族《祠规》、绩溪仁里程氏宗族《祠规》、绩溪锦谷程氏宗族《祠规》、绩溪城西周氏宗族《祠规》、绩溪泉塘葛氏宗族《祠规》等。从内容角度看，这类家训在三个方面体现了家规、宗规、族规、祠规的共同特点。首先，导之以"言"，如绩溪积庆坊葛氏宗族《家规》所说："规凡八条，前三条规之以言，后五条规之以罚。"[②]又如绩溪《东关冯氏宗谱》所云："言须再三，各宜谨省。"[③]这些家训中，有的用"规序"讲清制订家训之义，有的在条目中加上一段文字以说明"罚"之要，可谓用心之作。其次，施之以"罚"，将"罚"的规定列入家训，如绩溪华阳邵氏宗族《家规》之"书谱"条规定："犯祖讳、重名行者，悉令改正"；"正配"条规定："惟'七出'有犯者，议去"；"立继"条规定："违者，不书"；"瘅恶"条规定："小则徒黔，

① 《沙堤叶氏家谱》卷一《松岩公家训》，叶盛春主修，明万历七年刻本。
② 绩溪《积庆坊葛氏重修族谱》卷三《家规》，葛文简等纂修，明嘉靖四十四年刻本。
③ 绩溪《东关冯氏家谱》卷末下《存旧》，冯景坡、冯景坊纂修，清光绪二十九年木活字本。

大则处死”[①]。这类家训在条目中大多有“罚”的规定，轻重虽有不同，而规警相成之义是相同的。最后，按先“言”后“罚”思维确定家训条目内容编排次序，绩溪积庆坊葛氏《家规》还较为清楚地理清了“言”与“罚”的关系，称：“苟戒之以言，而不思乐受；绳之以罚，而不思乐出，是自外于规矣。夫规也者，正也，违正法，则不得为正人。……吾族之人，焉可不加深省而以正法自律?”[②]这将对我们理解明清时期徽州的家规、宗规、族规、祠规有一定助益。

3.法。这类家训指的是家法或礼法。在明清时期的徽州，居家、治家重家法的传统得到了继承和发扬。其间，已有越来越多的家族以家法治家。例如婺源龙池王氏宗族以龙池王氏《家法》敦孝友、睦宗族、重家学、崇典礼、远佛老、勤生业、节财用、戒争讼、毋倚势。祁门武溪陈氏宗族以武溪陈氏《崇公家法》立纲纪、定规矩、收租税、管宅库、理家事、惩恶行、分财产、传家风。休宁泰塘程氏宗族以《宗约三章》尊祖、敬宗、睦族，以尊祖收族、以敬宗聚族、以睦族兴族。家法是国法的补充，正如绩溪仙石周氏《家法》所云：“家法治轻不治重，家法所以济国法之所不及，极重，至革出祠堂，永不归宗而止。若罪不止此，即当鸣官究办，不得僭用私刑。”[③]从而奠定了明清时期徽州家法的徽州社会认同基础。在此背景下，徽州家法由宗族自行颁布，如休宁《茗洲吴氏家典》、休宁《泰塘程氏宗族宗法志》、婺源龙池王氏《家法》、绩溪东关冯氏宗族《家法》、绩溪仙石周氏《家法》，分别由休宁茗洲吴氏宗族、休宁泰塘程氏宗族、婺源龙池王氏宗族、绩溪东关冯氏宗族、绩溪仙石周氏宗族制订后在族内推行。族长、家长作一族之长、一家之主，拥有绝对的权威，凡族中子弟违反家法，族长、家长必以家法惩处。因此，族长、家长制订或执行的家法，族中子弟不敢妄加非议。宗族家法也由族长、家长推行直至执行，而且由家法明文规定，如绩溪《南关许氏惇叙堂宗谱》卷八《家法》规定：“以上族长或其亲长，令跪祠堂祖宗前，用细竹枝

① 绩溪《华阳邵氏宗谱》卷十七《家规》，邵玉琳、邵彦彬等纂修，清宣统二年叙伦堂木活字本。

② 绩溪《积庆坊葛氏重修族谱》卷三《家规》，葛文简等纂修，明嘉靖四十四年刻本。

③ 绩溪《仙石周氏宗谱》卷二《家法》，周善鼎等纂修，清宣统三年善述堂木活字本。

成把笞其背，伤皮而不伤骨。不用竹板，恐成板花，或受伤也。笞之，仍令跪香服罪，并跪叩所犯尊长，戒不再犯。”[①]面对家法各项规定，族中子弟必须无条件遵守、服从，否则必受家法严惩。例如，绩溪县东关冯氏家族于清代光绪年间制订了冯氏《家法》，依据该家法有关规定，族中子弟如得罪父母，“初须从宽杖责，仍令长跪服罪。再犯，逐革”；如奸淫乱伦，“男女并逐革”；如殴打有服尊长者，“逐革”；如诓骗、偷窃、窝盗，“重责”；如开赌、宿娼、酗酒，“重责”；如行止不端，“重责”；如凶暴斗狠，“重责”。

4.约。这里的“约”，在明清时期的徽州，内容多是族人之间的相互“约定”，不仅是指族约，而且还指规约。前者如歙县岩寺百忍程氏宗族《族约》、歙县潭渡孝里黄氏《宗族祠约》、祁门竹溪陈氏宗族《睦族戒约》、婺源环溪吴氏《宗族禁约》等，后者如休宁西门汪氏《墓祭会规约》、歙县徐潭徐氏《墓祠规约》、歙县东门许氏宗族《新置义田规约》、新安琅琊王氏宗族《规约》等，两者之间相互联系，又相互区别。“规约”大多由资产、祖坟（墓）、祠产、祭（祀）田的纠纷与诉讼引发，或预防此类纠纷与诉讼发生而制订，如休宁文昌金氏宗族续置赡茔田租规约：“犹恐背之者在一时之误，……将所置田租坐落、字号、四至、亩步并标挂条约，逐一开具于后，直下子孙勉之，戒之。”[②]而族约则是基于尊祖、敬宗、睦族而制订，如歙县岩寺百忍程氏宗族作《族约》一篇，旨在使族人“明本支之派，崇敦睦之风，守礼义之规，绍祖宗之美，戒悖乱之行，杜丧败之原”[③]。此外，规约在实体上表现为多种类型，各类型的规约，均由相应的“规定”构成，呈现出分层规定、规定具体的特征。以歙县《岩寺汪氏十六族墓祠文会规约》为例，该规约由“五个约”构成，分别是“建墓祠约”“世墓户从约”“建家祠约”“文会约”“宗祠祀约”，各“约”中分别规定了有关建墓、世墓户从、建家祠、文会组织、宗祠

① 绩溪《南关许氏惇叙堂宗谱》卷八《家法》，许文源等纂修，清光绪十五年木活字本。

② 《新安休宁文昌金氏世谱》卷末《附录》，程天保等纂修，明正德十年家刻本。

③ 《歙西岩镇百忍程氏本宗信谱》卷十一《族约篇第九》，程弘宾等纂修，明万历十八年刻本。

守护的内容。而族约在实体上的表现，除了族约，还包括以下“四约”：第一，戒约。如绩溪《龙井胡氏族谱》在“右凡例”处附《戒约》共一十二条，作为家谱修订之纲领。该《戒约》指出：“必先考例，戒约，须知惩励以兴起之，岂徒观而无益哉。”[①]第二，条约。如棠樾鲍氏宗族订立《西畴祠条约》，并将之录入《棠樾鲍氏三族宗谱》，旨在尊祖、睦族，正如《西畴祠条约》所云：“祠堂所以尊祖，尊祖所以敦睦，一本之义既明，亲爱之心自起，此固建立本意。”[②]第三，堂约。如歙县棠樾鲍氏重修“宣忠堂堂约”，以先人二百余年遗泽为基础，修订公议堂约六条，以期族人世守。“凡属支裔，宜有同心。……即志道后人，亦一体遵守，毋以违祖干议。”[③]第四，禁约。如婺源环溪吴氏宗族建立“瑞云庵禁碑”，订立吴氏宗族禁约五条，凡属檀樾与在庵僧人，世相恪守。

5. 诗。这类家训出现在徽州教育发达、徽州家族兴盛的明清时期亦非偶然。明清时期徽州教育的发达，对家训诗发展起了重要作用。受之影响，徽州家庭重视教子、训女，留下了很多家训诗。例如徽商许仁有《示儿》长诗，诗云：“昨读尔叔书，云尔赴广东。交亲为尔喜，我心殊忡忡。此邦多宝玉，侈靡成乡风。须知微末吏，服用何可丰？需次在省垣，笔墨闲研攻。懔慎事上官，同侪互寅恭。巡检辖地方，捕盗才著功。锄恶扶善良，振作毋疲癃。用刑慎勿滥，严酷多招凶。勿以尔是官，而敢凌愚蒙。勿以尔官卑，而敢如聩聋。我游湘汉间，声息频相通。闻尔为好官，欢胜列鼎供。况承钜公知，宜副期望衷。勉尔以篇章，言尽心无穷。”[④]徽商吴廷枚则有《嫁女诗》，诗云：“年刚十七便从夫，几句衷肠要听吾。只当弟兄和妯娌，譬如父母事翁姑。重重姻娅厚非泛，薄薄妆奁胜似无。一个人家好媳妇，黄金难买此称呼。”[⑤]随着徽州家族的兴盛，明清时期的徽州出现了很多强宗

① 《龙井胡氏族谱》卷一《戒约》，胡东昇等纂修，明嘉靖三十五年刻本。

② 《重编棠樾鲍氏三族宗谱》卷一百八十三《西畴祠条约》，鲍光纯纂修，清乾隆三十一年一本堂刻本。

③ 《棠樾鲍氏宣忠堂支谱》卷十七《祀事》，鲍琮纂修，清嘉庆十年刻本。

④ 许承尧：《歙事闲谭》卷七《许静夫示儿诗》，黄山书社2001年版，第223页。

⑤ 嘉庆《东台县志》卷三十《传十一·流寓》，周古修，蔡复午等纂，清道光十年增刻本。

大族，这些强宗大族大多重视制订乡规民约，有的还将家训诗篇作为乡规民约的重要内容，同时享受到了家训诗篇传播后带来的益处。如祁门文堂陈氏家族为“官刑不犯、家法不坠”，或为“乡之善俗”，制订并推行《文堂陈氏乡约》，以“孝顺父母诗”“尊敬长上诗”“和睦乡里诗”“教训子孙诗”“各安生理诗”“毋作非为诗”，使“孝顺父母条”“尊敬长上条”“和睦乡里条”“教训子孙条”“各安生理条”“毋作非为条”更加通俗易懂、易记、易于遵从、便于操作。该家族“承始祖百三公以来，遵守朝廷法度、祖宗家训，节立义约，颇近淳庞”[①]与之不无关系。明清时期徽州的家训诗，大多寓意深刻，富有吸引力，而且言简意赅，影响深远。例如，许文深为官佛山时，以父亲许仁写给他的《示儿》诗句作为座右铭，努力实现自己的人生价值，做到“廉洁自守，民情爱戴”。《松心文抄》记载称：“小琴（许文深字）官粤三十余年，九龙司、五斗司、沙湾司三任巡检，勤于缉捕，所至咸得民心。去任之日，士民沿途祖饯，去后犹称道不衰。”

6.箴。这类家训主要通过讲道理给家中子孙、族中子弟听，以达到教育家中子孙、族中子弟的目的。其在明清时期的徽州受到重视，很多家庭的家长曾应用它，并取得了相当的成效。如歙县盐商吴钠晚年基于“人生学与年俱进，‘厚’之一字，一生学不尽亦做不尽”的人生体悟，总结出“十二字箴言”，要求他的儿子“存好心，行好事，说好话，亲好人”。他的儿子牢记父亲的教诲，考中进士后仍身体力行，受到当地人们的一致称道。徽商许源是清代黟县人，他“律己綦严，喜阅先贤格言”，感悟颇深，教育子孙“名为读书人，必要宅心忠厚，无坠先传。求古人嘉言嘉行，必体诸身而淑于世，岂特尚文词、博富贵，以夸荣乡里而已哉！”[②]他的子孙深受教育，铭记教诲，严格要求，学而不厌，皆成才成人，将优良家风发扬光大。这种做法在明清时期徽州家族的子弟教育实践中也不乏事例，如祁门沙堤叶氏宗族以“忠”“孝”“节”“义”四字为序，订立沙堤叶氏宗族“四箴”，以此教训、规劝族内子弟。沙堤叶氏宗族“四箴”分出了“忠

---

① 祁门《文堂乡约家法》，陈昭祥辑，明隆庆六年刻本。

② 民国《黟县四志》卷十四《汪赠君卓峰家传》。

箴”“孝箴”“节箴”“义箴”的内容以及它们相互之间的关系，并以之“四箴”中最一般的关系，指挥“四箴”的应用。“忠箴”“孝箴”“节箴”“义箴”的内容分别是“总总民生，匪君弗治。不笃忠贞，何以昭事？惟我后昆，遵王之义。因时尽道，随分矢志。赋役常输，服政尽瘁。勉作尔忠，庶几无愧”。“父母生我，洪恩罔及。孝思自天，根心生色。惟我后昆，率兹顺德。善养禄养，无忝厥职。啜菽尽欢，陟屺时忆。勉修尔孝，实民之则。”“人生立身，胡可少枉。一隳大纲，万几靡荡。惟我后昆，名节勿爽。出处取予，惟公惟说。瑾瑜常洁，日月常晃。正气须存，毋愧俯仰。”“古往今来，惟义可久。轻财乐善，炳耀宇宙。惟我后昆，制心须厚。吝骄必祛，藩篱即剖。挂剑明心，捐舟恤友。存尔大义，人情无负。”[①]而上述做法及其成效，在明清时期徽州家庭、家族子女、子弟教育实践中，是通过言语的提炼、训诫实现的。这类家训出现、发展于明清时期的徽州自有内在的必然性，又与这个时期这个地区的其他家训相区别。显然，此类家训在明清时期徽州家训中占有一定的地位。

7.礼。这类家训在明清时期的徽州可划分为冠礼、婚礼、丧礼、祭礼、庆礼五大类。绩溪《南关许氏宗族惇叙堂家礼》即以这“五礼”谋其篇。在明清时期的徽州，遵守“五礼”是一个家庭最为重要的安排，也是一个家族最为关心的问题之一。徽州家族主要采取了四个方面的措施：一是订立并推行有关条例、规则。诸如祁门清溪郑氏《宗族祀产条例》、歙县东门许氏《宗祠祭礼》、徽州《汪氏宗祠祭祀规条》、绩溪东关冯氏宗族《增立文烈公清明议规》等，均由家族颁布后在族内施行。二是按“五礼”规定定期举行有关仪式。主要有冠礼仪式、婚礼仪式、丧礼仪式、祭礼仪式和庆礼仪式，其中祭礼仪式最受关注，诚如绩溪《南关许氏惇叙堂宗谱》所云：“昔舜命伯夷曰：‘汝作秩序，典朕三礼。’是礼莫重于祭祀也，而祭礼关乎伦常，由宗庙之礼于人为尤切。”[②]三是确定“五礼”的礼仪规则。绩溪的城西周

① 《沙堤叶氏家谱》卷一《四箴》，叶盛春主修，明万历七年刻本。

② 绩溪《南关许氏惇叙堂宗谱》卷九《祠墓图附报功祠记、附报享例》，许文源等纂修，清光绪十五年木活字本。

氏宗族《祭礼》即具备祭礼的诸多礼仪要素，该春冬祭礼从“前期三日，斋戒”，“前期一日，设位陈器”，到“祭日，设蔬果酒馔，鸡鸣，盛服就位，降神，参神，初献，亚献，终献，侑食，受胙，辞行”自成体系。四是督促族人遵守“五礼”。明清时期的徽州，以朱熹理学和《文公家礼》为圭臬，推行“五礼”时间之长、执行“五礼”内容之全、践行“五礼”行为之实冠于明、清两代，是遵守五礼的典型地区。在这个时代、这个地区，凡是族人都必须遵守“五礼”，遵守者得到奖励，违反者受到惩罚，如《梁安城西周氏宗谱》卷首《祭礼》规定：“祀事既成，祖考歆享，凡我阖族景福共之。所尊既敬，所爱当推。……男奸女犯，祠有明禁。生不得入，死不得进。凡尔子孙，各宜遵听。”[①]值得注意的问题是，以上“五礼”本质都是相通的，相互之间存在互补性。冠礼、婚礼、丧礼、祭礼和庆礼均以《文公家礼》为依据，这是对朱熹理学有关伦理纲常的主张最好的揭示与继承。将“五礼”与朱熹理学的伦理纲常思想结合起来，就使朱熹理学的伦理纲常思想的落实有了抓手，结果是朱熹理学伦理纲常思想平民化，“五礼”的地区性特征得以巩固。

① 《梁安城西周氏宗谱》卷首《祭礼》，周之屏等纂修，清光绪三十一年敬爱堂木活字本。

第五章　明清时期
徽州家训的功能与实践路径

根据现存的明清时期徽州家训，我们可以看到，明清时期徽州家训对于徽州家庭、家族发展的价值，取决于徽州家训功能的发挥以及徽州家训实践路径的选择。因此，在接下来的分析中，我们将详细讨论明清时期徽州家训的功能与实践路径，并尽可能给出家训的功能与实践路径分析，以便为目下学界研究明清时期徽州家训的功能与路径问题提供一些研究思路。

第一节　明清时期徽州家训的功能

明清时期的徽州，宗族繁荣，理学传播，礼仪发展，谱牒发达，重教从文，形成于这个时期的徽州家训，绝大多数都强调明伦理、孝父母、敬祖宗、重师儒、正闺门、睦宗族、务正业、息争讼、杜邪风、禁溺女、敦诗书、崇孝友、急公税、积阴功、谨言语、慎举动、序尊卑、慎丧葬、别嫌疑、旌良善等。面对这些要求必须有不同的措施，因此，明清时期徽州家训展开了它们关于功能的发挥。

一、管理功能

管理功能发挥的终极目标是：确保能够稳定家庭、家族成员之间的关系；或在明确家庭、家族成员相互之间的关系时，确保对家庭、家族和谐稳定产生积极的影响，从而实现家庭、家族管理系统的长期稳定。其具体目标是：提升徽州家训的积极影响，实施家长、族长主导，家庭、家族成员参与的家训计划，最大限度地为家庭、家族成员发挥应有作用提供有利的空间。

管理的功能要求家庭、家族成员必须扮演好各自的角色，各家

庭、家族也可根据实际，有针对性地确定家庭、家族成员各自的角色。从明清时期徽州家训的实践情况看，徽州家训大多非常重视家庭、家族成员之间关系的维护与功能完善。以婺源济阳江氏宗族订立的《江氏家训》为例，该家训明确了族长、兄弟、夫妇、子孙、朋友的角色，规定："凡为族长者，年必高，行必尊，尤须公而不私、正而不偏、廉而不贪、明而不昧、宽而不隘、耐而不烦、刚而不屈，七者兼备，乃能胜任。""凡为子者，尤宜尽孝，始不愧江氏子孙，故《家训》以此条居首。""子孙不可姑息，少时即当教以孝悌忠信之道与本卷《江氏蒙规》，使之读书明理，后日自然为孝子顺孙。子孙须有职业……子孙切戒赌博……子孙不许好讼、好斗、好奢侈。""既为朋友，宜相待以至诚，财帛相通，患难相顾。不许则已，许则实行。朋友有过，须尽吾忠告谏止之，但当婉言，勿使人难受。""兄弟不友爱，不得为孝。……兄弟之子，犹子也。……若兄不友弟，亦当劝之尽道。"[①]其规定中的责任主体明确，对各主体角色规定的操作性强，问责条款具体，诸如："倘有不肖子孙，族长当先申家诫警之，再犯则扑之，不悛则告官治罪。""倘更欺侄自肥，族长当为理论。""若嫡庶不分，轻妻宠妾，家长、族长亦当分别劝戒。""子孙犯家规，始须从容训导，令其悔悟。不悛，则扑之，扑之仍如故，甚至反常叛道者，送官惩治，或斥革出族。"等，使家训实践中的各主体在践行家训规定方面有制度可依，有奖惩措施保障。

明确家庭、家族成员的角色，保证家庭、家族管理系统的稳定，是明清时期徽州家训提出的一项重要措施，有着特别重要的意义。第一，明清时期徽州家训提出了家长的"谨守礼法""正己正家"等要求，如祁门中井冯氏宗族《家规》提出："为家长，必正己以正家，故须谨守礼法，以御群子弟。凡非礼法之事，一毫不得杂于其心，则己正而家正，子弟必有从化者，而家世之传可期以不替也。非特家长，凡有子而为父，有弟而为兄，有妇而为夫，皆当正己以正人。不然，其身不正，如正人何？"[②]对于家长立心公正，遵纪守法，处己勤

---

① 婺源《济阳江氏统宗谱》卷一《江氏家训》，江廷霖等纂修，清光绪六年木活字本。
② 祁门《中井河东冯氏宗谱》卷一《家规》，冯光岱纂修，清嘉庆九年和义木活字本。

俭，办事公道等具有重要的意义。第二，明清时期徽州家训提出了族长的“主持事务”“秉公执规”“调解纠纷”等要求，如婺源星源银川郑氏宗族《祠规》提出：“本族一切大小争端，两家须先投明各房族长，开祠公论是非曲直，不得遽行闻官讦讼，而各房族长亦宜秉公劝谕，不得偏袒曲徇，致生事端。倘理不是而故意执拗者，公同斥罚。”对于树立族长权威，保护宗族利益，维持宗族稳定，解决族人矛盾纠纷问题发挥了重要作用。第三，明清时期徽州家训提出了子孙的“事父母宜孝”“事亲须善承志”“孝宜随分而尽”“孝宜及时而尽”等要求，如祁门锦营邓氏宗族《祖训》提出：“凡为吾祖之孙，敬父兄：父兄，尊于我也。出入必随行，有事必代劳，毋凌忽以犯长上，方为孝顺子弟也。”对培养孝顺子孙，训导子孙成长成才，形成优良家风等发挥了积极作用。第四，明清时期徽州家训提出了兄弟的“孝悌友爱”“兄友弟恭”“贫穷患难”“亲戚相救”等要求，如黟县环山《余氏家规》提出：“兄弟至亲，或前后异母，嫡庶异等，并是同气连枝。兄友弟恭，两相爱念，当如手足相顾可也。或溺于财产，偏听妻言，致生间隙纱臂阋墙，视如仇敌，甚者怀怨不释，延及子孙，以启败亡之祸者，有之。家中倘有不念前弊，争长竞短，家长召至中堂，或财产事端，务与分剖明白。其拗曲不让，逞凶斗殴，罚之。弟理曲者，重罚之。”[①]对于兄弟和睦相处，贫患相顾，有福同享，形成敦厚之俗，具有重要的意义。第五，明清时期徽州家训提出了妇女的“恪守家规”“奉舅姑以孝”“事丈夫以礼”“待娣姒以和”等要求，如绩溪《东关冯氏家谱》提出：“家之隆替，关乎妇之贤否。何谓贤？事舅姑以孝顺，奉丈夫以恭敬，待娣姒以温和，接子孙以慈爱，如此之类是也。何谓不贤？淫狎妒忌，恃强凌弱，摇鼓是非，纵意徇情，如此之类是也。呜呼！人同一心，事出多门，福善祸淫，天道昭鉴。为妇人者，不可不慎。”[②]对于妇女“孝舅姑”“和娣姒”“守闺范”“慈子孙”“宜家室”“家道得”等发挥了重要影响。

① 《古黟环山余氏宗谱》卷一《余氏家规》，余攀荣总纂，余旭昇修，民国六年木活字本。

② 绩溪《东关冯氏家谱》卷末下《存旧》，冯景坡、冯景坊纂修，清光绪二十九年木活字本。

二、治家功能

明清时期徽州家训始终遵循传家、齐家、保家、起家、兴家思想。例如绩溪《南关许氏惇叙堂宗谱》卷八《家训》注重忠孝传家，强调“在后世子孙，必务正业，正业止有士农工商四条路”。绩溪《南关许氏惇叙堂宗谱》卷八《旧家规》注重恩义齐家，强调“且家之所由齐者，在乎恩义之兼尽也。故为子孙、弟侄者，必孝顺父母，尊敬长上。夫妇谨闺门之则，卑幼尽抚育之方。倘父母有过，当怡声下气以几谏，不可陷亲于不义”。歙县《吴越钱氏七修流光宗谱》卷一《家训》重视诗书传家，强调“惟读书上之可以取功名、荣宗耀祖，次之博通今古、明理达义，发为文章著述，亦可传世。更不然，即教授乡里、陶冶童蒙，以笔代耕为食，不致堕为匪类，荡为下流”。绩溪《东关冯氏家谱》卷首《祖训》注重勤俭传家，强调“大凡居家之道，勤则不患无财用了，俭则不患无财积了，勤俭二字，真传家之宝也”。《重修古歙东门许氏宗谱》卷八《家规》注重交邻处友保家，强调“居必有邻，人必须友以成，是二者保家、淑身之道也。交邻以和睦，交友以信义，所谓患难相恤、疾病相扶持，皆和睦之积也，抑亦有相周之义焉”。婺源《龙池王氏宗谱》卷首《家法》注重勤业兴家，强调“天下之事，莫不以勤而兴，以怠而废。子弟之俊秀者，固当奋志向上，自强不息。其不能者，亦须各治一艺，鸡鸣而起，孜孜然必求其事之成、艺之精而后可”。祁门《武溪陈氏宗谱》卷一《家法三十三条》注重纲纪治家，强调“治家无纲纪，则泛而无统，岂为门户之福?”从绩溪《南关许氏惇叙堂宗谱》卷八《家训》、绩溪《南关许氏惇叙堂宗谱》卷八《旧家规》、歙县《吴越钱氏七修流光宗谱》卷一《家训》、绩溪《东关冯氏家谱》卷首《祖训》，到《重修古歙东门许氏宗谱》卷八《家规》、婺源《龙池王氏宗谱》卷首《家法》、祁门《武溪陈氏宗谱》卷一《家法三十三条》等，它们都十分注重对于治家之道的强调。这些都应该看作是明清时期徽州家训对传家之本、齐家之本、保家之本、兴家之本、治家之本认识的贡献。

明清时期徽州家训的治家功能，在当时徽州诸多家庭、家族内都有广泛应用与实践，如绩溪南关许氏宗族、祁门河间凌氏宗族、绩溪东关冯氏宗族、歙县潭渡孝里黄氏宗族、绩溪泉塘葛氏宗族等，都有针对家庭、家族的家训治家载体。在明清时期的徽州，诸如家谱、宗祠、家祭、乡约等，都形成了规制，对此明清时期徽州的诸多家庭、家族多是持肯定态度的。绩溪南关许氏宗族就指出："人既要孝父母，从父母的父母代代推算上去，便是祖宗。一要修整坟墓，以安祖宗的体魄；二要修整祠堂，以妥祖宗的神灵；三要及时修谱，以明祖宗的来历。"祁门河间凌氏宗族进一步要求"建祠堂""明宗祀""严祭礼"，指出"今族毋论大小，各宜量力以建祠堂，不惟神灵有栖，衣冠有藏，而宗子之法胥此以行，家规从此立矣"[①]。此外，在家训层面，家谱、宗祠、家祭、乡约等载体的应用，对徽州家庭、家族治家也产生了积极的影响。如绩溪《东关冯氏家谱》卷末下《存旧》记载称："吾宗自冯侯得姓……迨今数十余世，子孙蕃衍，继志述事，代不乏人。其先茔丘垅，松楸云密，每岁清明拜扫，举族相集，敦尚礼义，此非祖宗善积厥躬，庆流后裔，又焉能有今日之盛耶？"歙县《潭渡孝里黄氏族谱》卷四《家训》记载称："本郡太尊举行乡约，颁式已经许久，晓谕不啻再三，治下莫不鼓舞欢欣，仰承以德化民至意。"绩溪《泉塘葛氏宗谱》卷末《祠规》记载称："祠堂之设，所以奉先灵、修祀事，报本追远、尊祖敬宗也。斯先灵既安，而子孙亦昌。"绩溪《龙井胡氏族谱》卷一《戒约》记载称："辑修谱系之后，凡亲疏交接之间，当明尊卑之礼。有德业则相劝，有过失则相规，有患难则相恤，不失故家之遗俗也。"

明清时期徽州家训的治家功能，奠基于明清时期徽州家庭、家族的治家实践。徽州家庭、家族治家实践的典型性体现在四个方面：一是看重家训的因素，注重发挥家训的作用，徽州家训以其独特的治家之道占据一席之地。"致家和而族睦，使俗厚而风淳，庶斯谱之不虚作而家范之为有成。"[②]二是注重家礼建设，尤其注重祭礼建设，强调

① 《河间凌氏宗谱》卷一《家训条款》，凌雨晴、凌克让纂修，民国十年刻本。

② 绩溪《东关冯氏家谱》卷末下《存旧》，冯景坡、冯景坊纂修，清光绪二十九年木活字本。

祭礼的重要性和必要性。“是礼莫重于祭祀也，而祭礼关乎伦常，则宗庙之礼于人为尤切。”[①]三是重视修订族谱凡例，为“明世次”“别亲疏”“审迁派”“究源流”“绍先世”“续后嗣”提供了依据。“例也者，酌义理之中而为之条约，所以示一定不可移之则也。岂惟是哉？在上亦然，谓之法例是也。岂惟上哉？在下亦然，谓之乡例是也。……此例为之纲领，而凡有所行，殆不可少者也。”[②]四是重视订立祠规，以“敦孝友”“睦宗族”“重岁首”“溯本源”“谨嫁娶”“慎丧祭”“早厝葬”“杜堆塞”“广积贮”“严收支”。“祠之有规，犹治国之有律令，制器之有规矩准绳。故规矩准绳具而后方圆平直可按而成，律令具而后纪纲法度可援而治，祠规具而后道德风俗一始成。”[③]

三、睦邻功能

按照《书·蔡仲之命》对睦邻的理解是：“懋乃攸绩，睦乃四邻，以蕃王室，以和兄弟。”明清时期徽州家训睦邻功能的担当过程，包括与人为善、以邻为友、严以宽人、既往不咎以及相互之间关系各层面的有序、规范、良性运行过程，这一过程是敬老慈幼、怜孤恤寡、劝善戒恶、排难解纷的过程，而且这几个方面之间相互促进、相得益彰、共同促进邻里乡党和睦相处，具体表现为“出入相友、守望相助、疾病相扶持、患难相恤”[④]。

从明清时期徽州家训睦邻功能的担当过程看，徽州绝大多数家庭、家族对家训睦邻功能的发挥重点突出，而且形成实践方面的经验。例如祁门郑氏宗族发挥家训睦邻功能的经验最为重要的一点就是“和邻里”“毋胥讼”“毋虐寡弱”“毋斗争”“睦宗族”“凡事毋占便宜”“邻里，居之相近也，凡事须要相接以礼。”“事不得已而求伸于公庭，理之宜也。若以小事、小忿而屑屑与人相较，健讼之流耳。”“斗争是不能忍耳，思上辱其亲、下亡其身，皆由于斯，则斗争尤不

① 绩溪《南关许氏惇叙堂宗谱》卷九《祠墓图附报功祠记、附报享例》，许文源等纂修，清光绪十五年木活字本。

② 徽州《曹氏统宗世谱》卷首《凡例》，纂修者不详，明万历四十三年刻本。

③ 婺源《济溪游氏宗谱》卷二十五《艺文志·重刻游氏祠规》，游永纂修，清乾隆三十三年叙伦堂木活字本。

④ 祁门《锦营郑氏宗谱》卷末《祖训》，郑道选修，清道光元年刻本。

可忍也。”“合一族为一家，和亲康乐，人造其福，天降之祥。”“邻里乡党及异姓亲友，皆以义相合者。”“从古以来，未有不因恃势而取败者。”“邻里乡党，贵尚和睦，不可恃挟尚气，以启衅端。”绩溪南关许氏宗族的繁荣同样得益于家训睦邻功能的发挥。从许氏宗族发展来看，许氏宗族惇叙堂家训订立前的许氏宗族内以及所在的徽州社会曾出现“讼风反甚于他处”“僧道又出恶习”等问题。当许氏宗族订立许氏宗族惇叙堂家训后，持续地进行家训实践，强化家训的睦邻作用，成功实现了“息争讼”“杜邪风”“睦宗族”的家训目标。婺源济阳江氏宗族也遇到来自乡党不和，或“缘豪势欺凌、富家刻剥”，或“乡里无赖蛮横生事”[①]等问题。婺源济阳江氏宗族的应对之策是订立并推行《江氏家训》，一方面通过提出要求并加以明文规定，推进邻里乡党“一体向化”；另一方面，通过“以德化人”，“如修桥路、义仓、义冢之类，有益于乡党者，倡首为之。若张灯演戏、迎神赛会，事皆无益，虽不能禁，勿令加甚”[②]，促进家风、民风、社风向好。黟县南屏叶氏宗族在发挥家训睦邻功能中，把“崇礼教”“敦正道”“禁邪僻”“和宗族”“饬风化”“杜匪类”等作为叶氏宗族睦邻的基本规范，利用有关规定，诸如“每岁元旦，阖族诣宗祠谒祖毕，序齿团拜。”“居乡不奉淫祀，丧祭不尚佛事。”“赌博之禁，业经百余年，间有犯者，宗祠内板责三十。”“族内偶有争端，必先凭亲族劝谕理处，毋得遽兴词讼。”等，调整邻里乡党相互之间的关系，取得了明显成效，为叶氏宗族的发展奠定了基础，提供了保障。

分析明清时期徽州家训的睦邻功能，可以得出如下结论：明清时期徽州家训睦邻功能发挥与否，直接影响明清时期徽州的家庭、家族生态。发挥家训睦邻功能的家庭、家族大多遵行圣谕、尊敬长辈、长幼循序、各安生理、和睦乡里，如黟县横冈胡氏宗族之中“人尽醇良、俗咸忠厚、家道丰裕，不致有误公之愆；学皆笃实，不复杂邪伪之惑。各务正业，各养正性，依然三代之盛而太古之遗也”[③]。可以

① 婺源《济阳江氏统宗谱》卷一《江氏家训》，江廷霖等纂修，清光绪六年木活字本。

② 婺源《济阳江氏统宗谱》卷一《江氏家训》，江廷霖等纂修，清光绪六年木活字本。

③ 黟县《横冈胡氏支谱》卷下《家规・壮卿公老家规》，胡璟等纂修，清康熙四十五年刻本。

说，在睦邻的层面积极地有所作为，是明清时期徽州家训的针对性、适应性、有效性面向之一，而以稳定性、持续性为特征，反复地作用于徽州家庭、家族仁厚之风建设，特别是赋予家庭、家族成员待人处世之道，则是明清时期徽州家训睦邻功能的根本性所在。比如黟县湾里裴氏宗族关于睦邻的家训实践，即旨在建设仁厚家风，包含着待人处世之道的践行，表现为“早完国课”“敬修家政”“抚恤孤寡”“训饬子弟”“劝释词讼”“端正品谊”“敬听训言”“革薄从厚”“去奢崇俭”“毋专已利”“勿谈人短”的互动过程，诸如“踊跃输将，庶不愧为良民，是亦祖宗所深与也”。“君子之道，造端夫妇，相敬如宾，左氏以为美谈。”“屈膝公庭，俯首悍役，不惟丧家，且复坏品，是大愚也。宜以公道悉心劝释，不得袖手坐视。”“遇事必反覆审详，求其至是，使人已胥安。”[①]等，既在反复地表述待人处世之道，又在不断地丰富仁厚家风建设的内涵，或为仁厚之俗，或讲睦族之道，或谈睦族之要，或传保家之道，均对应于家风建设中的真、善、美指向。这种家训实践经验，使明清时期徽州家训的睦邻功能得以发挥。

四、维稳功能

明清时期徽州家训的训诫内容，是对这个时期徽州家庭、家族成员的多样化行为的同一性要求，体现了明清时期徽州人极为和谐的社会理想追求。这里的同一性要求，既有行动目标的设定，又有社会风尚的引领，也有社会行动的协调。具体地说，第一，徽州家训设定了徽州家庭、家族成员的行动目标，包括等级秩序的维护、财产关系的调整、子弟教育的强化、社会伦理的传承等。如绩溪《龙井胡氏族谱》卷一《戒约》称：“谱所以别尊卑也，凡称呼当正名分，切勿以富欺贫，以势凌弱，妄诞称呼。”《重编棠樾鲍氏三族宗谱》卷一百八十三《西畴祠条约》称：“租谷之入，二祭之外，余银存匣，以候修举众事，不可各收己身。”《歙西岩镇百忍程氏本宗信谱》卷十一《族约篇第九》称：“宗族之望，子孙贤也；子孙之贤，能读书也。能读

① 黟县《湾里裴氏宗谱》卷一《家规》，裴有耀、裴元荣等纂修，清咸丰五年敦本堂木活字本。

书则能识字，匪特可以取科第，耀祖宗，即使未仕，亦能达世故、通事体而挺立于乡邦，以亢厥宗矣。”绩溪《东关冯氏家谱》卷末下《存旧》称：“为子者，必孝以奉亲；为父者，必慈以教子；为兄弟者，必友爱以尽手足之情；为夫妇者，必敬让以尽友宾之礼。”这些认识构建了家庭、家族成员的行动目标，也构建了徽州人的行动目标。第二，徽州家训引领了社会风尚。徽州家训重教育、祭祀、修谱、经商。绩溪《积庆坊葛氏重修族谱》卷三《家训》称：“年少子孙须教，绝去轻薄相态。”婺源《济阳江氏统宗谱》卷一《江氏家训》称：“祭祀，所以报本也。家必有庙，庙必有主。立春、冬至、忌日必祭。”绩溪《盘川王氏宗谱》卷之首《凡例》称：“立族之本，端在修谱。”休宁《茗洲吴氏家典》卷一《家规八十条》称：“族中子弟，不能读书，又无田可耕，势不得不从事商贾。”这些内容奠定了明清时期徽州家训的一大主题：徽州家训的发展与徽州崇文重教、祭祀、修谱、经商等风尚的形成息息相关。第三，徽州家训协调了社会行动。以绩溪《南关许氏惇叙堂宗谱》卷八《家政》为例，该《家政》对“理财之人”“祭祀之用”“营造之用”“养老之用”“赈贫之用”“助学之用”“救荒之用”等做了明文规定，这些规定虽然内容各有侧重，意义也有所区别，但作用是互通的，均作用于家庭、家族成员社会行动的协调。

明清时期徽州家训的实践表明，徽州家训的维稳功能不是单一的功能，而是以不同功能共同构成的集合，具体包括黏合功能、舆论功能、减压功能和调节功能。第一，徽州家训是徽州社会稳定的“黏合剂”。徽州家训注重血缘伦理，追求家国情怀，纵向上保证家庭、家族秩序，横向上维护宗族社会秩序，这对于徽州宗族社会的形成和发展起到了“黏合剂”作用。突出表现为以下两点：一是徽州家训对收族、聚族有共同需求，如新安《岭南张氏会通宗谱》卷首《凡例》就提出：“会通之要，所以审迁派、究源流，归万殊于一本也。”“谱图之列，所以明世次、别亲疏也。”“继子之设，所以绍先世、续后嗣也。”“谱牒之作，所以尊祖宗、崇孝敬也。”“宗谱之修，所以清源流、别是非，而谨其所自出也。”二是徽州宗族社会形成与发展有着

徽州家训的需要。徽州家训中维护徽州宗族社会秩序的系列措施，涉及明伦理、训子弟、正名分、循礼节、守坟墓、友兄弟、务本业、重师傅、禁争讼等各个方面，这些措施的提出巩固了徽州宗族制度。所以，徽州宗族制度要求徽州家庭、家族按家训治家、收族。第二，徽州家训是徽州社会稳定的"舆论场"。明清时期徽州家训通过对明伦理、孝父母、敬祖宗、重师傅、正闺门、睦宗族、务正业、早完粮、息争讼、杜邪风、禁溺女等认识呈现，形成了整个徽州社会"舆论场"。它植根于家庭、家族之中，反映圣谕精神，体现宗族意志，集中家庭、家族成员要求，围绕徽州人关注的系列重点话题展开，进而影响徽州人对这些话题的认识及感受，最终使徽州家训成为徽州人伦理道德、生活行为的规范。所谓"维持家规，相继不乏"。第三，徽州家训是徽州社会稳定的"减压阀"。明清时期徽州家训重视从源头上减少问题的发生，注重推动问题及时就地解决，强调以族规家法维护家庭、家族利益。比如绩溪《华阳舒氏统宗谱》卷一《家范十条》中的"睦宗族""敦孝友""恤孤寡""勤生业""戒争讼""毋倚势""崇典礼""别男女"，休宁《重修城北周氏宗谱》卷九《宗祠规约》中的"明五伦""严明分""谨祭祀""输赋税""端蒙养""睦宗族""守茔业""慎婚姻""正闺门""息争讼""珍谱牒""积阴德"，都是减少问题发生、及时解决问题、维护家庭家族利益的重要途径。以上均说明徽州家训中有相当多的解决纠纷、化解矛盾、稳定情绪、维护权益的措施，而且引起了徽州人的普遍重视，并应用于家庭、家族建设之中。在此背景下，徽州人大多不愿挑唆词讼、不想游手好闲、不敢将众产盗卖或侵占为己有，若有此行为即"虽无人祸，必有天刑"[①]，或"族长正、副访而治之"，或"使其改行从善"，或"鸣官而抵于法"，或"告诸宗庙而出之"，这就为徽州社会稳定安上了"减压阀"。第四，徽州家训是徽州社会稳定的"调节器"。明清时期徽州宗族制度所要求的，是展现制度的规则和程序，维护"父父子子"家庭、家族秩序、"君君臣臣"宗族社会秩序。这个时期的徽州家训也

① 绩溪《积庆坊葛氏重修族谱》卷三《家规》，葛文简等纂修，明嘉靖四十四年刻本。

不断强化这种秩序，承担起协调、平衡角色，协调、引导徽州社会家庭、家族各方在社会生活中相互尊重、相互体谅、合理平衡，从而维护社会稳定。徽州社会稳定与徽州家庭、家族稳定是紧密联系、相互促进的。徽州家庭、家族稳定是徽州社会稳定下的稳定，徽州社会稳定也是徽州家庭、家族稳定过程中不断推进的。所以，在明清时期的徽州，家庭、家族稳定与社会稳定是相互交织在一起。明清时期徽州家训对家庭、家族做出的贡献，主要表现在始终把家庭、家族稳定置于徽州社会稳定的框架之中，使徽州家庭、家族稳定与徽州社会稳定成为不可分割的过程。歙县呈坎罗氏宗族世守箴规过程就是一例。《罗氏历代祖宗谱》之《宗谱旧序》记载称："吾族来自洪都，家于歙之通德乡呈坎，更历一十六世，时经四百余年，家传世守，惟以一'善'字为箴规。"

第二节　明清时期徽州家训的实践路径

明清时期徽州的家训实践，形成了与明清时期徽州社会相适应的逻辑架构：理学引领、宗族制订、家族实施、目标导向、家法治理。其中理学引领是根本，宗族制订是基础，家族实施是关键，目标导向是要件，家法治理是措施。

一、理学引领

理学在南宋理宗赵昀继位以后受到高度重视，被统治阶级奉为官方哲学。随之，它影响、支配着我国封建社会政治、文化以及思想的发展。由于二程是理学的奠基人，朱熹是理学的集大成者，徽州又是"程朱阙里"，所以徽州人对二程、朱熹莫不顶礼膜拜，以致程朱理学对徽州地区的影响比其他地区更为广泛、持久而深远。受之影响，明清时期徽州家训无不以程朱理学为核心，体现的均是程朱理学有关三纲五常、重义轻利、遵礼崇德、理欲不容并立等伦理精神[①]。如祁门《清溪郑氏家乘》卷四《规训、客辩》明文要求：

① 王旭玲：《中国传统家训文化的现代思考》，《东岳论丛》2003年第4期。

凡尔子孙，谨时祭，念祖德，保世业，振家纲，孝父母，敬长上，友兄弟，教子孙，务生理，勤学业，力树艺，肃内外，谨火烛，和邻里，礼宾亲。须早完国课，毋好争讼，毋放利弃义，毋欺于罔人，毋习赌博，毋作非为。[①]

明清时期，整个徽州的家训都在讨论程朱理学中有关伦理、礼仪、忠孝、义行等法则的重要性，如歙县金川胡氏《家训》、歙县方氏《家训》、黟县环山《余氏家规》、绩溪华阳邵氏宗族《新增祠规》、婺源武口王氏宗族《庭训八则》、黟县南屏叶氏《祖训家风》、绩溪上庄明经胡氏宗族《新定祠规二十四条》、歙县金山洪氏《家训》、歙县东门许氏《家规》等，都有这几个方面的大量内容。

人之处世，大而有纲常名教，小而有日用细微，吾惟于大者，凛遵名分而不逾，小者恪守成宪而不越。防淫节性，别嫌明微。恭敬为礼之本，谦让为礼之实。尊卑上下，秩然不紊，吉凶宾嘉，有典有则，视听言动，蹈矩循规，则身修而家亦于是齐矣。[②]

子孙有发达登仕籍者，须体祖宗培植之意，效力朝廷，为良臣，为忠臣，身后配享先祖之祭，有以贪墨闻者，于谱上削除其名。[③]

亲者，与天地同德。念罔极之深恩，愧此生之难报。人俱含齿戴发，顾甘不如反哺、跪乳之禽兽，可乎！然孝非奉养之谓也，凡为子者，当敬身如执玉，……尽心竭力，得亲顺亲，乃可谓孝矣。如曰奉养为孝，彼啜菽饮水、承欢养志者，顾反不得为孝乎？[④]

盖所谓义者，乃天地间正大之理，以之决死生，则临难无惧；以之衡取予，则见利不贪。轻财重义，则伦理无伤；

① 祁门《清溪郑氏家乘》卷四《规训、客辩》，郑之珍修撰，明万历十一年刊刻。

② 绩溪《程里程叙伦堂世谱》卷十二《庭训》，程敬忠纂修，民国二十九年叙伦堂铅印本。

③ 休宁《茗洲吴氏家典》卷一《家规八十条》，吴翟等纂修，清雍正十一年木活字本。

④ 绩溪《程里程叙伦堂世谱》卷十二《庭训》，程敬忠纂修，民国二十九年叙伦堂铅印本。

疏财仗义，则贫寒戴德。公义所在，勿以私恩而徇情；大义所存，勿以怨仇而戾众。权为义之断，中为义之准，古来好义之君子，孰不精义以行义也哉！[①]

明清时期徽州家训，基于程朱理学对明清时期徽州社会的影响，根据程朱理学的伦理、礼仪、忠孝、义行等主张，结合家庭、家族实际对程朱理学的认识，强调必须坚持程朱理学的立场，坚持以传承和弘扬程朱理学思想为宗旨，赋予了程朱理学的传承和弘扬更加鲜明的目标指向。

明伦理：我周氏祖宗教训子孙做人的道理，人与禽兽不同，皆因人有伦理，禽兽无伦理耳。宇宙中的人富贵贫贱不齐，而惟读书人贵重，只因他知道伦理。[②]

孝父母：……凡孝子，第一是爱父母，第二是敬重父母，第三要守身，存善心，行善事，扬名以显父母，这才是真孝子。[③]

崇重礼教：且冠婚丧祭所以纪纲，人道之始终者也。今后有事，一一遵用《文公家训》以行。至于丧祭用僧道，最宜痛革，不许崇尚，有坏风教。[④]

重义：仁人正谊不谋利，儒者重礼而轻财。然仁爱先以亲亲孝友，终于任恤。辟家塾而教秀，刘先哲具有成规；置义田以赈贫，范夫子行兹盛举。倘有好义子孙，捐义产以济孤寡，置书田以助寒儒，生则颁胙，殁给配享，仍于进主之日，祠内酌办祭仪，请阖族斯文迎祭以荣之，以重义也。[⑤]

徽州家训在明清时期，始终倡导程朱理学的立场、观点、方法，

---

① 绩溪《程里程叙伦堂世谱》卷十二《庭训》，程敬忠纂修，民国二十九年叙伦堂铅印本。

② 绩溪《仙石周氏宗谱》卷二《石川周氏祖训十二条》，周善鼎等纂修，清宣统三年善述堂木活字本。

③ 绩溪《仙石周氏宗谱》卷二《石川周氏祖训十二条》，周善鼎等纂修，清宣统三年善述堂木活字本。

④ 绩溪《南关许氏惇叙堂宗谱》卷八《旧家规》，许文源等纂修，清光绪十五年木活字本。

⑤ 绩溪《明经胡氏龙井派宗谱》卷首《明经胡氏龙井派祠规》，胡宝铎、胡宣铎纂修，民国十年木活字本。

并根据徽州社会的特点予以丰富、发展。徽州家训实践从积阴功，到祛隐恶，谨言语，慎举动，敦友于，重婚姻，明宗祀，严祭礼，序尊卑，谨闺教，别嫌疑，旌孝顺，旌良善，都体现着程朱理学的引领。

积阴功：凡人之生，贵积阴功。非必广施厚赍，如今人之修桥、舍、路者，始谓之功也。

祛隐恶：凡人之生，贵祛隐恶。非必损人益己，如今人之奸淫谋夺者，始谓之恶也。

谨言语：家长之言，家人之承听也。古之君子，居丧不言乐，祭祀不言凶，公庭不言妇女。

慎举动：家长之举动，家人之模范也。古之君子，上堂则声必扬，入户则视必下。

敦友于：兄弟一体，而分若手足，相亲相爱，宜无过是。

重婚姻：婚姻者，上以承宗祀，下以继后嗣，礼莫大焉。

明宗祀：凡祖考神灵入祀者，从昭穆列之，毋得僭逆。

严祭礼：祭，所以报本反始也。报者，酬之以物；反者，追之以心。

序尊卑：尊卑有序，则上下和。

谨闺教：闺门，万化之原，人道之始也，最宜谨之。

别嫌疑：大抵风闻之误，皆起于嫌疑之际。通族子姓，皆当防微杜渐，以立闺门之大义。

旌孝顺：孝为百行之原，养志尚矣，养口体次之。

旌良善：善人，天地之纪，家之渐以昌大者，伊人力也。凡族中有忠信存心、公廉律己、谦谨待人、仁慈济物、奖诱后学、钦礼前辈，见小子，勉以孝悌之言；见壮者，训以耕作之利。[①]

由于明清时期徽州家训的着力宣传与践履，程朱理学在徽州民间

① 《河间凌氏宗谱》卷一《家训条款》，凌雨晴、凌克让纂修，民国十年刻本。

的影响也随之扩大。其在家训实践上体现为明清时期徽州家训以礼、忠、孝、义、信等法则为导向，并将之贯穿整个家训过程中，并逐步取得预期的效果：

> 新安各族聚族而居，绝无一杂姓搀入者，其风最为近古。出入齿让，姓各有宗祠统之，岁时伏腊，一姓村中千丁皆集，祭用朱文公家礼，彬彬合度。父老尝谓新安有数种风俗胜于他邑：千年之家，不动一抔；千丁之族，未尝散处；千载谱系，丝毫不紊；主仆之严，数十世不改，而宵小不敢肆焉。①

> 乡落皆聚族而居，多世族，世系数十代，尊卑长幼犹秩秩然，罔取僭忒。尤重先茔，自唐宋以来，丘墓松楸世守勿懈，盖自新安而外所未有也。主仆之分甚严，役以世，即其家殷厚有赀，终不得列于大姓，或有冒与试者，攻之务去。②

二、宗族制订

我们在分析明清徽州家训的制订过程时，若将宗族与家庭视作家训制订过程的两端，那么明清时期徽州家训的制订就可能有两种情况：一是由宗族至家庭（自上而下），宗族组织首先制订族规家法，然后组织实施，引导家庭家训的进行；二是由家庭至宗族（自下而上），家训首先在家庭进行，逐渐推开，最终导致宗族族规家法的制订。从明清徽州家训制订的实际情况来看，可以说由宗族至家庭是明清徽州家训制订的主要方式。

明清时期，徽州地区出现的家训大多是宗族制订的，就是说，明清时期徽州的家训大多出自徽州宗族。如歙县《潭渡孝里黄氏族谱》载：

> 以上《德庵府君祠规》二十三则，系五门门长、文会于康熙五十八年二月十三日在祠中列祖之前公同议定，支丁子

---

① 赵吉士：《寄园寄所寄》卷一一《泛叶寄·故老杂记》。

② 光绪《婺源县志》卷三《风俗》，吴鹗、汪正元纂，清光绪九年刊本。

孙，务须永远遵守。如紊乱祠规、变坏成例及玩忽怠惰不遵者，俱以不孝论。慎之、勉之。[①]

相比于歙县潭渡孝里黄氏《德庵府君祠规》二十三则，歙县新馆鲍氏庶母神主入祠规条，则由该族族长、八公和房长共同制订：

今公议，除受封准入毋庸置议外，其加捐职衔未经受赠者，随时酌夺。如捐监生从九荣身者，即以其捐纳银数报祖，以归祠用。至庶民力薄躬耕自给者，则以二十八两为定例。读书入泮者，须念其锐志功名，寒窗十载，且既入圣贤之门，自知报祖之道，任其量力行之，此亦人体祖宗永锡尔类之意也。无出者不为，庶母不得入，于理既当，于情亦安。为此，缮写于奕世流芳之后，以昭定制。八公、族长、房长公述。[②]

可以看出，明清时期徽州地区的宗族组织在徽州拥有绝对权威，是徽州家训大多出自徽州宗族的根本原因。正如《重修古歙城东许氏世谱》卷八《家规》所云：

古者，宗法立而事统于宗。今宗法不行，而事不可无统也。一族之人有长者焉，分莫逾而年莫加，年弥高则德弥劭，合族尊敬而推崇之，有事必禀命焉。此亦宗法之遗意也。[③]

在徽州家训实践的组织方面，徽州宗族进行了诸多实践。如休宁商山吴氏宗族提出："祠规虽立，无人管摄，乃虚文也。须会族众，公同推举制行端方、立心平直者四人，四支内每房推选一人为宗正、副，总理一族之事。遇有正事议论，首家邀请宗正、副裁酌。如有大故难处之事，会同该族品官、举监生员、各房尊长，虚心明审，以警人心，以肃宗法。"[④]绩溪华阳邵氏宗族强调："凡族人五世外，皆合

① 歙县《潭渡孝里黄氏族谱》卷六《祠祀·附康熙已亥公立德庵府君祠规》，黄臣槐等修纂，清雍正九年刻本。

② 《歙县鲍氏著存堂宗祠谱》，载赵华富：《徽州宗族研究》，安徽大学出版社2004年版，第363页。

③ 《重修古歙城东许氏世谱》卷八《家规》，许登瀛纂修，清乾隆十年刻本。

④ 休宁《商山吴氏宗法规条》，作者不详，明万历钞本。

之祠堂，序以昭穆，则始祖常祀，同姓常亲。倘宗族有事，宜禀之宗长，会于宗祠，当兴者，从公议行。”①

由于明清时期的徽州宗族制度，对徽州家训实施的宗族推动，做明确、详细的安排，这一时期徽州家训实践涉及的重大事务，如祭祖、祠庙管理等，都由族长主持，族长在族内拥有族权，可以行使家族令，族内发生的矛盾纠纷，最后大多交由族长处理。

> 合族之人，固有亲疏远近，然以始祖视之，则均是子孙也。世之族人，有以富贵压贫贱者，有以强大欺弱小者，长幼无序，尊卑无统。自今宜以祖宗为念，家庭相会，出入相遇，悉以尊卑、长幼自序，以情相爱，以敬相承。凡有凌犯尊长、欺侮等辈，不合于礼者，族长以家法治之。②

在这样一种背景下，族内家庭开展家训活动，必须以族训、族规、家法为依据，受到了族训、族规、家法的制约，并且受到了宗族组织实施其权力的影响。这样族内家庭组织实施的家训也就面临族训、族规、家法控制的问题了。在宗族组织的主导下，族内家庭进行的家训实践只有与族规家法的要求相适应，才能产生影响与效果。

三、家族实施

徽州家族认为“祖训家规，诒谋深远，为子孙者所当百世遵守”③。“欲合通族之谊，则家规不可不严，家礼不可不讲。”④“今日之所以教家，即他日之所以教国。此虽先世之遗训，而为子弟者，宜世守而勿失，敢有故违不遵者，家长先责之以理。抗而不服者，闻诸公庭，依律发落。”⑤由此，他们始终把制订和推行家训作为巩固家族统治、促进家族兴旺发达的根本。如：

① 绩溪《华阳邵氏宗谱》卷十七《家规》，邵玉琳、邵彦彬等纂修，清宣统二年叙伦堂木活字本。

② 《新州叶氏家谱·修省斋公家规二十条》，叶铭纂修，清光绪三十三年钞本。

③ 歙县《潭渡孝里黄氏族谱·录刊隐南公谱凡例》，黄臣槐等修纂，清雍正九年刻本。

④ 歙县《金山洪氏宗谱》卷一《金山洪氏宗谱序》，洪承科、洪毕华修，鲍杏林纂，清同治十二年致祥堂刻本。

⑤ 绩溪《程里程叙伦堂世谱》卷十二《家范》，程敬忠纂修，民国二十九年叙伦堂铅印本。

吾家世守先训，衣冠文献，绳绳不乏。无何迩来生齿繁多，风气颓靡，间有溺于流俗而不自知者。虽有长老振作，才智辅相，终亦难逭齐傅楚咻……深思痛省，宁不慨欤！由是奉《圣谕》于堂上，俾顾諟而儆惕焉。[1]

徽州宗族制订的家训大多分散在谱牒之中，这类谱牒在徽州比比皆是，如徽州《洪氏族谱·祠规》，绩溪《程里程叙伦堂世谱·家规二十则》《程里程叙伦堂世谱·宗规十则》《程里程叙伦堂世谱·祠规十七则》《程里程叙伦堂世谱·庭训》《程里程叙伦堂世谱·家范》，婺源《槐溪王氏宗谱·家范十条》《槐溪王氏宗谱·宗规十六条》《槐溪王氏宗谱·庭训八则》，歙县《长标东陵邵氏宗谱·祠规》《长标东陵邵氏宗谱·家规》《长标东陵邵氏宗谱·先儒家训》《长标东陵邵氏宗谱·五伦训箴》《长标东陵邵氏宗谱·十不书》，婺源《余氏宗谱·遗嘱》《余氏宗谱·家规》《余氏宗谱·劝谕》《余氏宗谱·课孙记》，绩溪《仙石周氏宗谱·家法》《仙石周氏宗谱·祖训》等。也有少数单独付梓，如休宁《茗洲吴氏家典》等。

为了确保这些家训有效发挥作用，徽州家族制订了家训定期宣讲制度。这种制度日趋完善，转化为实践后，逐渐成为徽州家族的一种行为习惯。如黟县环山余氏家族：

每岁正旦，拜谒祖考。团拜已毕，男左女右，分班站立已定，击鼓九声，令善言子弟面上正言，朗诵训诫。训男云：人家盛衰，皆由乎积善与积恶而已。何谓积善？……腊祭，至饮福时，亦行此礼。其有无故不出者，家长议罚。[2]

明清时期徽州家训宣讲制度，是面向族内全体子弟的，它要求所有子弟都要参加家训宣讲活动。由于宗族制度的安排、徽州家训的规定，徽州家训宣讲活动得到定期开展，“宣”与“讲”相互促进。如绩溪华阳邵氏宗族的家训宣讲活动安排：

祠规者，所以整齐一族之法也。然徒法不能以自行，宜

① 《富溪程氏中书房祖训家规封丘渊源考》，作者不详，清宣统三年钞本。

② 《古黟环山余氏宗谱》卷一《余氏家规》，余攀荣总纂，余旭昇修，民国六年木活字本。

仿王孟箕《宗约》仪节，每季定期由斯文、族长督率子弟赴祠，择读书少年善讲者一人，将《祠规》宣讲一遍，并讲解《训俗遗规》一二条。[①]

徽州家族实施家训，注重与警示教育接轨，将警示的内容列为族内子弟的行为规范。如黟县《古歙环山余氏宗谱》卷一《余氏家规》规定："每月朔日，家长会众谒庙，将前月内行过事迹，或善或恶，或赏或罚，详具祝版，告于祖庙，庶人心有所警醒。"为加强这一做法的有效性和针对性，该家规还有如下规定：

立《劝惩簿》四扇，监视掌之。族内有孝子顺孙、义夫节妇及有隐德异行者，列为一等；务本力穑、勤俭干家，为第二等；能迁善改过、不得罪乡党、宗族者，为第三等。每月朔，告庙毕，即书之《善录》。族有违规扑罚者，随事轻重，每月朔，告庙毕，即书之《记过簿》。其有勇于服善而能改复，书《劝善录》以美之。三录不悛者，倍罚。三年会考，如终不悛，而倍罚；不服者，则削之，不许入祠堂，仍榜其名于通衢。[②]

有些徽州宗族甚至将家训"缮列粉牌，悬挂祠内"，促使族众时刻警惕，知所戒省。如绩溪《华阳邵氏宗谱》卷首《新增祠规》记载：

会议重订祠规，以期通族亲睦，勉为盛世良民，作祖宗令子。顾立规难，行规尤难，一或有不肖者任意阻挠，以行其私，则祠规破坏，百弊丛生，通族之人莫不并受其害。爰集族众，将祠规公同核定，缮列粉牌，悬挂祠内，俾有遵循，用垂久远。[③]

明清时期徽州家族实施家训有一个明显的特点，就是通过"扬善"与"抑恶"来实施家训。"一、奸淫乱伦，确凿有据者，男女并

---

① 绩溪《华阳邵氏宗谱》卷首《新增祠规》，邵玉琳、邵彦彬等纂修，清宣统二年叙伦堂木活字本。

② 《古黟环山余氏宗谱》卷一《余氏家规》，余攀荣总纂，余旭昇修，民国六年木活字本。

③ 绩溪《华阳邵氏宗谱》卷首《新增祠规》，邵玉琳、邵彦彬等纂修，清宣统二年叙伦堂木活字本。

逐革。所生子女同。一、盗卖家谱、盗卖祀产以及砍卖祖坟荫木者，逐革。一、殴打有服尊长者，逐革。一、子、妇殴打父母、舅姑，乃伦常大变，非家法所得而治，当由分长、邻右立刻捆逆子逆妇送官重治。”以确保家训效果的最大化。纵观徽州家族实施家训的发展过程，可知“扬善”与“抑恶”的并举是一个不断优化徽州家族家风的建构过程。黟县南屏叶氏宗族的家训实践就是例证：

祖宗详立家训，美善多端，阖族奉行，阅世二十，历年数百，罔敢懈怠。[①]

四、目标导向

“收族”，即“以宗子的身份来管理约束族众，并以血缘亲疏尊卑关系来维护等级森严的管理层次”[②]。“宗子主祀礼也，或年幼分卑，不能表率。一族必择才德兼优、为族所重者，立为户长，又于各房择年长者为之赞焉。合族有事，主持有人。子弟有不肖者，亦得循规惩戒，庶公举有成，家法得申。”[③]徽州人重视家训，其一大目标是为了“收族”。如《重编歙邑棠樾鲍氏三族宗谱·棠樾鲍氏族谱序》记载：

古者，诸侯世国，大夫世家，有宗子世禄，则可以统摄其族人。去古既远，无世禄，宗子则必作谱以敬宗收族。否则昭穆混淆，亲疏莫辨，由高曾而上，旁枝别派，漫不可知，……遂至相视如秦越。[④]

新安《黄氏会通宗谱》也记载：“于是吾郡朱夫子者出，阐六经之幽奥，开万古之群蒙，复祖三代之制，酌古准今，著为《家礼》，以扶植世教。其所以正名分、别尊卑、敬宗睦族之道，亲亲长长之义，灿然具载。而欧、苏二子亦尝作为家谱，以统族属。由是海内之士，闻其风而兴起焉者，莫不家有祠，以祀其先祖，族有谱，以别其尊卑。”这则资料中虽然没有“家训”二字，但“尝作为家谱，以统

① 黟县《南屏叶氏族谱》卷一《祖训家风》，叶有广等纂修，清嘉庆十七年木活字本。
② 唐力行：《明清以来徽州区域社会经济研究》，安徽大学出版社1999年版，第17页。
③ 祁门《平阳汪氏族谱》卷首《家规》，汪大樽等纂修，清同治七年木活字本。
④ 《重编歙邑棠樾鲍氏三族宗谱·棠樾鲍氏族谱序》，鲍光纯纂修，清乾隆三十一年一本堂刻本。

族属”等语已包含有训诫的意思。此处的训诫，显然是为了“收族”。“收族”的目的，旨在巩固宗族统治，促进宗族长盛不衰，如徽州《汪氏统宗正脉·汪氏族规》记载：

越国之裔，椒实蕃衍允矣，新安之巨室也。然梧槚之林，不能无樲棘矣。君子惧其族之将圮也，思有以维持安全之，于是作为家规，以垂范于厥宗。规凡四类，敦孝弟首之，崇礼义次之，勤职业又次之，息词讼终焉。夫孝悌者，百行之本也；礼义者，行之大端也；职业者，生人之务也；词讼者，倾覆之阶也。是故敦本所以崇德也，勤职所以广业也，息讼所以厚俗也。德崇、业广、俗厚，家其弗延矣乎？①

明清时期徽州人重视“收族”，更重视“亢宗”，把“读书”与“荣宗”“耀祖”看成关联性的存在，认为“世家大族，家声门第之所以重者，在读书也。惟读书上之可以取功名、荣宗耀祖”②。因此，这一时期的徽州家训实践有一种对于“兴文教”的偏好，如绩溪《明经胡氏龙井派宗谱》卷首《明经胡氏龙井派祠规》指出：

一族之中，文教大兴，便是兴旺气象。古来经济文章无不从读书中出。草野有英才，即以储异回从政服官之选，其足以为前人光、遗后人休养。③

明清时期徽州家训重视“兴文教”的第一目标是培养族内子弟做官，而培养族内子弟做官，首要目的是为了“亢宗”，我们可以从休宁《茗洲吴氏家典》卷一《家规八十条》的规定中看到这种导向：

族中子弟有器宇不凡、资禀聪慧而无力从师者，当收而教之，或附之家塾，或助以膏火。培植得一个两个好人，作将来模楷，此是族党之望，实祖宗之光，其关系匪小。④

出于培养族内子弟做官的需要，明清时期徽州家训把“一年之

① 赵华富：《徽州宗族研究》，安徽大学出版社2004年版，第363页。

② 《吴越钱氏七修流光宗谱》卷一《家训》，钱文德等主修，民国三年木活字本。

③ 绩溪《明经胡氏龙井派宗谱》卷首《明经胡氏龙井派祠规》，胡宝铎、胡宣铎纂修，民国十年木活字本。

④ 休宁《茗洲吴氏家典》卷一《家规八十条》，吴翟等纂修，清雍正十一年木活字本。

计”看成是“莫如树谷”，把“十年之计”看成是“莫如树木”，把“百年之计”看成是“莫如树人”，将教训子孙读书做官作为头等大事，持续践行。我们可以从婺源江湾萧江氏宗族的家训经验中，理解徽州家训在此方面功能的发挥。

子孙幼冲时，必教之以孝弟忠信，慎择严师贤友，教之正学，造就其才，光显门户。或资识少敏，不能读书，亦必教之谨守礼法，农工商贾，勤治生业，不可恣其骄惰放肆，饮酒赌博，扛抬浪荡，淫佚废产，破坏家门。[①]

明清时期徽州家训对于教训子孙，首先考虑培养子弟做官，同时重视处理培养子弟做官与“教之以孝弟忠信”的关系，并将族内子弟的读书目标分解为两大方面。可以很清楚地看到，徽州家训的切入点是教训子孙，落脚点是“收族”和“亢宗”。如祁门文堂陈氏《文堂乡约家法》指出：

孝顺、尊敬、和睦之事，既知自尽，又当以之教训子孙。盖我的父母即子的祖、孙的曾祖，我的兄弟即是子的伯叔、孙的伯祖，我今日乡里，即是子孙他日同居的人。一时易过，百世无穷。既好了目前，也思子孙长久之图。……读书者可望争气做官，治家者可望殷富出头，就是命运稍薄者，亦肯立身学好，如树木枝干，栽培不歇，则所结果子，种之别地，生发根苗，亦同甘美，是光前裕后第一件事也。[②]

“收族”，“使相联属而不忘其祖”；培养所谓“器宇不凡”的族内子弟做官，使更多的族内子弟进入官僚阶层，两者均是明清时期徽州家训成功发展的非常重要的因素。

五、家法治理

颜之推的《颜氏家训》在《教子第二》中提出：“凡人不能教子

① 《萧江全谱》之《附录》卷五《贞教第七》，江旭奇等纂修，明万历三十九年刻本传抄本。

② 祁门《文堂乡约家法》，陈昭祥辑，明隆庆六年刻本。

女者，亦非欲隐其罪恶；但重于诃怒，伤其颜色，不忍楚挞惨其肌肤耳。”“笞怒废于家，竖子之过立见。”即爱教结合，训导与体罚并重。明清时期徽州家训继承了这一思想，并坚持对违规、违法的家人和族人实行家规家法。如休宁《茗洲吴氏家典》规定：

子孙赌博、无赖及一应违于礼法之事，其家长训诲之。诲之不悛，则痛箠之；又不悛，则陈于官而放绝之；仍告于祠堂，于祭祀除其胙，于宗谱削其名。[①]

明清时期徽州家族建立了家规家法惩治十级分类体系。按处罚方式将家规家法惩治划分为十类：训斥、罚跪、记过、罚银、革胙、鞭扑、鸣官、不准入祠、出族、处死，后四种为重罚。徽州家族依据家法对违规、违法的家人、族人酌情进行惩治。

不孝不悌者，众执于祠，切责之，痛治之，庶几惩已往之愆，图将来之善。[②]

间有悍妻傲妇蔑视舅姑、恣肆忤逆者，家长呼至中堂，舅姑上坐，责令长跪，诲谕省改。[③]

族有违规扑罚者，随事轻重，每月朔，告庙毕，即书之《记过簿》。其有勇于服善而能改复，书《劝善录》，以美之。[④]

倘有贪利忮刻之徒，或掘挖泥土，或砍斫薪木，不分己地、人地，罚银一两入祠，仍令其禁山安宅。首报者，赏银二钱。知情故隐者，罚银三钱，以护龙脉也。[⑤]

五鼓聚齐，祭以黎明。而凡威仪、仪物之类，立纠仪礼生二名，以察其致祭之仪，尽志尽物，期于感格。黎明而祭不举者，罪其轮首之人。过时不至，与祭而衣冠、礼仪不肃

① 休宁《茗洲吴氏家典》卷一《家规八十条》，吴翟等纂修，清雍正十一年木活字本。

② 《重修古歙东门许氏宗谱》卷八《家规》，许登瀛纂修，清乾隆十年刻本。

③ 《古黟环山余氏宗谱》卷一《余氏家规》，余攀荣总纂，余旭昇修，民国六年木活字本。

④ 《古黟环山余氏宗谱》卷一《余氏家规》，余攀荣总纂，余旭昇修，民国六年木活字本。

⑤ 绩溪《明经胡氏龙井派宗谱》卷首《明经胡氏龙井派祠规》，胡宝铎、胡宣铎纂修，民国十年木活字本。

者，罚其胙，仍书于瘅恶匾。[1]

一族之人有长者焉……凡我族人知所敬信，庶令推行而人莫之敢犯也。其有抗违故犯者，执而笞之。[2]

凡遇族中有事，当善为劝解，俾相安于无事，则风俗日以淳。切不可教唆，致宗支如吴越也。倘有犯者，小则鸣鼓责惩，大则呈公究治。[3]

三年会考，如终不悛，而倍罚；不服者，则削之，不许入祠堂，仍榜其名于通衢。[4]

子孙有发达登仕籍者，须体祖宗培植之意，效力朝廷，为良臣，为忠臣，身后配享先祖之祭，有以贪墨闻者，于谱上削除其名。[5]

又有一等玩王法而不顾，奸盗诈伪，行同禽兽，小则徒黥，大则处死，此尤为辱先人而玷家声也。名列于谱者，省之。[6]

明清时期徽州家训对违规、违法的行为都有惩罚性的措施，不仅对家人和族人，对家里奴仆也如此。如黟县环山《余氏家规》规定：

家下奴仆，无所统率，致多恣肆。不论各房远近，分作十班，择伶俐十人长之。其长一年一易，俱要系腰，以别贵贱。有呼即至，有令即行。如有抗违主命、侵害各家山场、及在外饮酒生事、并自相詈殴者，其长禀于家主，重治，以警其余。[7]

明清时期徽州家训强调家规家法惩治，更强调家规家法惩治的效

① 《重修古歙东门许氏宗谱》卷八《家规》，许登瀛纂修，清乾隆十年刻本。

② 《重修古歙东门许氏宗谱》卷八《家规》，许登瀛纂修，清乾隆十年刻本。

③ 歙县《金山洪氏宗谱》卷一《家训》，洪承科、洪毕华修，鲍杏林纂，清同治十二年致祥堂刻本。

④ 《古黟环山余氏宗谱》卷一《余氏家规》，余攀荣总纂，余旭昇修，民国六年木活字本。

⑤ 休宁《茗洲吴氏家典》卷一《家规八十条》，吴翟等纂修，清雍正十一年木活字本。

⑥ 绩溪《华阳邵氏宗谱》卷首《新增祠规》，邵玉琳、邵彦彬等纂修，清宣统二年叙伦堂木活字本。

⑦ 《古黟环山余氏宗谱》卷一《余氏家规》，余攀荣总纂，余旭昇修，民国六年木活字本。

果。徽州家训在此方面所持观点是明确的，即家规家法惩治并不是目的，仅仅是手段。其真正的目的是，希望通过家规家法惩治，一方面促使违规、违法的家人和族人迷途知返、改过自新；另一方面，警告其他族人引以为戒。如歙县城东许氏《家规》规定：

今后，于不孝不悌者，众执于祠，切责之，痛治之，庶几惩已往之愆，图将来之善。昔为盗跖，而今亦可为尧舜之徒矣。其或久而不悛、恶不可贷者，众鸣于公，以正其罪。①

又如歙县环山《余氏家规》规定：

迩来盛族大姓，恃强相尚，少因睚眦之忿，遂各集众斗打，兴讼求胜，风俗恶薄，莫此为甚，而殒命灭门多由此也。族众务宜痛惩，毋相仿效，以保身家。其有子弟三五成群、讥此赛彼、甘靡荡、造端生事者，族众不许干预外，仍各重罚，以警其余。其有轻听肤诉望风鼓众者，一例重罚。②

有效进行家规家法治理需要在进行家规家法惩治的同时，完善家规家法，这就要求细化并明确家规家法的各项规定，并将之公布于众，让家人、族人遵守。休宁查氏家族将“家规数则，特书大牌，悬于骏惠堂后。当日莫不凛遵，外内肃然”③，就是对这一认识的肯定。歙县潭渡孝里黄氏家族推行的各项规定，也体现了明清时期徽州家族实施家规家法的有章可循：

（族人）尤不得引进娼优，讴词献伎，以娱宾客；并不得好勇斗狠，及与打降、闯将、匪类等往来。不得沉迷酒色，妄肆费用，以致亏折赀本。至若不务生理，或搬斗是非，或酗酒赌博，或诓骗奸盗，或党恶匿名，一应违于理法之事，当集众诫之。如屡诫不悛，呈公究治，不可姑容。④

① 《重修古歙城东许氏世谱》卷七《家规》，许光勋纂修，明崇祯八年家刻本。

② 《古黟环山余氏宗谱》卷一《余氏家规》，余攀荣总纂，余旭昇修，民国六年木活字本。

③ 休宁《查氏肇禋堂祠事便览》卷一《家规十五则》。

④ 歙县《潭渡孝里黄氏族谱》卷四《家训》，黄臣槐等修纂，清雍正九年刻本。

第六章　明清时期徽州家训的影响

由于徽州社会的高度重视，明清时期徽州家训的社会功能在徽州得到充分发挥，成为推动明清时期徽州社会发展的重要力量。徽州蒙学的发达、徽州家风的传承、徽俗的形成、儒学在徽州的普及、徽州宗族制度的强化、徽州世家大族的辉煌、徽商的兴盛等无不与明清时期的徽州家训有着密切的关系。

第一节　明清时期徽州家训与徽州蒙学的发达

徽州的蒙学形成于宋元时期，发达于明清时期。宋元时期，徽州已有一批理学名儒热心于训蒙事业，如南宋进士休宁人朱权，致仕后回乡开馆授徒，“学者来从，不远千里，率百余人，随材诱掖，后多知名之士”[①]。又如元初名儒休宁人陈栎从二十四岁起，“先后坐馆詹溪程氏、里中毕氏、江潭叶氏、蕖口汪氏、珰溪金氏，以训蒙终其一生”[②]。到明清时期，徽州不仅产生了很多蒙学读物和蒙规，而且拥有遍布徽州全境的蒙学机构，如家塾、私塾、义塾、书塾等，仅歙县东门许氏家族就“童蒙颇多，而设馆非一，随地有馆，以迎塾师”[③]。明清时期徽州蒙学的发达，除了宗族重视教育、理学名儒兴学重教等因素外，还有一条在于明清时期徽州家训的深刻影响。

一、徽州蒙规的促动

明清时期徽州家训与徽州蒙学的发达具有最直接关系的，当首推徽州的蒙规。徽州蒙规的促进作用在何处？我们可以从两个角度、两

① 程珌：《洺水集》卷一一《朱惠州行状》。

② 李琳琦：《徽商与明清徽州教育》，湖北教育出版社2003年版，第33—34页。

③ 《重修古歙城东许氏世谱》卷七《家规》，许光勋纂修，明崇祯八年家刻本。

个层面来理解。

一方面，徽州蒙规关于徽州蒙学教育的精辟见解，为徽州蒙学的发达提供理论支持。明清时期徽州蒙规绝大多数都有大量关于蒙学教育的精辟见解和珍贵的资料。如歙县济阳的《江氏蒙规》记载称："家之兴，由于子弟贤。子弟贤，由于蒙养裕。易曰：'蒙以养正，圣功也。'岂曰：'保家，亦以作圣童。'蒙以养心为本，心正则耳目聪明，故能正其心。虽愚必明，虽塞必聪。不能正其心，虽明必愚，虽聪必塞。正心之极，聪明自辟。士而贤，贤而圣，虽下愚亦可为善士。"[①]又如祁门河间凌氏的《家训条款》记载云："古人胎教不可望矣，蒙养不可不慎也。必能言，常示毋诳；能立，教之正方。教他莫顽戏，莫爱财，养其节也；教他莫伤生，莫折枝，养其爱也；即席饮食，必后长者，养其让也；教其孝弟忠信、礼义廉耻，以养其心；教以洒扫、应对、进退，以养其身；教以诗章歌咏，以养其性情。稍长，则出就外傅，居宿于外，读《孝经》《小学》等书，庶几少成若天性，习惯若自然，而大人之实立矣。"[②]如果缺乏必要的认识工具，对蒙学的认识就难以深入，从而难以认清蒙学的可行性与必要性，由此蒙学的形成与发展就会受到制约。

另一方面，徽州蒙规的发展，为徽州蒙学教育提供必要的应用方向。徽州蒙规是贯穿于徽州蒙学教育阶段的"方向盘"，是抓关键、促根本、保长远的"指挥棒"。这种"方向盘""指挥棒"自始至终引领徽州启蒙教育和蒙学教育的实践，并形成两种较为典型的教育模式。其一，注入式。这种教育模式的特点是家长或塾师教，儿童学；家长或塾师讲，儿童听；家长或塾师制订规章，儿童"照章办事"。"晨起则引至尊长寝所教之，问曰：尊长兴否？昨夕寒暖何如？迨入小学，师教童子，晨揖后分班立定，细问：定省之礼何如？有不能行，则先今守礼之家，倡率之，童子良知未丧，最易教导。此行仁之端也。""晨见尊长即肃揖，应对唯诺，教之详缓，敬谨自幼习之，亦

① 歙县《济阳江氏宗谱》卷首《江氏蒙规》，江国华、江德新纂修，明崇祯十七年刻本。

② 《河间凌氏宗谱》卷一《家训条款》，凌雨晴、凌克让纂修，民国十年刻本。

如自然。迨入小学，不别贫富贵贱动作立行俱以齿序。晨揖，分班立定，必问：在家在路见尊长礼节何如？有不能行，则谆切喻之，先令守礼之家倡率之，此由义之端也。”“遇有大宾盛服至者，教之出揖，暂立左右。语之曰：此先生也。能教人守礼，可敬也。由幼稚即启发其严畏之心。迨入小学时，先礼服揖为师者。然后，诸生肃揖，言、动、视、听、容、貌、气、色为师者谆切晓诲，使之勉勉循循，动由矩度，此严恭谨畏之所由，起而动容，周旋中礼之基也。”“教之勿与群儿戏狎。晨朝相见，必相向肃揖。迨入小学，必教之相叙以齿，相观为善，更互相敬。慎勿相聚戏言戏笑戏动，善则相学，恶则相讳，勿相诽诘夸竞。由童稚而教之，所以养心正性，遏人欲循天理之基也。”[①]其二，训练式。这种模式完全按照已定的规范与标准训练儿童，试图把儿童塑造、训练成“标准件”。如歙县《江氏蒙规》规定：“凡训蒙童，始教之认字，次教之口诵，次导其意识。认字则先其易者，如先认‘一’字‘人’字，次认‘二’字‘天’字之类。口诵则教之一二遍，使勤勉而精熟之。意识则就其所知者，启之如孝为顺，亲弟为敬长，以及行步拱揖之仪。”“凡童子习字，不论工拙，须正容端坐，直笔楷书。一竖可以觇人之立身，勿偏勿倚。一画可以觇人之处事，勿弯勿斜。一‘丿’‘㇏’如人之举手，一踢挑如人之举足，均须庄重。一点如乌获之置万钧，疏密毫发不可易。一绕缴如常山，蛇势宽缓，整肃而有壮气。以此习字，便是存心工夫。”“凡童子十岁以上，每日寅卯时诵书，辰巳时习字歌诗，未酉时诵书歌诗。五人一班，歌诗三章，俱歌正雅正风，余俱端坐肃听，由二班三班歌遍即止。歌者出位正立，听者居位拱肃，命年长二人纠不如仪者，初犯诲，再犯罚，三犯跪。斥俗有作诗对者，每十日以五日习之，余五日歌诗。”“童子始能言能行，尊者朔望谒祠堂寝室，引童子立傍，使观尊者拜揖之节。然后渐教随班跪拜，又教以古人坐法。迨入小学，朔望悬孔圣像，帅诸生四拜，不如仪者，罚。十岁以下者教学坐法，使知古人收敛身心之要。十岁以上十五岁以下，使习洒扫应对须和适，

① 歙县《济阳江氏宗谱》卷首《江氏蒙规》，江国华、江德新纂修，明崇祯十七年刻本。

唯诺须肃敬，进退须谨慎。暇即习冠婚祭射礼丧礼亦可讲明。童子于礼，由幼而习，以至于冠步趋食，息皆有范围，则匪僻心不能，投间而入中和之德，日益纯固。”[①]有力地促进了徽州启蒙教育和蒙学教育的发展。

二、徽州家规的促进

明清时期徽州地区的家庭、家族，在家规实践过程中，十分重视发展蒙学事业，对发展蒙学事业有着清醒的认识。休宁叶氏《家规》对“豫蒙养以兴家”的内涵做了诠释：“按《内则》，有胎教，又有能言之教，八岁有小学之教，十五岁有大学之教，是以子弟易于成材。……吾族中父兄须知，子弟之当教；又须知，教法之当正；又须知，养正之当豫。蒙养既端，则子弟成立，而家未有不兴矣。故欲兴家者，不可不豫蒙养。”[②]在歙县东门许氏《家规》中，歙县东门许氏宗族强调了蒙学的重要性与必要性：“蒙以养正，圣功也。夫养于童蒙之时，而作圣之功基焉，是岂细故也哉？始养之道，莫要于塾师。……隆师傅之礼，戒姑息之爱。教导之严，则蒙得其养，虽无作圣之望，庶几其为成人，毋忝厥祖，不亦幸哉！”遵照徽州家规的有关规定，明清时期徽州地区的家庭、家族坚持对儿童施以正面教育，把培养儿童读书、认字、书写、形成良好的习惯作为蒙学目标，把设立家塾或私塾或义学或义塾作为承担儿童教育的教育组织，始终没有动摇，不断发展蒙学。在发展蒙学的过程中，形成了相对稳定的蒙学教育安排和蒙学教育程式。“子生五岁，便当令入乡塾，穿深衣，作长揖，坐立进退，教以儒者风度。凡《孝经》《小学》诸书，先令熟读。日讲古人故事，以端其志趣。久则少成若性，异日必为伟器。若幼时姑息，纵其嬉游，荡其心性，恐子弟已坏，培养无基，后虽欲教之，无论抗悍不驯，即稍知悔悟，终是少年习气未除，难以语于圣功之正矣。”[③]

① 歙县《济阳江氏宗谱》卷首《江氏蒙规》，江国华、江德新纂修，明崇祯十七年刻本。

② 休宁《叶氏族谱》卷九《保世·家规》，叶文山等纂修，明崇祯四年刻本。

③ 《上川明经胡氏宗谱》下卷《规训》，胡祥木纂修，清宣统三年木活字本。

三、祠规、宗规的促使

祠规、宗规是明清时期徽州宗族、家族履行族权的“法规”，因此祠规、宗规在整个宗族、家族中具有崇高的地位和庄严的力量。有关蒙学的规定存在于祠规、宗规中，却对整个宗族、家族产生重大影响。因此，明清时期徽州的宗族、家族大多将蒙学有关规定纳入祠规、宗规，从而形成了徽州蒙学的祠规、宗规治理，并呈现出以下特点：徽州祠规、宗规中的有关规定，皆以蒙以养正、德教为先为理念，强调儿童成长中的道德启蒙培育、人格养成培育和意志品质培育。如休宁范氏《林塘宗规》强调“蒙养得豫”：“闺门之内，古人有胎教，又有能言之教，父兄又有小学之教、大学之教，是以子弟易于成材。……吾族中各父兄须知子弟之当教，又须知教法之当正，又须知养正之当豫。七岁便入乡塾，学字、学书，随其资质。渐长，有知觉，便择端悫师友，将养蒙诗、孝顺故事日加训迪，使其德性和顺，他日不必定要做秀才、做官，就是为农、为工、为商，亦不失为醇谨君子。”婺源《萧江全谱》强调“教训子孙”：“子孙幼冲时，必教之以孝弟忠信，慎择严师贤友，教之正学，造就其才，光显门户。或资识少敏，不能读书，亦必教之谨守礼法，农工商贾，勤治生业，不可恣其骄惰放肆，饮酒赌博，扛抬浪荡，淫佚废产，破坏家门。”[①]与此有关，徽州各家族无不重视“养正于蒙”。也因为如此，徽州蒙学机构越办越多。祁门祝孟节、祝茂瑞等创建的中山书塾，黟县汪氏宗族创建的以文家塾，婺源潘梦庚、潘大镛等创建的芳溪义学，婺源方龙藻、方彬、方邦杰等创建的碧溪义学，歙县吴景松创建的崇文义塾等，在当地都具有相当的影响。这些蒙学除了延师以教家里子弟外，还设义馆以教族内贫寒子弟。所有这些，都有力地促进了徽州蒙学的发达。

① 《萧江全谱》之《附录》卷五《贞教第七》，江旭奇等纂修，明万历三十九年刻本传抄本。

四、徽州祖训、规训的促成

与徽州蒙学发达有密切关系的另一类重要家训是徽州的祖训与规训。明清时期徽州祖训，如歙县《飞山洪氏宗谱》中的《祖训》、黟县《南屏叶氏族谱》中的《祖训》、祁门《碧山李氏宗派谱》中的《祖训》、绩溪《荆川明经胡氏续修宗谱》中的《祖训十三条》、绩溪《东关冯氏家谱》中的《冯氏祖训十条》等，规训如新安《柯氏宗谱》中的《规训》、绩溪上庄明经胡氏宗族《规训》、婺源《萧江全谱》中的《江氏宗族省躬训》等，都有关于蒙学的训语。如新安柯氏《规训》记载称："教育之基首在蒙养，故能言当示以无诳，能立则教以正方。教之莫贪财养其节也；教之莫伤生养其爱也；教之饮食必后长者养其让也；教之孝弟、忠信、礼义、廉耻、洒扫、应对、进退以养其身心。"[①]徽州蒙学的发达与明清时期徽州祖训、规训的训导是分不开的。毫无疑问，明清时期徽州祖训、规训与徽州蒙学发展相关的最重要的活动是其相关部分对儿童所作的各种训导。仅养心之要而言，明清时期徽州祖训、规训所开出的条目几乎囊括了古代养心教育的方方面面，如"头容直：毋倾听，毋侧视。口容止：毋露齿毋喧笑。手容恭：毋掉手，毋攘臂。足容重：毋疾行，毋跷股。貌必肃：谓见于面者，毋懈惰。容必庄：谓见于身者，毋放肆。气必舒：应对须知和柔，毋急遽仓皇。色必温：毋暴厉，毋仓皇。视必端：毋左右顾，毋斜眄，毋视非礼。听必谨：毋听戏言，毋听淫语，毋听俚歌。言必慎：毋出恶言秽语，毋谈怪异，毋戏毋欺。动必畏：举足动手、开目出语俱要畏慎。坐必正：毋偏倚，毋箕踞。立必卓：毋俯首，毋仰面，毋跛立。行必安：毋疾行，毋蹶步，毋先长者。寝必恪：毋伏睡，毋裸体，毋晏起，毋昼卧"。所谓"头、口、手、足，身之体也；貌、容、气、色，身之章也；视、听、言、动、坐、立、行、寝，身之用也；统会之者，心也"[②]。受此影响，徽州绝大多数家庭、家族

① 新安《柯氏宗谱》卷二十四《规训》，胡祥木等纂修，民国十四年汤乙照斋刻本。

② 歙县《济阳江氏宗谱》卷首《江氏蒙规》，江国华、江德新纂修，明崇祯十七年刻本。

自儿童出生起就关心其道德的成长和知识的积累，这促进了徽州蒙学的发展。

明清时期徽州家训对儿童诵读、习字、歌诗的要求，是徽州蒙学发达的另一重要因素。诵读、习字、歌诗是徽州蒙学教育采取的几种重要的教育形式，这种源于我国汉代的带有道德行为规范训练性质的学习方式，实际上是一种很好的教育传统。徽州蒙学教育的形式虽然以诵读、习字、歌诗为主，但都与学习态度的培养、学习习惯的养成和道德品质的培养有关。换句话说，通过诵读、习字、歌诗，不仅可以牢记基本知识，还可以培养学习态度、道德品质和学习习惯。徽州很多家训都持这种看法，如歙县的《江氏蒙规》记载称："凡童子十岁以上，每日寅卯时诵书，辰巳时习字歌诗，未酉时诵书歌诗。五人一班，歌诗三章，俱歌正雅正风，余俱端坐肃听，由二班三班歌遍即止。歌者出位正立，听者居位拱肃，命年长二人纠不如仪者，初犯诲，再犯罚，三犯跪。斥俗有作诗对者，每十日以五日习之，余五日歌诗。盖咏歌所以启发志意，流动精神养其声音，宣其湮郁涤其忿戾之气，培其中和之德，习之熟积之久，气质潜消默化，有莫知其所以然者。"[①]明清时期徽州家训特别重视儿童诵读、习字、歌诗，也就不足为怪了。在这样的一种环境下，学习风气的浓厚、蒙学教育的发达是一种很自然的结果。所谓"十家之村，不废诵读"[②]"比户习弦歌"[③]"户诵家弦"[④]，便是这种结果的反映。

第二节　明清时期徽州家训与徽州家风的传承

绩溪旺川曹氏宗族在制订的《旺川家训后十则》中提出"崇孝养以敦族""序长幼以顺族""别内外以闲族""勤耕种以裕族""敦教训以淑族""谨丧祭以厚族""正婚姻以宜族""恤患难以周族""匡习尚

① 歙县《济阳江氏宗谱》卷首《江氏蒙规》，江国华、江德新纂修，明崇祯十七年刻本。

② 民国《重修婺源县志》卷四《疆域七・风俗》，葛韵芬修，江峰青纂，民国十四年刻本。

③ 道光《重修徽州府志・序》。

④ 康熙《祁门县志》卷一《风俗》，张媛纂修，清康熙二十二年刻本。

以维族”“禁投纳以宁族”。绩溪旺川曹氏宗族这一思想独具深意。家庭、家族家训的实践必然会给家庭、家族带来和睦与兴旺，使良好的家风世代相传。

一、徽州家风传承的良性循环

家风，即家庭、家族成员之习俗。明清时期，徽州家庭、家族的家风，是在徽州这一特定区域、明清这一特定时间形成的家庭、家族习俗，具有独特风格。

徽州家庭、家族家风大多历代传承，绵延不绝。如休宁塘尾程氏，二世程琬，道义是从；三世程迪，有裕行；四世、五世俱有隐德；六世程德懋，惠赈济贫；九世程万三，任池州教谕；十世程仁、十一世程震，卓然自立。后世程隐、程武童，均重义施仁；程友义、程友顺、俱誉名于世；程永洪、程永玄、程永恭、程永定，俱有善行；程志茂、程志盛、程志大、程志兴、程志发，咸有乡望[①]。又如歙县澄塘方氏，二世方僧奴，号东山，洪武二十八年，举贤良方正，任益都县令，三载考绩，上赐名曰“俊官”；三世方庆恩好善乐施，方莆祖处事端详，方寿隆爱亲敬长；四世方福荫，郡庠生。五世方护、方亨、方灿俱有隐行；六世方文瑚并敦义让；七世方廷肃逸德商贾；八世方良庆、方良爱、方良懿、方良应皆卓立。该族自方元亮而至于方昇，历二十一世。弋阳王因其一门敦睦，书“存仁堂”以旌之[②]。再如黟县西递胡氏，胡干甫于宋元交兵时高举义旗，战死于福建延平府；胡干甫之孙胡仲宽俱有隐德；胡仲宽之子胡仕亨因亲老隐居不仕，好仁乐善；胡廷俊、胡廷杰、胡廷仁俱笃友爱。嗣后胡煌、胡辉、胡勋俱刚毅有为；胡自荣、胡六住、胡七显、胡八达、胡九昌俱友爱好义；胡天赐尊贤好施；胡万兆敦义睦族；胡廷佐质直好义……一门敦化尚礼，修德行仁，乡邦无不以西递胡故家为借口[③]。

① 戴廷明，程尚宽等撰；朱万曙，王平，何庆善等校点：《新安名族志》，黄山书社2004年版，第43页。

② 戴廷明，程尚宽等撰；朱万曙，王平，何庆善等校点：《新安名族志》，黄山书社2004年版，第113页。

③ 戴廷明，程尚宽等撰；朱万曙，王平，何庆善等校点：《新安名族志》，黄山书社2004年版，第315—316页。

徽州家族、家庭的家风建设，各有特色，在徽州比较典型的、普遍存在的类型主要有六种。

一是尚礼之家。如黟县横冈胡氏，该家族重善行、孝悌、友爱，如胡仲璋卓立不群，胡正纲有善行，胡廷瑞、胡廷珪、胡廷珊性俱纯厚，胡太臻割股以愈父疾，胡振珪、胡振璧克敦义让，胡振崇亲老乞养，胡用和有逸行，胡景祥乐善好施，胡文质、胡文彬、胡文儒、胡文林、胡文理俱笃友爱等。该家族也重家礼，如胡玄英、胡元振、胡元奇、胡显贵“俱以才补邑掾，冠婚丧祭一遵文公家礼，邑侯左公具闻，侍御刘公飞章给礼，旌为尚礼之家”[①]。

二是尚义之家。如歙县张家村张氏，该家族乐善好施，济贫恤孤，不责其偿。如张廷仁输粟义官，置军庄田；张廷义捐己赀置义冢，利生济殃者甚多；张廷礼积而好施，广修桥梁，竖亭砌路，悯贫焚券不复取。御史钱公旌以“尚义之家”。

三是孝友之家。如歙县向杲吴氏，该家族孝子辈出，如八世吴作德“父卒，事母孝，尝设醮祝天，祈增母寿，道七俯地，数日方兴，曰：‘上帝鉴尔孝心，延母寿一纪，锡丹桂五枝。’后果应”。二十世吴曜“父卒，奉母孝，尝刲股疗母疾，有《孝子传》及《椿树惊霜集》”。吴森茂“有孝行，弘治中奉父柩厝于祖茔之侧，是夕寝于丧次，厥明见虎跡环柩交行，恬然不觉，人谓孝诚所感”。二十一世吴还“性至孝，善属诗文，尝复世墓、建祖祠、定宗约、立祭法、录祀原，又捐赀易田，浚灌渠以利民，筑印墩以庇村居，由南之路艰于行者，培已田以成通衢，乡人德之”。吴讷“编有《古字便览》，著有诗集，新丧父，事母孝，偕配方氏，克尽妇道，柳沐姑氏钟爱，姑没，妇抱痛继卒，姑之墓侧产灵芝，妇之墓侧有桃并蒂而实，人谓以孝慈所召”。世人颂之为“孝友之家”[②]。

四是节义之家。如祁门石墅陈氏，该家族有贞烈之风，如陈克绍“早卒，妻汪氏守节，诏旌其门”。陈樟“早卒，妻谢氏守节，邑侯钮

① 戴廷明，程尚宽等撰；朱万曙，王平，何庆善等校点：《新安名族志》，黄山书社2004年版，第314页。

② 戴廷明，程尚宽等撰；朱万曙，王平，何庆善等校点：《新安名族志》，黄山书社2004年版，第367—368页。

公旌额并币帛赐之”。陈椿“号云山，补郡庠生，屡试优等不第，早卒，妻汪氏守节，邑侯钮公旌额并币帛赐之”。世称“节义陈氏”[①]。

五是笃学之家。如婺源官源洪氏，该家族历代以业儒为要，科举及第代不乏人，如洪厚德，宋建隆三年乡试及第；洪舜平，乾德四年中式进士；洪斋，乾德四年登科；洪颖，雍熙二年进士；洪棣，天禧二年儒学登科；洪汝霖，大圣三年进士；洪儒，元祐五年登科；洪仪，崇宁元年儒学及第；洪弥坚，淳熙五年儒学赴试；洪至振，庆元二年登科；洪渐，至元乙酉儒学登科；洪方升，大德二年儒学登科；洪光发，皇庆元年儒学举甲第；洪尚德，有文学，至正辛卯赴乡选中式；洪泰亨，洪武癸亥举通经儒士；洪载友，洪武辛未举孝弟力田科；洪垣，嘉靖壬辰进士等[②]，他们以勤奋、好学、应举见称。

六是义士之门。如歙县澄塘吴氏，该家族以友爱兄弟称于乡里，有许多做法为世人远扬，如吴公老之弟吴尚老为父所逐，公老“婉喻百端莫释，密以妻奁授弟远商，积富巨万，亦无所私，人称孝友”。吴回祖“事父克孝，父病，誓以身代，父殁瘠毁，悉以家赀遗继母，以鞠幼弟，远商建闽，归置田产，尽中分之，吏部程南云书‘竹坡义士’四字赠之”，称其家族为“义士之门”[③]。

二、徽州家训的积极作用

家风建设是一项系统工程，需要良好的社会环境，需要优质的学校教育，需要社会多种力量的积极参与，需要家庭、家族成员的不断努力，也需要家训的引导约束与调节。明清时期徽州家庭、家族家风经久不衰，是与这些家庭、家族的家训实践分不开的。没有家训的实践，徽州家庭、家族家风就不会形成，更不会发展。徽州家庭、家族的家风健康发展，代代传承，显然家训发挥了其持续不断的作用。通过对明清时期徽州家训资料的初步梳理，我们认为这种积极的作用主

① 戴廷明，程尚宽等撰；朱万曙，王平，何庆善等校点：《新安名族志》，黄山书社2004年版，第353页。

② 戴廷明，程尚宽等撰；朱万曙，王平，何庆善等校点：《新安名族志》，黄山书社2004年版，第515—516页。

③ 戴廷明，程尚宽等撰；朱万曙，王平，何庆善等校点：《新安名族志》，黄山书社2004年版，第375页。

要体现在如下三个方面。

首先，徽州家庭、家族家风的传承受益于遵礼崇德的家训传统。徽州很多家庭、家族以友爱称，以隐德称，以孝行称，以笃义称，与家训传统——“遵礼崇德”是有关系的。明清时期徽州家训“惟以劝善习礼为重，不许挟仇报复、假公言私、玩亵圣谕”[①]，“有患难则相救恤，有疾病则相扶持。共立门户不为外侮，而又皆能教戒其子。事父母至孝，侍长幼有礼。……亲近好人，不习下流，孜孜以学，期取科第以荣其亲”[②]。“凡立身，务要入孝出悌，谋忠友信；立好心，行好事，勿以善小而不为，以恶小而为之；人非善不交，物非义不取；勿以强富欺人，勿以刻剥取财。”[③]“待人以信，处事以义，乃应事接物之切务。……无论智愚，皆当笃以信义，俾知人有所恃以为固，事有所准以为平，然后忠信笃敬，蛮貊可行，慎毋自溃厥防，沦胥莫挽。”[④]“睦族之道，在敬老慈幼，同忧共戚，庆吊必通，患难必救，困穷必周，鳏寡必矜。婚娶无力者，必助之赀；子弟可造者，必加培植。”[⑤]正因为有这些规定和要求，徽州很多家庭、家族的成员绝大多数都能做到“正其谊不谋其利”“明其道不计其功”“明于义利取舍之分”“日用之间动中礼度”“终身践行不离名教之域”“以义为利，不以利为利”“守居不敢干名而犯义，交际不敢口是而心违”“事求免于流俗，礼求合于先儒”“重宗义，讲世好，上下六亲之疏，无不井然有序”[⑥]。

其次，徽州家庭、家族家风的传承受益于明清时期徽州家训对恶习的禁止，对善行的表彰。明清时期徽州家训坚持“扬善抑恶”的传统做法，纪善、纪恶便是其一。如祁门文堂陈氏《文堂乡约家法》所立纪善、纪恶簿二扇，“有善者即时登纪，有过者初会姑容，以后仍

① 祁门《文堂乡约家法》，陈昭祥辑，明隆庆六年刻本。

② 休宁《西门汪氏族谱·家训》，汪尚和纂修，明嘉靖六年刻本。

③ 戴廷明，程尚宽等撰；朱万曙，王平，何庆善等校点：《新安名族志》，黄山书社2004年版，第287—288页。

④ 休宁《古林黄氏重修族谱》卷首上《祠规》，黄文明纂修，明崇祯十六年刻本。

⑤ 绩溪《东关冯氏家谱》卷首《祖训》，冯景坡、冯景坊纂修，清光绪二十九年木活字本。

⑥ 汪银辉：《朱熹理学与徽州》，载黄山市徽州文化研究院编：《徽州文化研究》（第一辑），黄山书社2002年版，第30页。

不悛者，书之。若有恃顽抗法、当会逞凶、不听约束者，即是侮慢圣谕，沮善济恶，莫此为甚。登时书簿，以纪其恶。如更不服，遵廖侯批谕，家长送究”[①]。黟县环山《余氏家规》则立劝惩簿四扇于祠堂，“族内有孝子顺孙、义夫节妇及有隐德异行者，列为一等；务本力穑，勤俭干家，为第二等；能迁善改过，不得罪乡党、宗族者，为第三等。每月朔，告庙毕，即书之《善录》。族有违规扑罚者，随事轻重，每月朔，告庙毕，即书之《记过簿》。其有勇于服善而能改复，书《劝善录》以美之”。“造牌二扇，一刻‘劝’字、一刻‘惩’字，下空一截。族中有善有过者直书，挂于祠堂，一月方易，庶知善善恶恶之戒。……每月朔日，家长会众谒庙，将前月内行过事迹，或善或恶，或赏或罚，详具祝版，告于祖庙，庶人心有所警醒。”[②]扬善抑恶，既是明清时期徽州家训的指导思想，又是明清时期徽州家训的重要内容，由于这种思想的引导，这种内容的规范，徽州家庭、家族良好的家风得以传承、弘扬，隐德积善、乐善好施、轻财重义、德孝仁慈、赈恤孤寡等好人好事在徽州家庭、家族中层出不穷。

最后，徽州家族、家庭家风的传承受益于“以法治家”的家训措施。“以法治家”是一种措施，也是引导家人、族人在家庭、家族乃至社会中自觉按照族规家法的要求进行活动的价值和方法论。它在具体的活动中有与之相应的操作程序。这就是前文已经提到的族规家法的制订与实施。明清时期，徽州的族规家法主要包括两大内容：一是对遵从族规家法的奖赏；二是对背离族规家法的惩罚。这两大内容也是徽州家庭、家族进行家风建设的两个维度。族规家法的制订与实施对家风建设的意义体现在：第一，族规家法是家风建设的“法律”依据。徽州的族规家法都是徽州家庭、家族家风建设经验的总结，包含了家风建设的方方面面，对冠礼、婚礼、丧礼、祭礼、父子关系、夫妻关系、兄弟关系、亲疏关系、上下尊卑关系、继嗣关系、妯娌关系、忠、孝、节、义等，都一一做了规定。如歙县泽富王氏《宗规》、

① 祁门《文堂乡约家法》，陈昭祥辑，明隆庆六年刻本。

② 《古黟环山余氏宗谱》卷一《余氏家规》，余攀荣总纂，余旭昇修，民国六年木活字本。

黟县环山《余氏家规》、休宁宣仁王氏《宗规》、休宁茗洲吴氏《家规八十条》、黟县鹤山李氏《家典》等，既对冠、婚、丧、祭四礼做了详细的规定，又对父子关系、夫妻关系、兄弟关系、亲疏关系、上下尊卑关系、继嗣关系、妯娌关系等做了明确的规定，还对忠、孝、节、义等内容做了具体的归纳。将家风建设的主要内容“法律”化，做到家风建设有法可依，有制度可循，这是徽州绝大多数家庭、家族为实现家风建设的健康发展所采取的共同做法。第二，族规家法是家风形成与发展的制度保障。徽州族规家法能够制约家人、族人的行为，使家人、族人的行为在族规家法允许的范围内进行活动。徽州族规家法对徽州家庭、家族家风形成和发展这种制度保障，主要体现在以下两个方面：一是族规家法对家人、族人的各种行为都做了规定，这些规定一方面告诉家人、族人，必须根据族规家法所规定的内容来活动，另一方面告诉家人、族人，族规家法保护符合族规家法有关规定的行为。二是族规家法在对背离族规家法的行为所做的规定具有强制性。凡是背离族规家法的行为，都要受到族规家法的惩罚。徽州族规家法在此方面所做的各种规定都是明确的、具体的，如休宁陈氏《家训》规定：“后嗣倘有不肖，蔑视家法，荡检疏闲，必致倾家弃产，废尽祖业，累及妻子啼饥号寒，无可控诉，而尚不悔悟，为亲族所鄙，羞辱祖宗，莫此为甚。惟望为贤父兄者，防微杜渐，时时警戒。如或子弟执迷不悟，甘为匪类，许执遗命，投明本族，绳之以祠规，逐出祠外，不许复入……今予生九子，诚恐贤愚不等，或致参商，且虑后世子姓繁衍，渐失孝友天真，特著斯言，以垂训于后……倘有顽梗不化者，则悬予像于中堂，请本房亲长公论杖罚；居桑梓则照祠规绳之。余言具在，永以为鉴。”[①]祁门文堂陈氏《文堂乡约家法》规定：“有忤犯父母、祖父母者，有缺其奉养者，有怨訾者，本家约正、副，会同诸约正、副言谕之。不悛即书于纪恶簿，生则不许入会，死则不许入祠。”

① 《休宁陈姓阄书》，康熙五十九年。

三、徽州家风的建设实践

正如前文所说，徽州家风传承通过徽州家训实践而得以实现，但实践的家庭、家族大多家风淳朴。在这一过程中，徽州家训被越来越紧密地应用到徽州家风建设中来。典型的例子至少有两个，一个是在明清时期徽州家庭、家族家风建设中，徽州家训是得到了实行的。如胡作霖，字在乾，清代黟县人，他“闲居喜聚家人谈古今名人嘉言懿行，尝教其子曰：‘读书非徒以取科名，当知作人为本。’”[①]汪婺，清代歙县人，其子成为进士后被迎养入京时仍不忘教育儿子“凡事据理准情，总期无愧于己，有利于物，是在虚心省察，不可偏听，不可轻举”[②]。二是徽州家训在明清时期徽州家风建设中的传承。这在由明至清的家训条文中可以得到证明。如绩溪《南关许氏惇叙堂宗谱》卷八《家训》称：“家训必须粗言俗语，妇孺皆知。又必每年春分、冬至祭祖以后宣讲一次，其有关风俗非浅。后世子孙，慎勿视为具文，庶男女皆知向善，而我后克昌矣。”[③]黟县南屏叶氏《祖训家风》称：“敬述祖训家风。维我祖宗详立家训，美善多端，阖族奉行，阅世二十，历年数百，罔敢懈怠。其所以正人心、厚风俗者，至周且详也。今敬录于谱，以垂不朽云。”[④]

徽州持续不断的家训实践，与徽州家风传承对徽州家训的持续需求不无关系。明清时期徽州家风建设的进程是一项贯穿于明、清两个时期的过程，从实践来看，徽州持续不断的家训实践，是徽州家风建设不断得到推进的重要措施。以徽州家训实践的推动路径为依据，我们可以将徽州家风建设实践划分为三种模式：第一种是通过家长身体力行、榜样示范来带领家风建设。如清代黟县人朱作楹要求儿子“凡事毋占便宜”，自己也“每学吃亏”[⑤]。清代黟县人胡作霖“尝以‘勤’‘俭’‘和’‘忍’四字自矢，自父殁后，守先人之业三十余年，

① 民国《黟县四志》卷十四《胡在乾先生传》。

② 刘毓崧：《通义堂文集》卷六《程母汪太宜人家传》。

③ 绩溪《南关许氏惇叙堂宗谱》卷八《家训》，许文源等纂修，清光绪十五年木活字本。

④ 黟县《南屏叶氏族谱》卷一《祖训家风》，叶有广等纂修，清嘉庆十七年木活字本。

⑤ 王世华：《徽商家风》，安徽师范大学出版社2014年版，第97页。

不取薪金，不置私产，布衣疏食，早起晏休，殊为人所难。……先后与伯氏同居数十年，家口三十余人，有一衣一食之微，莫不推多让美”[①]。该模式在明清时期的徽州最为常见。第二种是通过族规家范来引领家风建设。即按照族规家范的规定，培育和建设好的家风，促使好的家风代代相传。如黟县环山余氏宗族将《余氏家规》“悬于祖庙，使子孙观览取法”“载之篇首，昭示百世”[②]。祁门武溪陈氏宗族“设以局务，垂以规矩，推功任能，彰善惩恶。公私出纳之式，男女婚嫁之仪，蚕事、衣粧、贷财、饮食一切，条分缕析，合子子孙孙，自一庄以至数百庄，自一世以至千百世，惟知谨守历代成规”[③]。第三种是通过家训思想来统领家风建设。与理学所倡导的伦理思想相适应，徽州家训普遍强调孝亲、敬长、教子、读书、修身、立志、进德、齐家、兄友、弟恭、睦邻、勤俭，其具体实施效果是这些伦理思想成为徽州家风建设的宗旨。这样的徽州家风，这样的徽州家训，承载了徽州家庭、家族对后代的期望。如歙县东门许氏宗族推行《许氏宗祠条规议》，旨在促使“后之贤者继先世之志，守今日之规，子孙绳绳，引而勿替，庶不坠先人孝友之泽，以成礼义之风”[④]。

第三节　明清时期徽州家训与徽俗的形成

明清时期徽州家训实践已经揭示了一个重要道理：没有成功的徽州家训，徽俗则无法巩固，甚至难以形成。而徽州家训的有效实践则又必须具备一个前提，那就是徽俗在徽州家庭、家族的高度认同，它既是徽州家训实践可能性的前提，也是徽俗传播的前提。徽州家训与徽俗的形成具有内在关联。

---

① 民国《黟县四志》卷十四《胡在乾先生传》。

② 《古黟环山余氏宗谱》卷一《余氏家规》，余攀荣总纂，余旭昇修，民国六年木活字本。

③ 《武溪陈氏宗谱》卷一《家法三十三条》，清同治十二年刊本。

④ 《重修古歙东门许氏宗谱》卷八《规约》，许登瀛纂修，清乾隆十年刻本。

一、徽俗的内涵解读

徽俗是指徽州的风俗习惯。明清时期的徽俗，可以从有关资料中了解。《歙事闲谭》卷八程且硕《春帆纪程》载：“徽俗，士夫巨室，多处于乡，每一村落，聚族而居，不杂他姓。其间社则有屋，宗则有祠，支派有谱，源流难以混淆。主仆攸分，冠裳不容倒置。至于男尚气节，女慕端贞，虽穷困至死，不肯轻弃其乡。女子自结缡未久，良人远出，或终其身不归，而谨事姑嫜，守志无怨。此余歙俗之异于他俗者也。乡村如星列棋布，凡五里十里，遥望粉墙矗矗，鸳瓦鳞鳞，棹楔峥嵘，鸱吻耸拔，宛如成郭，殊足观也。”《寄园寄所寄》卷一一载：“徽俗重门族，凡仆隶之裔，虽显贵，故家皆不与缔姻。他邑则否，一遇科第之人，即紊其班辈，昧其祖先，忘其仇恨。行贿媒妁，求援亲党，倘可联姻，不恤讥笑，最恶风也。”《太函集》卷一《黄氏建友于堂序》：“新安多世家强盛，其居室大抵务壮丽，然而子孙能世守之，视四方最久远，此遵何德哉！新安自昔礼义之国，习于人伦，即布衣编氓，途巷相遇，无论期功强近、尊卑少长以齿。此其遗俗醇厚，而揖让之风行，故以久特闻贤于四方。”弘治《徽州府志》卷一《风俗》：徽俗“益尚文雅，宋名臣辈出，多为御史谏官者。自朱子而后，为士者多明义理，称为‘东南邹鲁’”。《歙事闲谭》卷十八《歙风俗礼教考》：“商居四民之末，徽俗殊不然。歙之业鹾于淮南北者，多缙绅巨族，其以急公议叙入仕者固多，而读书登第、入词垣跻朊仕者，更未易卜数。且名贤才士，往往出于其间，则固商而兼士矣。浙鹾更有商籍，岁科两试，每试徽商额取生员五十名，杭州府学二十名，仁钱两学各十五名。淮商近亦请立商籍，斯其人文之盛，非若列肆居奇、肩担背负者，能同日语也。自国初以来，徽商之名闻天下，非盗虚声，亦以其人具干才、饶利济、实多所建树耳。故每逢翠华巡幸，晋秩邀荣，夫岂幸致哉。则凡为商者，当益所劝矣。”

徽俗从地域上可划分为歙县风俗、祁门风俗、绩溪风俗、婺源风俗、黟县风俗和休宁风俗。这几种风俗既有区别，又有联系，大致状况是：

歙县：

人尚气节，民素朴淳，语音不一，嗜欲靡同。西北好饰而柔雅，东南守约而俭勤。刀耕火种，妇子苦营，无骑徒步，衣食鲜丰。宁甘斗讼，好义故争。不惮卜兆，厚亲是存。[①]

祁门：

祁山昂峭而水清驶，人故矜名节。产薄，行贾四方，知浅易盈，多不能累大千大万，然亦复朴茂。务节俭，不即荡淫。士习蒸蒸礼让，讲学不辍，诵说诗书，比户声名文物，盖东南屈指焉……服田者十三，贾十七……春出冬归，或数岁归。家务蓄积，茹淡操作，日三食馇粥，不畜乘马，不畜鹅鹜。贫窭数月不见鱼肉，女人织木棉，同巷相从绩纺，常及夜分。相竞以贞，故节烈著闻多于他邑。旧家多世系……宗谊甚笃……土俗与诸邑概同。[②]

绩溪：

隶于徽而田畴不逮婺源，贸迁不逮歙、休宁。其土瘠，其民勤……然而士食旧德，农服先畴，知稼穑之艰难，听祖考之彝训，慎斯术也。[③]

婺源：

岁概田所入不足供通邑十分之四，乃并力作于山，收麻蓝粟麦佐所不给，而以其杉桐之入易鱼稻于饶，易诸货于休。走饶则水路险峻，仅鼓一叶之舟；走休则陆路崎岖，大费肩负之力。故生计难，民俗俭，负气讼牒繁，不善服贾。十家之村，不废诵读。士多食贫，不得已为里塾师，资束脩以自给，至馆百里之外不惮劳。其山峻而水清，以故贤才间出，士大夫多尚高行奇节，在朝在外，多所建树。其潜心性命之学，代不乏人。厥坚刚，故用之善，则正直，为高明，

① 《歙问》，载张海鹏，王廷元：《明清徽商资料选编》，黄山书社1985年版，第19页。
② 万历《祁门志》卷四《风俗》。
③ 乾隆《绩溪县志·风俗》，清乾隆二十一年刊本。

为风节。用之不善，则为忿戾，为褊固，为狷急。自唐宋以来，卓行炳文，固不乏人，然未有以理学鸣于世者。至朱子得河洛之心传，以居敬穷理启迪乡人，由是学士急自濯磨以冀闻道，风之所渐，田野小民亦皆知耻畏义。[①]

黟县：

民多纯良，守法律，娴礼教，聚族而居……俗重贸易，男子成童，即服贾四方……妇人专主家政，力持节俭。贫乏之家，乃至佣耕以供食，虽极困苦，鬻男卖女之事，亦不常见。[②]

休宁：

四方谓新安为东南邹鲁，休宁之学特盛。[③]

（休宁）明兴，椎朴少文，里子不识城市。……（洪）熙（弘）治以还，人文骎起。嘉隆间，汇拔联翩，云蒸龙变，即就试有司，动至数千人。其有怀才而登别籍，或怀赀而登成均。至占籍者，国夥于乡；起家者，客埒于主，文岂不日盛哉！青衿之士，恂恂绳检，郡中诸邑，未至或先……分席程朱，名儒代有；嗣扶姚江之旨，耿若星辰。迨讲院既开，明性宗者，比比而是。[④]

此外，徽州人对修谱极为重视，认为“尝谓族之有谱，犹国之有史。史以纪一代之始终，谱以叙一姓之源流，其体一也。始终备而是非存焉，源流具而亲疏别焉，其用同也。是故国无史则千载之下无公论，族无谱则百世之后无定论。无公论而公理之在于人心者，犹不可泯也；无定论则礼教不兴，人心日漓，而风俗日偷，其弊有不可胜言者矣。甚哉，谱之不可以不作也”[⑤]。“谱者，家之大典，姓氏之统于是乎出，宗祖之绩于是乎章，子姓之绪于是乎传，宗法于是乎立，礼

① 光绪《婺源县志》卷三《风俗》，吴鹗、汪正元纂，清光绪九年刊本。

② 《黟县乡土地理·风俗》，载张海鹏，王廷元：《明清徽商资料选编》，黄山书社1985年版，第29页。

③ 万历《休宁县志·重修休宁县志序》。

④ 万历《休宁县志》卷一《契地风俗志》，载张海鹏，王廷元：《明清徽商资料选编》，黄山书社1985年版，第40页。

⑤ 婺源《溪源程氏势公支谱·序》，程祁传述，程项续，程时化校正，影抄嘉靖刻本。

义于是乎兴，胡可缓也。”[①]“家之有谱，犹国之有史也。国而非史，则君臣之贤否，礼乐之污隆，刑政之臧否，兵机之得失，运祚之兴衰，统绪之绝续，无由以纪；家而非谱，则得姓之源流，枝派之分别，昭穆之次序，生卒之岁月，嫁娶之姓氏，出处之显晦，无由以见，国何以治，而家何以齐哉？”[②]在此背景下，徽州各族都将修谱视为宗族的盛典，如婺源《武口王氏统宗世谱》记载说：“传至有明之季，每当周甲一修。各派诸君，趋义捐输。家乘大典，昭如日星。”又如《歙西溪南吴氏世谱》记载称：许多宗族“谆谆修族谱、修茔志，近者三年五年，远则三五十年，以其本固而末不摇”。于是，修谱也成了徽州的一大风俗。正如歙县《桂溪项氏族谱·汪太傅公序》所云：“新安居万山中，风淳俗古，城郭村落率多聚族而居，故于族谊最笃，而世家巨阀尤竞竞以修谱为重务。”

二、徽俗的家训根源

徽俗为什么能形成、发展？我们对徽俗进行分析后认为，明清时期徽州家训实践是重要的原因。以下展开论述。

教人成俗是明清时期徽州家训实践的重要思路，明清时期徽州家训在此方面提出明确要求，抓住了徽俗形成、发展的关键措施。通过梳理明清时期徽州家训可以清楚地看到，教育家人、族人，形成良好风俗、习惯，是明清时期徽州家训的一大追求。如歙县《潭渡孝里黄氏族谱》卷四《家训》称：“歙县为立宗法、以敦风化事。”黟县横冈胡氏宗族订立《宗族家规》旨在敦孝弟、睦族属、励人品、崇学校、务本业、正名分、谨闺范、儆游惰、严匪僻、急赋税、息词讼。歙县东门许氏宗族制订《家规》重视尊崇族长、公举族副、整饬宗祠、彰善瘅恶、元旦团拜、庆赏元宵、春秋祭祀、春祈秋报、清明墓祭、经理祭田、举行冠礼、正始闺门、男女婚嫁、居丧吊丧、养正于蒙、居家孝弟、敦义睦族、交邻处友、擅兴词讼，要求家人、族人做到“循环传递，以示世守”。徽州家庭、家族把教育家人、族人化俗紧紧抓

① 《程典》卷十二《本宗列传》第二下，程一枝纂修，明万历二十七年家刻本。
② 《歙西溪南吴氏世谱》，吴元满纂修，明万历三十年刻本。

在手上，坚持家训实践，提出具体要求，采取系列的举措加大教人化俗力度，让家人、族人远离不良风俗，使家风、族风、社风得以净化。比如休宁富溪程氏宗族“自宋中书舍人府君起家，迨今五百祀矣，世守祖训，钦遵圣谕，由是义声文献赖以弗坠”[①]。祁门武溪陈氏宗族“袭秘监之累功，承著作之遗训，代专孝弟，继业典坟，自是子孙广众，存殁仅十代，会元二千人。祖创孙谋，窃有余庆”[②]。明清时期徽州家训实践证明，徽俗的形成、发展并非一朝一夕之功，而是代代相承的结果，正如休宁《商山吴氏宗法规条》所云：“商山之吴，自宋子明公始，以国录、文肃二公显，厥后奕奕，世有令闻，若先名贤基仲公、兰皋公、义夫公，名理艺，致雅可羹墙矩矱。近世有处士和斋公者，今孝廉讳应试者大父也，倜傥能义，以承先裕后为己任，尝声大众保祖墓之侵渔，而构祠统宗以嘉魂魄，以联子姓，昭穆谆谆，申蒸尝之义，重葛藟之庇，故月旦明而风俗美，有由来矣。”[③]

从内涵及外延来说，徽俗形成的徽州家训根源有三个方面因素：第一，通过徽州家训的规则和措施推进徽俗的形成和发展，保证徽俗相沿以传，长期存在。第二，徽州家人、族人要严格遵守徽州家训规定，崇孝养、序长幼、别内外、勤耕种、敦教训、谨丧祭、正婚姻、恤患难、匡习尚、禁投纳，否则，轻者，从严训导，令其悔悟；重者，送官惩治，或斥革出族。前者如绩溪华阳邵氏《家规》规定了“书谱”的内容，并具体规定了“辨尊卑、别长幼”的行使原则和后果：“宗长立《谱系》一册，凡子生三日，抱见祖先，次见宗长，书名，书其年月日时；既冠，书其字行；既娶，书其妻之姓氏。生子不告者，不书；不以礼娶者，不书。犯祖讳、重名行者，悉令改正。”[④]后者如祁门锦营郑氏《祖训》要求家人、族人慈子弟、和邻里、睦祭祀、力树艺、毋胥欺、毋胥讼、毋犯国法、毋虐寡弱、毋博弈、毋斗争、毋相攘窃奸侵以贼身、毋鬻子，明文规定：“有一于此者，不耻

① 《富溪程氏中书房祖训家规封丘渊源考》，作者不详，清宣统三年钞本。

② 《武溪陈氏宗谱》卷一《家法三十三条》，清同治十二年刊本。

③ 休宁《商山吴氏宗法规条》，作者不详，明万历钞本。

④ 绩溪《华阳邵氏宗谱》卷十七《家规》，邵玉琳、邵彦彬等纂修，清宣统二年叙伦堂木活字本。

于族，死不入于祠。”[1]第三，注重以家训的规定为依据，解决家人、族人中存在的不尊重徽俗的问题。明清时期的徽州家训有重视解决家人、族人不尊重徽俗问题的传统，究徽俗、观徽俗、传徽俗，是徽州家庭、家族的家长、族长恪守的祖训。徽州家庭、家族的家长、族长不仅针对问题制订家训、族训，而且通过一系列规范化的措施，将家人、族人中存在的不尊重徽俗的问题，在徽州家训实践中解决，为后世留下用家训治理风俗的经验。比如绩溪周坑周氏《宗训》十四条中，诸如：“天下事常成于俭约，而败于奢侈。”“夫妇，人伦之始，万化之源。”“朋友，纪纲人伦，所关最重。”“学者以治生为先，君子必富而后教。”“诉讼一事，最当谨始。”[2]等规定，与徽州家庭、家族的家长、族长对徽俗的理解完全是一个层面的问题。徽俗可以在家长、族长层面得到阐释，其被遵循也可以以徽州家训规定为依据。从此意义上说，徽俗就来自这种阐释在徽州社会通过徽州家训落实下来的风尚、习俗。

三、徽州家训在徽俗形成中的作用

徽俗的形成，明清时期的徽州家训功不可没。如果我们广泛地分析明清时期徽州的家训，就会发现，明清时期徽州家训中存在着促进徽俗形成的各种举措。比如“养正于蒙”，明清时期徽州家训中被广泛采用，如在休宁王氏、歙县东门许氏、绩溪积庆坊葛氏、歙县金山洪氏、黟县鹤山李氏、歙县江氏、婺源武口王氏、休宁茗洲吴氏、绩溪明经胡氏、祁门金氏、绩溪东关冯氏、黟县环山余氏、绩溪西关章氏的家训中都可见到。这些家训中的“养正于蒙”，既强调知识的追求，又强调人生的追求，也重视个人修养。“养正于蒙”，显然有助于社会良好学习风气的形成，有助于人们良好生活习惯的养成，有助于社会风气的净化。再比如“禁止恶习”，这样的禁诫在明清时期徽州家训中广泛存在，如黟县环山《余氏家规》的“禁止闲游”，婺源武

① 祁门《锦营郑氏宗谱》卷末《祖训》，郑道选修，清道光元年刻本。

② 《周氏重修族谱正宗》卷一《宗训》，周思老、周思宣、周齐贤总理，清康熙五十五年刻本。

口《王氏家范十条》的“禁止迷信”，歙县金山洪氏《家训》的“禁止赌博”，绩溪《华阳邵氏宗谱》卷十七《家规》的“戒溺女婴”，歙县吴越钱氏《家训》的“禁斗讼”，黟县南屏叶氏《祖训》的“禁邪僻”，绩溪梁安《高氏祖训》的“禁溺女”，黟县环山《余氏家规》的“禁游侠”，绩溪鱼川耿氏《家族规则》的“禁戒事项”，休宁《茗洲吴氏家典》的“戒靡费”“戒禽兽行”“戒赌博”“戒竞讼”等。与“禁止恶习”相对应的字样是“表彰善行”，明清时期徽州家训“禁止恶习”的目的不是仅为了“抑恶”，也是为了“扬善”。明清时期徽州家训“扬善”，如祁门文堂陈氏《文堂乡约家法》的“有善者即时登记”，歙县东门许氏《家规》的“惩已往之愆，图将来之善”，绩溪的《东关冯氏祖训》的“父各以此教子，兄以此教弟，夫各以此教妇。反复开导，时时检点，务须事事遵行，尽除前非，尽改恶习。同族之中，有过相规，有善相劝”，绩溪《石川周氏祖训十二条》的“凡我族男女，务须各存善心，勉力做好事，自然福寿绵长，子孙昌盛也”等，不一而足。显然，明清时期徽州家训“禁恶”是为了“扬善”。这种对“恶”的抑制，对“善”的追求，是明清时期徽州家训内容的一大特点，无疑会促进徽州优良风俗的形成。再比如“重视修谱”，如祁门《平阳汪氏族谱》规定：“谱之修，为人第一件事。苟代远年湮，生卒莫考，何从汇稿？今议嗣后三十年一小修，五十年一大修。”[①]绩溪《华阳邵氏宗谱》规定：“谱牒之设，所以昭世系，辨尊卑。时既远也，宜世加修辑，尤宜宝藏，不可轻鬻他族，俾鱼目有乱珍之弊。”[②]休宁范氏《林塘宗规》规定：“谱牒当重：谱牒所载，皆宗族祖父名讳，孝子顺孙目可得睹，口不可得言。收藏贵密，保守贵久。”[③]类似规定在徽州家训中比比皆是，导致“在徽州，除佃仆等所谓‘贱种’无家谱外，几乎没有无谱之族”[④]。除上述举措外，明清时期徽州家训还直接影响徽俗，成为徽俗的倡导和规范。徽俗的形

① 祁门《平阳汪氏族谱》卷首《家规》，汪大樽等纂修，清同治七年木活字本。

② 绩溪《华阳邵氏宗谱》卷十七《家规》，邵玉琳、邵彦彬等纂修，清宣统二年叙伦堂木活字本。

③ 休宁《范氏族谱·谱祠·林塘宗规》，范涞纂修，明万历三十三年刻本。

④ 李琳琦：《徽商与明清徽州教育》，湖北教育出版社2003年版，第13页。

成，与明清时期徽州家训的直接倡导密切相关，是明清时期徽州家训直接倡导的必然结果。明清时期徽州家训倡导的节俭、礼仪、义行、勤业、忠君、孝顺、济贫、救灾、睦邻、友敬等原则，始为徽州人所遵循，而成为一种民俗。如绩溪《明经胡氏龙井派祠规》记载："里名胜母而曾子不入，邑号朝歌而墨翟回车，无他，俗不善也。昔陈述古先生戒仙居民有云：'为吾民者，父义、母慈、兄友、弟恭、子孝。夫妇有恩，男女有别；乡闾有礼，子弟有学；贫穷患难，亲戚相救；婚姻死丧，邻保相助。无惰农业，无作盗贼，无学赌博，无好争讼，无以恶凌善，无以富吞贫。行者让路，耕者让畔，颁白者不负戴于道路，则为礼义之俗矣。'此先正之格言，风俗之厚尽此，尔后人其奉为圭臬也。"[1]黟县《鹤山李氏宗谱》记载："昔茗洲朔、望有塾讲，四时有族讲，故风移俗易，成自易易。我族旧例，凡正月初四、七月十五以及冬至，族人咸集宗祠祭祖。嗣后，每年当于此三日高声对众宣讲，令人人饫闻其训，归家则父诫其子，兄勉其弟，夫励其妻，庶几家喻户晓，敦让成风。"[2]

第四节　明清时期徽州家训与儒学的普及

徽州是"程朱阙里"。《东山赵先生行状》载："新安自朱子后，儒学之盛，四方称之为东南邹鲁。"经过宋元明清时期的实践发展，儒学在徽州流传之广、影响之大、普及之深，远非它郡可比。赵汸《商山书院记》记载称：徽州"自井邑田野以至于远山深谷、居民之处，莫不有学、有师、有书史之藏。其学所本则一以郡先师朱子为归。凡六经传注、诸子百氏之书，非经朱子论定者，父兄不以为教，子弟不以为学也。是以朱子之学虽行天下，而讲之熟、说之详、守之固，则惟新安之士为然"。赵吉士《寄园寄所寄·新安理学》记载云："新安自紫阳峰峻，先儒名贤比肩接踵。迄今风尚醇朴。虽僻村陋室，肩圣贤而躬实践者，指盖不胜屈也。"究其原因，除了朝廷的重视、

① 绩溪《明经胡氏龙井派宗谱》卷首《明经胡氏龙井派祠规》，胡宝铎、胡宣铎纂修，民国十年木活字本。

② 黟县《鹤山李氏宗谱》卷末《家典》，李世禄纂修，民国六年活字本。

历代官绅的扶持和理学名儒的宣扬之外，明清时期徽州家训对它的传播及其实践，是一个重要的原因。

一、徽州家训促进儒家经义在徽州的传播

在明清时期的徽州，儒家经义是徽州家训的“取道之原”。明清时期徽州家训中所有说理部分，无不是阐明儒家经义。如绩溪《曹氏宗谱》：“建祠萃涣，立法贻谋，整齐子孙，亦助宣教化。族姓繁庶，匪仁弗联，匪义弗饬。辞以训之，有法有戒，义也，亦仁也。吾先人忠厚垂谟，既有家训以镜来者，今追维往训，加著《训辞》十则，俾子孙奉持而恪守焉。盖正内正外，此身可范于家，而兴让、兴仁，一家可推于国，非细故也。”[①]将儒学中的“义、仁”推为家人立身行事之根本。又如李绿园《家训谆言》：“学之为言，效也。如学匠艺者，必知其规矩，然后亲自做起来。今人言学，只有‘知’字一边事，把‘做’字一边事都抛了。试思圣贤言孝、言悌、言齐家、言治国，是教人徒知此理乎？抑教人实做其事乎?”强调“知”先于“行”，以“行”为重，进而对圣贤思想做了思考。

明清时期徽州家训为何重视对儒家经义的阐释？主要原因有三：一是如前文所述，明清时期徽州家训的形成与发展，深受儒学的影响。这样，确定徽州家训的目的和内容，就必须在这种文化背景中去理解它。二是受朱熹教育思想的影响，几乎所有的明清时期徽州家训都认为“读书必先经史而后帖括。经史不明，而徒以八股为务，则根柢既无，难言根十之畅茂”[②]。三是明清时期徽州家训重要任务之一便是宣传、传播儒学，而儒家经典似明而晦，“初学亶未易悟”，于是为了使家训通俗易懂，破解儒学精当之论就成了必要之举。在这个意义上，明清时期徽州家训就是儒学的普及读物。明清时期徽州家训的实践，给儒家经义的传播注入了强大动力，有力促进了儒家经义的广泛传播。如休宁《叶氏族谱》记载称：“二百年来，钦奉无斁，而又

① 《曹氏宗谱》卷一《家训·旺川家训后十则》，曹成瑾等纂修，民国十六年敦叙堂木活字本。

② 陆林：《中华家训》，安徽人民出版社2000年版，第470页。

时时令老人以木铎董振传诵，人谁不听闻？而能讲明此道理者鲜。于是，近溪罗先生为之演其义，以启聋聩。祝无功先生令我邑时，大开乡约，每月朔望，循讲不辍，期于化民善俗。又即罗先生演义，删其邃奥，摘其明白易晓、可使民由者，汇而成帙，刻以布传。虽深山穷谷、遐陬僻壤，靡不家喻户晓。”①

二、徽州家训促使儒家经典在徽州的流传

在明清时期的徽州，儒学的普及是与儒家经典的流传紧密联系在一起的。作为儒家经典流传渠道的重要组成部分，徽州家训自然也就承担起在家训实践中教育、督促子女学诵儒家经典的重任。明清时期徽州家训对儒家经典的关注与传播，以及由此带来的儒家经典在徽州的普及，其表现是尤为明显的。引人注目的有以下三点：

一是学诵儒家经典。学诵儒家经典，是徽州人领会儒学精神的最重要的途径。明清时期，徽州人大多从小即学诵儒家经典。此传统早在宋元时期即已形成，如元代学者陈栎，三岁时即从祖母学诵《孝经》《论语》，到十五岁时，乡人皆拜他为师。徽州家训的重要贡献体现在许多重要的方面，包括儒家经典的选择。宋元明清时期徽州家训对儒家经典的选择各有侧重，如朱熹的《训蒙诗》将《四书》列为教材和读物：“‘小学’者，小子之学也。学有小有大，小子之学即‘小学’，书（指“四书”）中所载‘三纲领’‘九条目’是也。”绩溪东关《冯氏祖训》将《小学》列为教材和读物：家中子弟“稍识字义，即宜以《小学》《呻吟语》《五总［种］遗规》及《先哲格言》等书，常常与之观看，弹词、小说最坏心术，切勿令其入目，见即立刻焚毁，勿留祸根”②。陈栎的《论语训蒙口义》则将“四书”《大学》《论语》列为教材和读物：“读‘四书’之序，以《大学》为先，然纲三目八，布在十有一章，初学未有许大心胸包罗贯穿也。《论语》或一二句、三数句为一章，照应犹易，启发童蒙宜莫先焉。”不过从总

① 休宁《叶氏族谱》卷九《保世·家规》，叶文山等纂修，明崇祯四年刻本。

② 绩溪《东关冯氏家谱》卷首《祖训》，冯景坡、冯景坊纂修，清光绪二十九年木活字本。

体上看，宋元明清时期徽州家训要求家人、族人读的教材和读物几乎都是儒家经典，其中以朱熹所著为代表：“凡六经传注、诸子百氏之书，非经朱子论定者，父兄不以为教，子弟不以为学也。是以朱子之学虽行天下，而讲之熟、说之详、守之固，则惟新安之士为然，故四方谓‘东南邹鲁’。其成德达才之士为当世用者，代有人焉。”①

二是研究儒家经典。宋元以后，徽州经学研究之风日盛，当时徽州人为了传播、发展朱子学，形成了一个学派——新安理学。当时朱子学的传人和正宗大多潜心研究经学，著述颇丰，如陈定宇的《四书发明》、胡云峰的《四书通》、倪士毅的《四书辑释》、程复心的《四书章图》、汪克宽的《春秋纂疏》、鲍云龙的《天原发微》、胡一桂的《周易纂疏》、郑师山的《春秋阙疑》、朱枫林的《六经旁注》、赵东山的《春秋属辞》等，这些共同构成了徽州经学文化的精神传统。无论是内容，还是思想，徽州地区所产生的经学研究成果，都是徽州文化系统中最具有普遍精神的文化成果，对明清时期徽州儒家经典的研究产生了深远的影响，为儒家经典在徽州的流传做出了重大贡献。

三是注重经学传家。应该说，儒家经典之所以在徽州广为流传，与徽州家庭、家族注重经学传家有密切的关系。从唐宋时期“经学传家”的传统由“中原衣冠”传入徽州开始，徽州逐渐形成了各个“经学传家”的家庭、家族，如明经胡氏宗族、严田李氏宗族、西门汪氏宗族、茶院朱氏宗族、茗洲吴氏宗族等，最后形成了经学在徽州广泛传播的局面，也铸就了徽州世家大族的辉煌。以明经胡氏宗族为例，《始祖明经公传》载胡昌翼“后唐同光三年，以明经登第”，“倡明经学，为世儒宗，尤邃于《易》”，人称“明经翁”。后裔以经学传家，署其族曰“明经胡氏”。显然，这种“经学传家”传统虽然具有名人效应，但必须将其传统延续，使之代代相承，恰恰是后代的持续传承，完成了这样一个重要的“经学传家”使命。明经胡氏宗族仅宋元时期，就先后出了七位经学名家，他们是胡伸、胡方平、胡斗元、胡次焱、胡一桂、胡炳文、胡默，世称“七哲名家”②。

① 道光《休宁县志》卷一《风俗》，何应松修，方崇鼎纂，清抄本。
② 赵华富：《徽州宗族研究》，安徽大学出版社2004年版，第567—568页。

三、徽州家训推动儒学思想在徽州世俗化

儒学思想是明清时期徽州家训活动的最高原则。它对于明清时期徽州家训活动的意义在于：儒学思想确保徽州人在进行家训活动时坚持儒家伦理道德规范，而不受其他思想的影响和左右，保证徽州家训始终在其影响、指导下对徽州家庭、家族成员发生作用和影响。正因为如此，几乎所有的明清时期徽州家训都以儒家思想为依归。

徽州家训是儒学思想在徽州世俗化的重要载体。它对于儒学思想在明清时期的徽州世俗化的意义主要体现在三个方面：一是把儒学思想具体化。家训作为徽州家庭、家族活动的重要形式，是儒家思想的具体化，具有明确的规定及可操作的内容。二是把儒学思想通俗化。徽州家训因其通俗地展现儒学思想、儒家伦理，诸如孝、悌、忠、信、礼、义、廉、耻等，而得到徽州社会广泛认同。三是把儒学思想生活化。徽州家训无一例外都是强调儒学思想、儒家伦理在家训实践中的应用，特点是把儒学思想讲清楚，把儒家伦理说明白，使儒学思想、儒家伦理更好地为家人、族人所运用。如婺源济阳《江氏家训》、祁门锦营郑氏宗族《祖训》、绩溪东关冯氏宗族《家规》、休宁《茗洲吴氏家典》、黟县横冈胡氏宗族《家规》等，都是通过家训展现儒学思想、儒家伦理，为如何使抽象的理想逻辑、伦理逻辑转变为形象的生活逻辑做了很好的示范。可见，明清时期徽州家训实是儒学思想、儒家伦理世俗化的重要工具。明清时期徽州家训通过对儒学思想、儒家伦理内核的概括，将儒学思想、儒家伦理转化为家人、族人的行为规范，促使家人、族人自觉地履行儒家伦理道德规范，以实现化家人、族人成俗的目的。

第五节　明清时期徽州家训与徽州宗族制度的强化

明清时期的徽州，强宗固族成为徽州家训的重要目标。在强化徽州宗族制度的途径上，徽州家庭、家族的家长、族长始终主张多种形式。从徽州家庭、家族实践来看，虽然形式多样，但主要还是通过徽州家训来实现的。徽州家训符合徽州的家庭、家族环境，加上徽州宗族社会的制度保证，所以，徽州家训在徽州得到广泛推广，在徽州宗族制度的强化过程中发挥了不可忽视的实际作用。

一、徽州宗族制度对徽州家训的要求

徽州宗族制度是唐宋以后在徽州发展起来的一种以家族为中心、以血缘为纽带的社会管理制度，虽然起步比中原地区晚，但在组织建设和管理范式上有较鲜明的徽州特色。叶显恩的《徽州与粤海论稿》将之概括为："坚持以父系为中心的严格的血缘关系，并与地缘相结合；坚持严格的尊卑长幼的等级制度和主仆名分；重坟墓祠堂，坚守尊祖敬宗和恤族，崇尚孝道。"[①]体现出徽州宗族制度的严密和组织的发达。

徽州宗族制度的形成、发展与明清时期徽州家训实践息息相关。明清时期徽州家训实践既是徽州宗族制度的安排，也是徽州宗族制度形成与发展的促进力量。徽州宗族制度对徽州家训的要求主要有以下两个方面：一是在明清时期的徽州，每个家庭、家族的家训都置身于徽州宗族制度的格局之中，受徽州宗族制度的影响和制约，徽州家庭、家族的家训只能在徽州宗族制度的框架内开展。如歙县《泽富王氏宗谱·宗规》规定："祠堂之设，所以报本重礼也。每岁正旦，集少长以叙团拜之礼。立春、冬至，遵依《家礼》祭祖，永不可失。"绩溪《明经胡氏龙井派祠规》规定："凡春分、冬至二祭，前期三日，祠首共入祠，肃办祭事。值事仆二人洒扫祠宇，拭几席，涤祭器。"休宁《茗洲吴氏家典》规定："冬至专祭始迁祖荣七公考妣，不别奉配，以隆特享……立春之祭，其正享、配享皆效仿《郑氏家规》，审慎斟酌而后定。"这些规定无一不是徽州宗族制度的安排。二是徽州宗族制度安排的明清时期徽州家训实践，并不是为了实践而实践，而是为了强宗固族。家训实践之所以有助于发展壮大家庭、家族，重要的一点就在于能够在家训实践中强化宗族统治。明清时期徽州家训的实践需要考虑徽州宗族意识形态，因而徽州家庭、家族在宗族制度安

① 叶显恩：《徽州与粤海论稿》，安徽大学出版社2004年版，第55页。

排中把家训放到重要的位置。如歙县《潭渡孝里黄氏族谱》记载："吾黄氏以孝行名里，当思祖宗贻谋之远，一举一动，皆须遵循礼法。"休宁《叶氏宗族保世》记载："家乘既终，提撕彝训，后人勿以虚文视之，庶世世相承，弥昌弥炽……"绩溪《东关冯氏家谱·祖训》记载："自家庭以及处事接物之道，罔不赅备，于此见人生一举足而不可忘祖宗之训也。"

二、徽州家训促使徽州宗族意识增强

宗族意识是社会意识的一种特殊形式，是族人关于宗族思想、观念和心理的总和，反映族人对宗族的本质、地位、功能的看法，对宗族的态度和信仰，对宗族的追求和向往以及对族人言行是否合乎族规、家法的评价导向。

徽州人与宗族有着割舍不断的感情和广泛的联系。他们为宗族的需要而生活，如《橙阳散志》载，歙县江村江氏，"为族党诸子偕攻制艺"，创建了聚星文社，"爰立规条，兼储会饩，每岁按季六举"。以宗族的要求为自己的行动指南，如黟县鹤山李氏善体祖宗之意，创立学田，"垂之永久，使世世子孙有所凭藉而为善"①。这种宗族意识是徽州宗法制度形成顽强生命力的思想保证，而明清时期徽州家训着力培养的正是这种意识。

明清时期徽州家训中的睦宗族、明宗祀、严祭礼、慎丧葬、修家谱等训诫，无一不蕴涵和体现着徽州社会的宗族观念。换句话说，睦宗族、明宗祀、严祭礼、慎丧葬、修家谱等训诫，贯穿于明清时期徽州宗族社会中人们的日常生活之中。伴随着徽州家训实践的不断深入，这些训诫不断强化，既融合了宗族的要求，又顺应了宗族发展的需要，成为明清时期徽州家训增强徽州宗族意识并有所深化的重要形式。

在明清时期徽州宗族意识不断增强的过程中，睦宗族、明宗祀、严祭礼、慎丧葬、修家谱等训诫发挥着独特的作用，明清时期徽州人所讲的修整祠堂、及时修谱、修整坟墓等问题皆寄寓其中："宗族虽

① 黟县《鹤山李氏宗谱》卷末《家典》，李世禄纂修，民国六年活字本。

亲疏不同，本吾祖一气，不可富欺贫、强凌弱、众暴寡，谓必叙以伦、接以礼可也。”[①]“一要修整坟墓，以安祖宗的体魄；二要修整祠堂，以安祖宗的神灵；三要及时修谱，以明祖宗的来历。”[②]正是基于这样的措施，在明清时期徽州宗族意识的增强中，徽州家训的独特作用得到了淋漓尽致的发挥。

明清时期徽州家训促使徽州宗族意识增强的措施，除了上述的几个方面外，更为重要的是，明清时期徽州家训将徽州社会“以教兴家”“遵礼崇德”转化为实践，为徽州社会宗族意识的增强提供了优越的社会环境。具体地说，徽州宗族“以教兴家”，重视宗族教育，旨在“亢宗”“大宗”。“子孙才，族将大。”[③]“人才之盛，宗族之光。”[④]“一族之中，文教大兴，便是兴旺气象。”[⑤]“非儒术无以亢吾宗”“宗族之大，子孙贤也。”[⑥]“族之有仕进，犹人之有衣冠，身之有眉目也。”[⑦]“巨室强宗之所以绍隆而不绝者，有世禄尔。”[⑧]徽州宗族“遵礼崇德”，强调“礼教”和“德教”，根本目的也在于“强宗”“固族”。歙县《方氏族谱》卷七《家训》对此有精辟的论述：“一家之人，高曾祖考，子孙玄庶，门分户别，众而为族。族至千百，称为故旧。然必喜庆相贺，忧戚相吊，疾病相问，患难相扶，乃为之族。苟昭穆紊而名分失序，亲疏隔而情爱不通，方圆相合而判然不相联属，秦越相视而邈然不相关系，则路人而已矣，何族之有？”

① 《荆川明经胡氏续修宗谱》卷一《祖训十三条》，胡学先、胡森顺等纂修，清光绪十年刻本。

② 绩溪《仙石周氏宗谱》卷二《石川周氏祖训十二条》，周善鼎等纂修，清宣统三年善述堂木活字本。

③ 绩溪《东关冯氏家谱》卷首《祖训》，冯景坡、冯景坊纂修，清光绪二十九年木活字本。

④ 歙县《方氏族谱》卷七《家训》，方怀德等纂修，清康熙四十年刻本。

⑤ 绩溪《东关冯氏家谱》卷首《祖训》，冯景坡、冯景坊纂修，清光绪二十九年木活字本。

⑥ 《歙西岩镇百忍程氏本宗信谱》卷十一《族约篇第九》，程弘宾等纂修，明万历十八年刻本。

⑦ 休宁《茗洲吴氏家典》卷六，吴翟等纂修，清雍正十一年木活字本。

⑧ 胡寅：《斐然集》卷二〇《企竦堂记》。

三、徽州家训促进宗族制度强固

徽州宗族制度的强固，离不开明清时期徽州家训的推动和维持。深受明太祖朱元璋和清圣祖康熙皇帝“圣谕”的影响，明清时期徽州家训重视家法、族规、祠规的制订与推行。明太祖的《教民六谕》是：孝顺父母，尊敬长上，和睦乡里，教训子孙，各安生理，毋作胡为。康熙皇帝的《圣谕十六条》是：敦孝悌以重人伦，笃宗族以昭雍睦，和乡党以息争讼，重农桑以足衣食，尚节俭以惜财用，隆学校以端士习，黜异端以崇正学，讲法律以儆愚顽，明礼让以厚风俗，务本业以定民志，训子弟以禁非为，息诬告以全良善，诫窝逃以免株连，完钱粮以省催科，联保甲以弭盗贼，解仇忿以重身命。按照《教民六谕》和《圣谕十六条》规定，治家主要包括笃宗族、敦孝悌、和乡党、重农桑、尚节俭、隆学校、黜异端、务本业、明礼让、训子弟、讲法律。就讲法律而言，联系治家的方法与途径，涉及家法、家规和祠规的制订、宣传、实施等主要环节。徽州家族立法的基本框架要点是：（1）制订家法。家法是家庭、家族对家人、族人实行的一种体现家长和族长意志、由家长和族长制订的家人行为规则。它规定了家人、族人行为的模式、标准和方向。它的对象不是固定的，而是抽象的，在相同的条件下，它反复使用。徽州家长和族长大多重视家法的制订，很多家庭、家族都有家法传世，如东关的冯氏家法、仙石的周氏家法、梁安的高氏家法、龙池的王氏家法等。（2）制订族规。族规也是家长和族长的意志的表现。徽州家长和族长用族规的形式将自己的意志表现出来，进而固定下来，并以族长和家长的权威要求家人、族人遵守。作为一种特殊的家人、族人行为规范，它和家法一样具有规范性、概括性和强制性的特点。族规与家法因而能交融互摄。徽州家长和族长强调家法与族规的统一，不仅重视家法的制订，还重视族规的制订。无论是黟县环山的余氏还是休宁宣仁的王氏，无论是休宁茗洲的吴氏还是歙县的许氏，他们都将制订族规作为兴旺家族和巩固家族的重要措施。新安武口的王氏《宗规》、黟县环山的余氏《家规》、休宁宣仁的王氏《家规》、歙县新州的叶氏《家规》、绩溪华阳的邵氏《家规》、歙县的许氏《家规》、黟县湾里的裴氏《家规》、歙县仙源的吴氏《家规》、黟县的黄氏《家规》、婺源清华东园的胡氏《家规》等，就是在这一背景下问世的。(3）制订祠规。祠规和家法、族规有区别，但更多的却是联系。徽州的祠规，可以说是徽州的家法和族规的配套规则。徽州的家长、族长在制订家法和族规的同时，相继制订并完善祠规。明清时期，徽州家庭、家族重视祠规的制订，仅我们收集到的留存下来的祠规就有数十种之多。例如，休宁西岸的汪氏《祠规》、婺源云川的王氏《祠规》、歙县潭渡孝里的黄氏《祠规》、绩溪山前的汪氏《祠规》、绩溪华阳的邵氏《祠规》、歙县的鲍氏《祠规》、绩溪城西的周氏《祠规》、休宁江村的洪氏《祠规》、休宁古林的黄氏《祠规》、绩溪的《明经胡氏龙井派祠规》、绩溪上庄的《明经胡氏祠规》等。(4）全面推行家法、族规、祠规。徽州绝大多数家族都有族规，很多家族有家法，不少家族有祠规。他们不仅加强了家法、族规和祠规的制订，而且还加大了执法力度。如黟县西递明经胡氏家族，将“恶逆显著”“弃毁祠墓”“鬻卖宗谱”者，革出祠堂，族谱除名[①]。休宁茗洲吴氏家族，重视对赌博无赖子孙的训诲，“诲之不悛，则痛棰之；又不悛，则陈于官而放绝之；仍告于祠堂，于祭祀除其胙”[②]。休宁月潭朱氏家族，严禁顶撞和遗弃父母，“如违，唤至祠堂教育、训斥。教育不改，执至祠堂当众笞杖”。婺源游山董氏家族，不准子弟游手好闲、吃喝玩乐、聚众斗殴、惹事生非，更不准子弟聚众赌博、败坏家业，违者，酌情惩处，或唤至祠堂教育、训斥，或执至祠堂焚香罚跪[③]。从中可以看出，明清时期徽州家训推行族规、家法，彰善抑恶，就是为了巩固宗族统治，维护宗族权威，促使宗族长盛久安。正如祁门《方氏宗谱》卷首《族规》中所说：“大凡家法不立，则事条难成；义方不训，则子孙罔淑。余族自始祖以来，家敦孝弟，族尚淳良，而忠厚之遗，历久弗替。第恐族繁人众则心志难齐行履乖违，爰集其有裨于人伦、关于风化者，分列条规，俾通族子孙有

① 赵华富：《徽州宗族研究》，安徽大学出版社2004年版，第411页。

② 休宁《茗洲吴氏家典》卷一《家规八十条》，吴翟等纂修，清雍正十一年木活字本。

③ 赵华富：《徽州宗族研究》，安徽大学出版社2004年版，第405—406页。

所持循，庶几祖宗之流风永存也，如不遵者，男则罚银，女则罚布，顽则鸣公究治，决不宽恕。”[①]

第六节 明清时期徽州家训与徽州世家大族的辉煌

明清时期徽州世家大族的辉煌，受到多种因素的影响，如徽州经商风习的形成，学校教育的普及，科举考试制度的建立与健全，地方官府政策的引导和激励等。在这些影响因素中，明清时期的徽州家训是影响这个时期徽州世家大族发展的最重要的因素。在这一因素影响下，形成了徽州世家大族发展过程成为徽州家训不断强化过程，徽州家训的广为流传和深远影响促成徽州世家大族发达的局面。

一、明清时期徽州的世家大族

如前文所述，迁入徽州的世家大族绝大多数都是“中原衣冠”。自“中原衣冠”迁入以后，徽州地区出现了很多名门望族。仅《新安名族志》中记载的就有程、汪、朱、范、方、鲍、江、洪、孙、胡、周、闵、蒋、王、冯、宋、孔、舒、唐等84姓[②]。查阅有关资料，我们发现，这些名门望族绝大多数形成于宋元时期，鼎盛于明清时期。这里仅就徽州谱牒中记载的列举几例，以窥一斑。

休宁月潭朱氏，源自婺源香田。香田朱氏传七世瓒，自婺源迁至休宁。传十一世朱兴，因临溪朱氏“子姓蕃而居址隘，乃卜地距东十里许，曰月潭，前挹天马山，后倚天柱峰，术者以此地益秀，必昌其后”[③]，而由临溪迁至月潭。朱兴遂为休宁月潭朱氏之祖。据《休宁月潭朱氏族谱》卷二记载，宋元之际，休宁月潭朱氏家族开始形成。明清时期，休宁月潭朱氏家族由于繁衍生息而成为名门望族。

歙县棠樾鲍氏，源自青州，据《新安名族志》前卷记载，歙县鲍氏始迁祖伸公于晋太康间由上书户部拜护军中尉，镇守新安，其子孙

① 祁门《方氏宗谱》卷首《族规》，方振铝主修，清同治十三年敦义堂木活字本。

② 赵华富：《徽州宗族研究》，安徽大学出版社2004年版，第45页。

③ 休宁《月潭朱氏族谱》卷二《十一世至十五世》，朱承铎纂修，民国二十年木活字本。

因之世籍郡城西门。据歙县《棠樾鲍氏宣忠堂支谱》卷二十一记载，北宋时，荣公在棠樾建书园、营别墅，率子孙迁居于此。日后子孙繁衍，形成鲍氏棠樾派。明后期至清中叶，棠樾鲍氏因举族经商而资雄一方，名著商界，又因贾而好儒，子弟科名不绝而极著声望，成为名门巨族和郡首巨富[①]。

绩溪龙川胡氏，源自青州，晋大兴元年（319），任散骑常侍的胡焱提兵镇守歙州，民赖以安，朝廷赐之田宅，因家于新安。“初居华阳镇，后以龙川山水秀丽，遂卜筑川口周家马，名曰坑口。”[②]这是龙川胡氏的初创时期。据龙川胡氏族谱记载，龙川胡氏自宋末的二十世孙胡富贤公以后，日渐兴旺，成为徽郡巨族。胡富贤公“家财巨万，田土庄舍，遍于邻邑”。其子胡之纲财富又盛，“田园遍于徽、严、杭、宁四郡，每岁粮十万，筑杭州新城之半，敕封官爵为提干”[③]。使龙川胡氏成为郡首巨富。而明代叔侄进士胡富和胡宗宪、兄弟进士胡宗明和胡宗周，与一门四进士桂一公、桂二公、桂三公、桂五公相继为候选教谕，则奠定了龙川胡氏“官宦世家”的地位。而胡富和胡宗宪先后累官至户部尚书和兵部尚书，又进一步巩固了“胡氏以龙川为首”的地位。光绪三年（1877）龙川尚书公支派抄谱对此有记载：“吾徽固多世家，而华阳则以胡氏为首，胡氏又以龙川为首，即我郡亦无能出其右者。”[④]

绩溪瀛洲章氏源自河间，宋崇宁间从事郎章运由昌化览村迁家瀛洲，是为绩溪瀛洲章氏始祖，也有说是章运公于1120年因逃避方腊之乱而迁瀛洲的。据《瀛川章氏族谱》记载，章运公，生子名瑕。瑕公生三子：诜、庆、授。瀛洲三大支派因之而形成。其主流是庆公派，十二世仲坚公生六子：继祖、荣祖、兴祖、新祖、振祖、六祖。以此为基础，形成了六大分支，俗称“六凤”“六荣堂”。据章亚光考

① 李琳琦：《徽商与明清徽州教育》，湖北教育出版社2003年版，第230—233页。

② 戴廷明，程尚宽等撰；朱万曙，王平，何庆善等校点：《新安名族志》，黄山书社2004年版，第320页。

③ 胡成业：《绩溪龙川胡氏段略》，载黄山市徽州文化研究院编：《徽州文化研究》（第二辑），安徽人民出版社2004年版，第333页。

④ 胡成业：《绩溪龙川胡氏段略》，载黄山市徽州文化研究院编：《徽州文化研究》（第二辑），安徽人民出版社2004年版，第334—335页。

证，上述六大分支，以“五凤”最为兴旺，其次是“六凤”“三凤”[①]。瀛洲章姓，经过宋元时期的繁衍、变迁，到明清时期，发展为绩溪县的名宗右族。

从中可以看出，徽州世家大族在宋元时期，子孙繁衍日盛，家族不断壮大，为明清时期徽州家族的兴盛奠定了雄厚的基础，因此，可把这一时期称为徽州家族的“初创时期”。而进入明清时期，由于徽州家族经商成风，业贾人数众多，业日隆起，家道以裕，巨富家族开始出现；由于徽州兴学立教，重视科考，子弟科第蝉联，名臣辈出，形成徽州家族跻身仕林的兴旺时期。

二、徽州家训是徽州世家大族强宗固族的必要手段

明清时期徽州家训是徽州世家大族发展壮大的强大力量，也是徽州世家大族发展壮大措施中不可或缺的组成部分。祁门《河间凌氏宗谱》卷一《家训条款》指出：“夫家训者，乃教家之要约，齐家之准绳。”休宁《富溪程氏中书房祖训家规封丘渊源考》也指出：“循是矩，则身安而家日以兴；悖是矩，则身危而家日以颓，孰谓一寸可少哉？”[②]在明清时期的历史发展中，徽州家训以其独特性和不可替代性推动着徽州世家大族的持续发展。

明清时期徽州家训对徽州世家大族持续发展的独特性和不可替代性，主要表现在以下一些方面：第一，徽州家训以“崇孝养”敦族。绩溪旺川曹氏宗族在《旺川家训后十则》中指出：“夫孝者，天之经、地之利、民之行也……《礼》曰：‘五刑之属三千，罪莫大于不孝。’所宜首为警惕也。同族相劝相慕，根底培枝，叶茂而族仁矣。”这体现着“崇孝养”与徽州世家大族持续发展的关系。“孝”是徽州家训中的一个重要思想，“此生事尽孝”“孝为百行之原”“孝弟者为人之本”“人能孝则万事从之”“凡为子者，尤宜尽孝”，孝父母，敬祖宗，能够起到“敦族”的积极作用。第二，徽州家训以“正婚姻”宜族。

① 章亚光：《瀛洲村章姓的来龙去脉》，载黄山市徽州文化研究院编：《徽州文化研究》（第二辑），安徽人民出版社2004年版，第342页。

② 《富溪程氏中书房祖训家规封丘渊源考》，作者不详，清宣统三年钞本。

“男女婚嫁，不可相尚奢侈，以有用之钱，作为无益，是谓速贫。士君子居乡，正当以身作则，挽回风气。”[1]“男女居室，人伦之始，要门户相当，家风清白……娶妻求淑女，不要美色，不图厚奁；嫁女择佳婿，莫结势豪，莫贪厚聘。”[2]通过“正婚姻”宜族，为徽州世家大族持续发展做出贡献。对于徽州世家大族来说，“正婚姻”对于徽州家庭、家族的家风建设意义重大，也能为“宜族”提供“力场”。第三，徽州家训以“恤患难”周族。祁门《河间凌氏宗谱》卷一《家训条款》规定：“凡宗族中有鳏寡孤独、疲癃残疾、颠连无告者，皆吾身之痌瘝也，亲房之人，宜为矜怜，区处衣食，安置寝所，毋使流离。”《重修古歙东门许氏宗谱》卷八《家规》规定：“今后，凡遇灾患，或所遭之不偶也，固宜不恤财、不恤力以图之，怜悯救援、扶持培植，以示敦睦之义。”如此规定，就体现着徽州家庭、家族的“抚孤恤寡”“救灾恤患”传统。“抚孤恤寡”“救灾恤患”传统能够化解家庭、家族因灾患而导致的困境。第四，徽州家训以“匡习尚”维族。“积善之家，必有余庆”“积恶之家，必有余殃”，维族的前提是扬善抑恶。就后者而言，赌博、斗讼、奢侈、俳优等，“皆近世风行之恶习，巧者藉为夤缘利禄之媒，拙者则有沉溺流浪之忧”[3]。绩溪《曹氏宗谱》卷一《家训 · 旺川家训后十则》称之为“四害”，“四害不去，四维不张”，这种维族经验，恰好是“匡习尚”的价值所在，徽州家庭、家族建设从中受益。第五，徽州家训以“重伦理”齐族。伦理道德是明清时期徽州社会家庭教育的基本内容，也是规范这个时期徽州社会家人、族人的行为准则。家长、族长重伦理，家人、族人守伦理，在徽州社会家庭、家族发展中起着一个举足轻重的作用，绩溪《南关许氏惇叙堂宗谱》卷八《旧家规》将之概括为“名分既正，则伦理以明；伦理既明，则家可得而齐矣”。第六，徽州家训以“敦忍让”睦族。家和、族和万事兴。家和、族和需要的是家人、族人的忍让，这种忍让源于性真，而不是强忍。所谓“敦忍让”，其核心是

① 婺源《济阳江氏统宗谱》卷一《江氏家训》，江峰青等纂修，民国八年木活字本。

② 《梁安高氏宗谱》卷十一《祖训》，高美佩总理，高富浩纂修兼校正，清光绪三年刻本。

③ 《鱼川耿氏宗谱》卷五《家族规则》，耿全总理，耿介撰修，民国八年木活字本。

用敦厚忍让来成就家和、族和，忍让是态度而不是目的。对于“敦忍让”的认识及其价值，休宁《叶氏族谱》卷九《保世·家规》指出：“有此真念存于中，自然不期忍而忍，不期让而让，参不得一毫人为意想。暂如是，久如是，常如是，变如是，方谓之‘忍让’，方谓之‘敦忍让’。一人忍让，一家自然耻忿而耻争，家道雍睦而和矣。故欲和家者，不可不敦忍让。”“敦忍让”必然会让家人、族人之间和睦相处，最终带来家庭、家族的和谐。第七，徽州家训以“务本业”裕族。歙县《吴越钱氏七修流光宗谱》卷一《家训》中说：“人生无恒产者，必有恒业。所谓恒业，耕读其上也。读书而不达，则退而教授乡里，以收笔墨之获。教授之外，或习医方，以享仁术之利。其次也，若不能读，又不能耕，则于百工技艺之间，必择一业以自处，甚而至于力作营工以自活。”这就是说，人生没有恒业，身家饶裕是无从谈起的。祁门《河间凌氏宗谱》卷一《家训条款》提出：“天下之人不同而业亦异，惟各务己之业，自然家道亨通，而利用安身矣。”《富溪程氏中书房祖训家规封丘渊源考》中的《祖训敷言》指出：“凡为士者，必以圣贤为期，生民为心，达则兼济天下，穷则独善其身……若为农者，上顺天时，下察地利，树艺耕耘，不惮勤苦……至于工艺，专精为善。商贾之道，勤慎是务，顺道而行，义利可取。”这样才能家尽丰阜，家给人足，家业兴旺。所以，明清时期的徽州家训不仅注重化民勤业，同时对家人、族人在本业方面的尽道也颇为重视。绩溪《鱼川耿氏宗谱》卷五《祖训》：“士农工商，业虽不同，皆是本职。勤则职业修……然所谓勤者，非徒尽力，实要尽道。”意为士农工商皆是本业，士者须“攻读书史”，农者须“耕种田地”，工者须“造作器用”，商者须“出入经营，坐家买者”，“至若庸愚，不会读书，无产无本，亦不谙匠艺，与人佣工，甚至挑脚，亦是生理”[①]。所以不应忽视徽州家训强调的士农工商各自生理的作用。士之生理的作用是满足家人、族人读书入仕之所求，农之生理的作用是满足家人、族人丰衣足食之所求，工之生理的作用是满足家人、族人必备生

① 《富溪程氏中书房祖训家规封丘渊源考》，作者不详，清宣统三年钞本。

活用品产品之所求，商之生理的作用是满足家人、族人财源广进之所求。实现这些诉求，家人、族人才能真正富足，家庭、家族才能真正发达，徽州社会才能真正安宁，此乃明清时期徽州家训所追求的。

三、徽州家训是徽州世家大族持续发展的必要保证

明清时期徽州家训强调“以教兴家”。从徽州家族的情况来看，“以教兴家”这一家训措施至少带来了两大成果：一是促进了徽州科举的兴盛。徽州科举之盛，胜于他郡。表现之一，宋元明清时期，徽州进士总数一直处于全国各郡前列。据朱保炯、谢沛霖所编《明清进士题名碑录索引》统计明、清两代徽州进士总数，及其在全国所在的位置可知，明代录取进士约24866人，其中徽州文进士数占全国进士总数的1.82%；清代录取进士约26815人，其中徽州文进士数占全国进士总数的2.55%[①]。表现之二，状元人数显赫。据李琳琦统计，清代共有状元112名，徽州本籍和寄籍状元就有19名，其中本籍状元4名，寄籍状元15名，约占全国总数的17%，仅次于苏州府[②]。徽州本籍状元分别是金榜、洪莹、黄轩、吴锡龄，寄籍状元分别是徐元文、汪绎、汪应铨、毕沅、潘世恩、吴信中、洪钧、黄思永、戴有祺、金德英、汪如洋、王以衔、戴衢亨、汪鸣相、戴兰芬[③]。二是促进了家庭经济的兴盛。明清时期，徽州的世家大族大多手握巨资，如休宁商山吴氏“家多素封”，艳草孙氏“比屋素封”，凤湖汪氏“连檐比屋，皆称素封”，歙县竦塘黄氏则“富等千户侯，名重素封”。徽州世家大族经济的强盛，决定的因素有很多，但最主要的是家庭成员的素质和水平。徽州世家大族家庭成员的素质和水平普遍较高，究其原因，主要依靠两点：一是连续不断的家训，它为子弟的成长提供了良好的氛围、土壤；二是学校教育的传统，通过应举这根指挥棒，激发子弟业儒的积极性。意思是说，徽州世家大族家庭成员素质和水平的提高，

① 李琳琦：《明清徽州进士数量、分布特点及其原因分析》，《安徽师范大学学报（人文社会科学）》2001年第1期。

② 李琳琦：《明清徽州进士数量、分布特点及其原因分析》，《安徽师范大学学报（人文社会科学）》2001年第1期。

③ 李琳琦：《明清徽州进士数量、分布特点及其原因分析》，《安徽师范大学学报（人文社会科学）》2001年第1期。

取决于学校教育的传统，也取决于这些家族家训的引导、调节与约束。徽州家训在此方面所起的作用确实很大，例如歙县潭渡孝里黄氏，制订黄氏《家训》，对苦志读书者实行奖劝，并佐其笔札膏火之费，另设义学，以教族内贫乏子弟，提高了家庭教育的质量。歙县金山洪氏，制订洪氏《家训》，对族内子弟读书、业儒提出严格的要求，通过规范与引导，使这个家族的学风发生了改变。歙县江氏，制订江氏《家训》，重视家庭教育，不仅使子弟能文，也使妇女能诗擅画，如明江学海继妻胡氏"工诗文，著《湖湘游草》《岳麓吟》"，明江廷俊妻凌氏"博通书史，善古文诗词，兼工制艺"，清江鸣銮"工诗善画，尤精花卉，得恽氏真诀"，清江昱妻陈佩"著《闺房集》，选入沈氏别裁集"[①]，这是提高家族成员素质和水平的一条最好的途径。这虽然与经济效益没有直接的关联，但它对世家大族的形成与发展具有长效作用，因之致富的家族比比皆是。如明朝歙县的黄氏家族"克洞于天人盈虚之数，进退存亡之道"，以致"赀大丰裕"[②]。又如清代绩溪的章氏家族"精管（仲）刘（晏）术，所亿辄中，家日以裕"[③]。既然徽州世家大族家庭经济的兴盛，取决于家庭成员的素质和水平，而家庭成员素质和水平的提高，又与持续不断的家训高度关联，就可以推断，徽州世家大族家庭经济的强盛，也是徽州家族重视家训的结果。

第七节　明清时期徽州家训与徽商的兴盛

谢肇淛《五杂俎》载："富室之称雄者，江南则推新安，江北则推山右。"徽商称雄主要来自三个方面：一是徽州地狭人稠，这种人地矛盾到明朝后期则更为激烈，其诱发的生存危机，使徽州人纷纷走出徽州，经营四方。徽州经商人数的日渐增多与徽商之兴盛互为因果，"徽州6县普遍盛行从商风习，自必扩大了徽商的队伍，增强了

① 李琳琦：《徽州教育》，安徽人民出版社2005年版，第230页。

② 歙县《潭渡孝里黄氏族谱》卷九，黄臣槐等修纂，清雍正九年刻本。

③ 绩溪《西关章氏族谱》卷二六《绩溪章君策墓志铭》，章尚志编，民国四年木活字本。

徽州商帮的实力”[1]。二是徽商“虽滇、黔、闽、粤、秦、燕、晋、豫，贸迁无不至焉。淮、浙、楚、汉又其迩焉者矣”[2]，“甚则逖而边陲，险而海岛，足迹几遍禹内”[3]。这种“钻天洞庭遍地徽”局面的形成，使徽商在国内的影响无所不在。三是徽商财力雄厚，《五杂俎》载，明朝时“新安大贾，鱼盐为业，藏镪有至百万者，其他二三十万则中贾耳”，而至清朝中叶则“资本之充实者，以千万计，其次亦以数百计”[4]。雄厚的财力，使徽商名利权三收。徽商投资建宗祠、修族谱、置族田、修道路、修书院等，使他们在宗族中得到了地位和尊重；他们投资生产，使生产规模扩大，经营的行业增多，实现了资本增值；他们贿通官府，猎取爵衔，依托封建势力，坐收厚利。《歙志》载徽商“其时无所不骛，其算无所不精，其利无所不专，其权无所不握”，以致执中国商界之牛耳。徽商的兴盛，是多种因素综合的结果。山多田少、人众地寡的地理环境、乡土资源的丰富、周边地区经济的繁荣、便捷的水路交通以及明代的盐法变革等，无一不是徽商兴盛的原因。当然，明清时期徽州家训所起的作用也不可忽视。

一、明清时期徽州家训改变了徽人的职业观

“商居四民之末，徽殊不然。”[5]徽州人不仅支持诸子读书问学，也支持子弟经商创业，如徽州唐模村汪凤龄，在世时经常训诫诸子：“陶朱公之传不云乎：年衰老而听子孙。吾以隐居废治生，诸子有志于四方甚善。”[6]有的还督促诸子弃儒从商，如婺源王尚儒，“年十五即毅然束书担囊，请从事于治生，父笑而许之。乃变儒服贾，游于荆楚”[7]。这一现象在徽州广泛存在，当然不是偶然的，而是有其深刻的商业教育背景和家训背景。徽州社会对商业教育的重视，始于明朝中后期。当时有两个重要的起因，一个起因是商品经济的发展、商业

① 张海鹏，王廷元：《徽商研究》，安徽人民出版社1995年版，第12页。
② 民国《歙县志》卷一《风土》，石国柱修，旅沪同乡会，民国二十六年版。
③ 康熙《休宁县志》卷一《风俗》，廖胜煃修，汪晋征纂，康熙三十二年刊本。
④ 李澄：《淮鹾备要》卷七，清道光三年刊本。
⑤ 许承尧：《歙事闲谭》卷十八《歙风俗礼教考》，黄山书社2001年版，第603页。
⑥ 吴伟业：《梅村家藏稿》卷五，董康刻本，商务印书馆影印本。
⑦ 婺源《武口王氏统宗世谱》，王铣等纂修，明天启四年刻本。

竞争的日渐激烈，为了生存和发展，徽州社会多数家庭、家族都不同程度地存在着对商业教育的某些期望与要求。他们对商业教育的热心和重视，无疑为徽州商业教育的发展提供了动力、活力和智慧，并促进了徽州各职业的发达。正如绩溪《鱼川耿氏宗谱》卷五《祖训》所云："近世文明日进，职业教育日渐发达。我国顺世界潮流，亦趋重于此，各省现正提倡职业学校，将欲驱普通平民群趋于职业之一途，甚盛事也。夫农，生货者也；工，成货者也；商，销货者也。诚使国民群趋向夫农工商各业，以科学思想发明新理，将见职业精进，大学生财之道即在是矣。"另一个起因是对职业的理解发生了变化。代表性的观点是："凡我子孙，能读书作文而取青紫者，固贤矣。苟有不能者，毋讵置之不肖，尤当从容化诲，择师取友，以俟其成，庶子弟有所赖而不至于暴弃。虽不能为显公卿，亦不失为才子弟也。"[①]另一代表性的观点是："在后世子孙，必务正业，正业止有士农工商四条。至于地理、医道，虽非邪术，恐学之不精，误人不少，切不可图其事之安逸而轻学以害人，受人饮食财物而反害人，不如乞丐。"[②]对职业的这一理解，自然引起了徽州社会对这一问题的关注。重视商业教育这一传统对徽州家训思想的影响有两个值得重视的地方。一是儒、贾之间并无贵贱之别，"古者四民不分，故傅岩鱼盐中，良弼师保寓焉，贾何后于士哉！世远制殊，不特士贾分也。然士而贾，其行士哉，而修好其行，安知贾之不为士也。故业儒服贾各随其矩，而事道亦相为通，人之自律其身亦何艰于业哉？"[③]读书做官固然可以显亲扬名，光耀门楣，而经商发家致富也可"亢宗""大宗"，故《太函集》载，徽俗"不儒则贾，相代若践更，要之，良贾何负闳儒，则其躬行彰彰矣"。二是强调士农工商的重要性。按照徽州家训的思想，"生业者，民所赖以常生之业也。《书》之所谓'厚生'，文正之所谓'治生'，其事非一，而所以居其业者有四，固贵乎专，尤贵乎精，惟专而精，

① 歙县《仙源吴氏家谱·家规》，吴永凤等纂修，清光绪五年木活字本。

② 绩溪《南关许氏惇叙堂宗谱》卷八《家训》，许文源等纂修，清光绪十五年木活字本。

③ 《汪氏统宗谱》卷一百六十八，汪湘等纂修，明隆庆六年刻本。

生道植矣”[①]。在明清时期的徽州，由于“士而读，期于有成；农而耕，期于有秋；工执艺，期于必售；商通货财，期于多获”[②]，士农工商虽不同，皆是成家、持家、维家、兴家、发家之需要，家庭、家族有必要高度重视，于是出现士农工商统筹发展的现象。这个时期徽州社会的家庭、家族在“专务本业”方面，也强调“学医是徽人在学儒不成，除经商之外的又一重要的职业选择，同治《祁门县志·方伎》记载：‘旧志称，祁民朴少黠，俗不尚淫巧，百工艺术鲜有精者，卜鉴无专家，惟学儒不成弃去辄学医，故载岐黄家十人，他未及焉。’徽人学医的途径有三：家传世业、学徒拜师、自学成才”[③]，致使徽州人“能士则士，次则医，次则农、工、商、贾，各惟其力与其时”[④]。事实上，明清时期的徽州，确有相当多的家训对此作了积极的呼应，如绩溪《梁安高氏宗谱》卷十一《祖训》指出：“人家子弟，无论贫富智愚，不可无业，无业便是废人。又不可不守正业，不守正业便是莠民。正业不外士农工商，因材而笃，皆可成家立业……”可见，明清时期的徽州家训对明清时期徽人职业观的改变具有独特的作用力。

二、明清时期徽州家训为徽人经商提供了重要的制度保障

提供制度保障是明清时期徽州家训的基本功能，它以祖训、家典、家范、族规、族约等形式教子经商，要求宗族支持族内子弟经商。如休宁《茗洲吴氏家典》规定：“族中子弟不能读书，又无田可耕，势不得不从事商贾。”[⑤]这一规定有两个层面的内容：一是族中子弟如果不能读书，又无田可耕，可从事商贾。明清时期徽州“人多逐末，奔走江湖，车马舳舻，几半天下”，重要原因在于徽州“地狭人稠，无田可耕”[⑥]；二是族众要承担更大的责任。一方面，“为族人

① 《重修古歙东门许氏宗谱》卷八《家规》，许登瀛纂修，清乾隆十年刻本。
② 《重修古歙东门许氏宗谱》卷八《家规》，许登瀛纂修，清乾隆十年刻本。
③ 李琳琦：《徽商与明清徽州教育》，湖北教育出版社2003年版，第270页。
④ 包东坡：《中国历代名人家训荟萃》，安徽文艺出版社2000年版，第335页。
⑤ 休宁《茗洲吴氏家典》卷一《家规八十条》，吴翟等纂修，清雍正十一年木活字本。
⑥ 《歙西岩镇百忍程氏本宗信谱》卷十一《族约篇第九》，程弘宾等纂修，明万历十八年刻本。

者，纵莫能上之读书为士，下之力田为农，至于为工，为商，守分安生，何所不可？”[①]另一方面，“族众或提携之，或从它亲友处推荐之，令有恒业，可以糊口，勿使游手好闲，致生祸患”[②]。因此，制订这一规定的核心问题实际上就是如何建立族内子弟经商的保障机制。其特点是，在强调族内子弟经商的重要性的同时，强化族众的责任意识。因此明清时期徽州家训对徽人经商有重大的影响，它可以促使族内子弟业贾，也可以确保族人对族内子弟经商的全力支持。以下经商风习的形成，从制度层面看，正得益于此：“徽州俗例，人到十六岁就要出门学做生意。”[③]“新都业贾者什七八”“前世不修，生在徽州，十三四岁，往外一丢。”[④]“以业贾故，挈其亲戚知交而与共事，以故一家得业，不独一家食焉而已。其大者能活千家百家，下亦至数十家、数家。”[⑤]

三、明清时期徽州家训发挥着重要的教育功能

这里所说的教育，是指儒学教育。如前文所述，明清时期徽州家训重视儒学教育。受之影响，徽人大多重视子弟业儒。如《汪氏统宗谱》载，休宁人汪昂“愤己弗终儒业，命其仲子延诰治书曰：‘必以经时务，佐明时，毋徒委靡也。’以是隆师备至，日以望其显名于时，以缵其先世遗烈”。歙县人凌珊“殷勤备脯，不远数百里迎师以训子侄”，并叮嘱室人：“儿虽幼，已为有司赏识，吾与尔教子之心当不虚。异日者尔随任就养，必教儿为好官，以不负吾志乃可。”[⑥]休宁人汪可训“岁延名师督之”，并训诫诸子：“此余未究之业也，尔小子容一日缓乎？”[⑦]婺源人李大祈晚年“每以幼志未酬，嘱其子，乃筑环翠

① 《歙西岩镇百忍程氏本宗信谱》卷十一《族约篇第九》，程弘宾等纂修，明万历十八年刻本。

② 休宁《茗洲吴氏家典》卷一《家规八十条》，吴翟等纂修，清雍正十一年木活字本。

③ 艾衲居士：《豆棚闲话》第三则，上海杂志公司1935年版，第30页。

④ 卞利：《明清徽州社会研究》，安徽大学出版社2004年版，第138页。

⑤ 金声：《金太史集》卷四，载张海鹏，王廷元：《明清徽商资料选编》，黄山书社1985年版，第46页。

⑥ 凌应秋：《沙溪集略》卷四《文行》。

⑦ 休宁《西门汪氏宗谱》卷六《太学可训公传》，汪澍等纂修，清顺治九年刻本。

书屋于里之坞中，日各督之一经”[①]。《丰南志》第五册载：歙县人吴钠“谆谆以陶侃惜分阴之义相警”诸子，见诸子“所业进，则加一饭；所业退，则减一饭。每呈阅课艺，必为掎摭利病，期当于应科法程”。正因为如此，徽商大多在经商之前受过儒学教育。《马克思恩格斯选集》载：“当一种历史因素一旦被其他的、归根到底是经济的原因造成的时候，它也影响周围的环境，甚至能够对产生它的原因发生反作用。”儒学教育对徽商兴起所产生的这种“反作用”，也是十分明显的。它有两个方面的表现，一是较高的文化素质使徽商左右逢源，一是精通儒术使徽商迅速致富。徽商大多从中受益，也勤读、熟读儒家经典，并以儒家经典教育子孙，如清代黟县商人舒遵刚，他“有少暇，必观‘四书五经’，每夜必熟诵之，漏三下始已，句解字释，恨不能专习儒业”，“见子弟读书，必就其所读者为之讲明其理，有会意者辄深爱之”[②]。从中可以看出，儒学教育与徽商的兴起之间的密切联系。徽商充分利用徽州家训，在儒学教育、迅速致富方面均有作为。

① 婺源《三田李氏统宗谱·环田明处士松峰李公行状》，李春融等纂修，清刻本。

② 同治《黟县三志》卷十五《艺文志·人物·舒君遵刚传》，谢永泰等修，程鸿诏等纂，清同治十年刻本。

第七章 明清时期徽州家训的经验与局限

随着徽学研究的深化、明清时期徽州家训研究的推进，明清时期徽州家训的经验与局限出现在相关研究中，有关明清时期徽州家训的经验与局限的研究，也成为明清时期徽州家训研究的重要课题。

对明清时期徽州家训的经验与局限的研究，可以加深我们对明清时期徽州家训的认识与理解。明清时期徽州家训既有经验，也有局限，呈现出经验与局限并存的局面。

第一节 明清时期徽州家训的经验

徽州家训发展到明清时期达到顶峰。研究明清时期徽州家训的经验，不仅对说明、解释徽州家训有重要的价值，对今天的人们进行家庭教育和社会道德教育也有许多启示。

一、养正于蒙

养正于蒙，也叫“蒙以养正”。它有两层含义，一指当儿童智慧开蒙之际及时施以正确的启蒙教育，一指用正当的“蒙学教育”启发儿童使之健康成长。蒙学教育，是指承担“蒙养”教育任务的教育设施，如家塾、私塾、义塾、书屋、书舍、书馆、书堂、书轩、山房等[①]。在明清时期徽州人看来，儿童教育关系到思维的智愚，“蒙以养心为本，心正则耳目聪明，故能正其心。虽愚必明，虽塞必聪。不能正其心，虽明必愚，虽聪必塞。正心之极，聪明自辟”[②]。儿童教育

① 郭齐家，王炳照：《中国教育史研究》（宋元分卷），华东师范大学出版社2000年版，第375页。

② 歙县《济阳江氏宗谱》卷首《江氏蒙规》，江国华、江德新纂修，明崇祯十七年刻本。

也关系到家族的兴衰，“家之兴，由于子弟贤。子弟贤，由于蒙养裕。易曰：‘蒙以养正，圣功也。’岂曰：‘保家亦以作圣童。’”[①]。儿童教育同样关系到言行的文野，“头、口、手、足，身之体也；貌、容、气、色，身之章也；视、听、言、动、坐、立、行、寝，身之用也；统会之者，心也。在在留心，道之所以流行，天命之所以于穆不已也。童而习之，不识不知顺帝之则也，下学上达圣人也”[②]。所以，徽州人十分注重儿童教育。如《重修城北周氏宗谱》卷九《宗祠规约》规定：“教养蒙童，人家之首务。凡我族人有子弟者，当要择师竭力教养习学。达则为之上人，不达者亦通明理，行正道，做好人，不致卤莽愚顽，终身有益。人生幼小无知，内有贤父兄，外有严师友，未有不成者也。”[③]

明清时期徽州家庭、家族进行儿童教育，主要从两个方面展开：一个方面是重视启蒙教育，一个方面是重视蒙学教育。从启蒙教育角度查究徽州家训采取的措施，重点是其中的智力要素以及智力开发的问题；从蒙学教育角度，视蒙学与小学、大学相并列，重点强调蒙学的教材及其内容的落实以及塾师的主导作用。前者如休宁《宣仁王氏族谱宗规》：“闺门之内，古人有胎教，又有能言之教；父兄又有小学之教、大学之教，是以子弟易于成材……吾族中各父兄，须知子弟之当教，又须知教法之当正，又须知养正之当豫。六岁便入乡塾，学字学书，随其资质。渐长，有知觉，便择端悫师友，将养蒙诗、孝顺故事，日加训迪，使其德性和顺，他日不必定要为儒者，为缙绅，就是为农、为工、为商，亦不失为醇谨君子。”[④]后者如歙县城东许氏《家规》：“始养之道，莫要于塾师。今之塾师，难矣哉！工以役之，而非以师道尊之也。其扑作教刑，师道之所不免也。而父母之姑息者，岂惟尤之，又从而詈之。夫是则法废，而教有所不行矣。……吾宗童蒙

① 歙县《济阳江氏宗谱》卷首《江氏蒙规》，江国华、江德新纂修，明崇祯十七年刻本。

② 歙县《济阳江氏宗谱》卷首《江氏蒙规》，江国华、江德新纂修，明崇祯十七年刻本。

③《重修城北周氏宗谱》卷九《宗祠规约》，周思松等纂修，明万历二十四年刻本。

④ 休宁《宣仁王氏族谱·宗规》，王宗本纂修，明万历三十八年刻本。

颇多，而设馆非一，随地有馆，以迎塾师，幸毋蹈前之弊。隆师傅之礼，戒姑息之爱。教导之严，则蒙得其养，虽无作圣之望，庶几其为成人，毋忝厥祖，不亦幸哉！”[①]

明清时期徽州家训对早期教育的重视，还可以从其重视蒙学教育实践得到证实。这主要是从四个方面来体现的：一是注重训练儿童的道德行为。明清时期徽州家训大多具有这种特点，而且有他们自己的训练理念。例如，歙县《江氏蒙规》规定：“童子始能言能行，必教之让座、让食、让行。晨见尊长即肃揖，应对唯诺，教之详缓，敬谨自幼习之，亦如自然。”“童子始能言能行，遇有大宾盛服至者，教之出揖，暂立左右……由幼稚即启发其严畏之心。”“童子始能言能行，教之勿与群儿戏狎。晨朝相见，必相向肃揖。”[②]二是注重培养儿童的道德品质。明清时期徽州家训反复强调对儿童进行道德品质教育的重要性，“子孙不可姑息，少时即当教以孝悌忠信之道与本卷《江氏蒙规》，使之读书明理，后日自然为孝子顺孙。”[③]坚持按照所作规定，采取各种措施，想方设法提高儿童的道德品质。例如徽州《朱氏宗谱》规定：“教以习幼仪，应对勤洒扫。宽纵不如严，恂谨消息好。秀者性聪明，必使诗书饱。朴者教力耕，礼义亦要晓。如或任闲游，流荡不可了。贫必狎匪人，富亦终难保。玷祖辱家门，将来成饿殍。所以宝燕山，义方肃坊表。爱之能勿劳，先令集荼蓼。盘错几回经，箕裘乃克绍。”[④]三是注重培养儿童的学习态度。明清时期徽州家训对此有极为严格而详尽的规定。如婺源济阳《纪述三·江氏蒙规》规定：“凡童子习字，不论工拙，须正容端坐，直笔楷书。一竖可以觇人之立身，勿偏勿倚。一画可以觇人之处事，勿弯勿斜。一‘丿’‘㇏’如人之举手，一踢挑如人之举足，均须庄重。一点如鸟获之置万钧，疏密毫发不可易。一绕缴如常山，蛇势宽缓，整肃而有壮气。以

① 重修《古歙城东许氏世谱》卷七《家规》，许光勋纂修，明崇祯八年家刻本。

② 歙县《济阳江氏宗谱》卷首《江氏蒙规》，江国华、江德新纂修，明崇祯十七年刻本。

③ 歙县《济阳江氏宗谱》卷首《江氏蒙规》，江国华、江德新纂修，明崇祯十七年刻本。

④ 徽州《朱氏宗谱》卷首《家训》，朱世恩纂修，明嘉靖间刻本。

此习字，便是存心工夫。字画劲弱，由人手熟神会，不可勉强取校，明道云非欲，字好即是学。”[①]四是注重提高儿童的读书效果。在分析明清时期徽州家训时，可知这样一种现象，即儿童读书往往有教师指导。明清时期徽州家庭、家族大多有此做法，如歙县《周氏族谱》规定：“教养蒙童，人家之首务也，凡我族人有子弟者，当要择师竭力教养……人生幼小无知，内有贤父兄，外有严师友，未有不成者也。”[②]

培养童蒙爱读书的习惯，是明清时期徽州家训提高童蒙教育效果而惯常使用的一种教育之策，徽州家庭、家族大多采用。明清时期徽州家训让我们看到，儿童读书往往被要求“熟读牢记”，如休宁《余氏族谱》规定：“古文之类，先令读熟，随即讲明，则施教有道，而造就有基。异日即不作庙廊之器，而终身守用亦不浅矣。”[③]正如歙县《江氏蒙规》所说：“即此便是圣贤工夫。使之心思意晓，勿强所不能识，优游渐渍，虽愚必明。”[④]这极大地丰富和发展了朱熹“熟读精思”的思想。从这种做法中，我们不仅可以看出教师在儿童读书中所发挥的主导作用，而且也能发现提高儿童读书效果的方法与技巧。

二、奖惩分明

大凡成功的家训，都正确处理了奖励与惩罚的关系问题。尽管由于认识、态度的不同，加之家庭、家族情况各异，各家庭、家族做法不完全相同，但其形式大致相近。有奖励，如萧山新发王氏家族：家人凡是遵守家则，如“敬听父兄之教”“克尽弟子之职”“敦宗睦族”“谦让明理”“孝悌父兄”等，都会受到奖励，或呈请官府旌表，或登入簿册[⑤]。也有惩罚，如庞尚鹏的《庞氏家训》：凡故违家训的子孙，

① 婺源《济阳江氏统宗谱》卷一《纪述三·江氏蒙规》，江廷霖等纂修，清光绪六年木活字本。

② 歙县《周氏族谱》卷九《祖训》，周德炽总修、周德灿等纂修，民国二十九年六顺堂木活字本。

③ 休宁《余氏族谱》卷一《家规小引》，余文周纂修，清康熙贻庆堂抄本。

④ 歙县《济阳江氏宗谱》卷首《江氏蒙规》，江国华、江德新纂修，明崇祯十七年刻本。

⑤ 萧山《新发王氏家谱》卷首《家则十条》，王锡祺等纂修，清光绪十年世德堂木活字本。

都要“会众拘到祠堂”“告于祖宗”“重加责治”[①]。明清时期的徽州家训大多具有这种特征。

明清时期徽州家训中有诸多奖励与惩罚的规定。如歙县城东许氏《家规》中有奖励的规定，如节义条“吾宗以忠义传家，而立节守义者亦多。今特疏名于簿籍，第其事势之难易，列为二等，剂量胙之厚薄，每祭必颁行以分之，用示优待之意，抑亦表彰之义也”。同时也有惩罚的规定，如游戏赌博条“构徒聚党，登场赌博，坏人子弟，而亦有坏其心术，破毁家产，荡析门户。若此之流，沉溺既久，迷而弗悟，宜痛戒治，使其改行从善，不亦可乎？”[②]又如休宁《余氏族谱》卷一《家规小引》禁止赌博、酗酒、游闲、巫邪，要求勤职业、尚节俭、息争讼、厚姻里、供赋役、防奸盗，提倡孝、悌、忠、信、礼、义、廉，既有表彰积善者的规定，又有处罚积恶者的规定。“何谓积善？居家则孝友，处世则仁恕，安分守己，毋作非为，凡所以济人者是也。何谓积恶？恃己之势以自强，克人之财以致富，存心奸险，做事枭横，凡所以欺人者是也。故爱子孙者遗之以善，不爱子孙者遗之以恶。”[③]

明清时期徽州家训中有关奖惩的规定纳入族规家法的特征告诉我们，在徽州，一个显著标志是对家人、族人的奖励与惩罚必以族规家法的规定为依据。族规家法具有规范性、权威性、强制性，通过族规家法来进行奖励与惩罚，既可以使家人、族人明确什么是应当做的，什么是不应当做的，又可以形成长效机制，使子子孙孙都明确什么是应当为之事，什么是不应当为之事，因此，绝大多数家庭和家族都主张通过制订族规家法来保证奖励与惩罚的顺利进行。如歙县新州叶氏家族、绩溪积庆坊葛氏家族、休宁范氏家族、婺源萧江汪氏家族、黟县湾里裴氏家族分别制订了叶氏《家规》、葛氏《家规》、范氏《宗规》、汪氏《规训》、裴氏《家规》；休宁叶氏家族、婺源龙池王氏家族、休宁余氏家族、婺源槐溪王氏家族、祁门文堂陈氏家族、歙县周

① 庞尚鹏：《庞氏家训》，载张艳国：《家训辑览》，武汉大学出版社 2007 年版，第 73 页。

② 《重修古歙城东许氏世谱》卷七《家规》，许光勋纂修，明崇祯八年家刻本。

③ 休宁《余氏族谱》卷一《家规小引》，余文周纂修，清康熙贻庆堂抄本。

氏家族的奖励与惩罚措施分别是在叶氏《家规》、王氏《宗规》、余氏《家规》、王氏《宗规》、《文堂乡约家法》、周氏《家规》的规范下实施的；休宁查氏家族、绩溪仙石周氏家族、绩溪锦谷程氏家族、祁门清溪郑氏家族、歙县范川谢氏家族制订的查氏《家规》、周氏《家法》、程氏《规条》、郑氏《规训》、谢氏《规约》分别成为这些家族推行奖励与惩罚措施的主要依据。

徽州族规家法规定的奖励名目，归纳起来，主要有以下六个方面：第一，孝顺。如绩溪《明经胡氏龙井派祠规》规定："有此仁孝子孙则颁胙，殁给配享，仍为公呈，请旌以教孝也。"[①]第二，节烈。如绩溪《明经胡氏龙井派祠规》规定："倘有节孝贤妇，不幸良人早夭，苦志贞守，孝养舅姑，满三十年而殁者，祠内酌办祭仪，请阖族斯文迎祭以荣之。其慷慨捐躯殉烈者亦同，仍为公呈，请旌以表节也。"[②]第三，科第。如绩溪《明经胡氏龙井派祠规》规定："凡攻举子业者，岁四仲月，请齐集会馆会课，祠内支持供给。"[③]第四，有功。如以下规定："子孙有发达登仕籍者，须体祖宗培植之意，效力朝廷，为良臣，为忠臣，身后配享先祖之祭。"[④]第五，升学。如绩溪《明经胡氏龙井派祠规》规定："其学成名立者，赏入泮贺银一两，补廪贺银一两，出贡贺银五两。"[⑤]第六，重义。如绩溪《明经胡氏龙井派祠规》规定："倘有好义子孙，捐义产以济孤寡，置书田以助寒儒，生则颁胙，殁给配享，仍于进主之日，祠内酌办祭仪，请阖族斯文迎祭以荣之，以重义也。"

徽州族规家法中有关惩罚的名目，大体上可分为九类：一是盗窃。如绩溪《明经胡氏龙井派祠规》规定："如盗瓜菜、稻草、麦秆之属，罚银五钱；盗五谷、薪木、塘鱼之属，罚银三两，入公堂演戏

① 绩溪《明经胡氏龙井派宗谱》卷首《明经胡氏龙井派祠规》，胡宝铎、胡宣铎纂修，民国十年木活字本。

② 绩溪《明经胡氏龙井派宗谱》卷首《明经胡氏龙井派祠规》，胡宝铎、胡宣铎纂修，民国十年木活字本。

③ 绩溪《明经胡氏龙井派宗谱》卷首《明经胡氏龙井派祠规》，胡宝铎、胡宣铎纂修，民国十年木活字本。

④ 休宁《茗洲吴氏家典》卷一《家规八十条》，吴翟等纂修，清雍正十一年木活字本。

⑤ 绩溪《明经胡氏龙井派宗谱》卷首《明经胡氏龙井派祠规》，胡宝铎、胡宣铎纂修，民国十年木活字本。

示禁。其穿窬夜窃者，捉获有据，即行黜革。”[1]二是赌博。如休宁《茗洲吴氏家典》规定：“子孙赌博、无赖及一应违于礼法之事，其家长训诲之。诲之不悛，则痛箠之；又不悛，则陈于官而放绝之，仍告于祠堂，于祭祀除其胙，于宗谱削其名。”[2]三是迷信。如新安《柯氏宗谱》卷二十四《规训》规定：“愚民妄求富贵及求子求寿，或供养僧道，或举行斋醮，或投拜僧道为师父者，或披剃子女为僧尼……族有此等人当由族长晓谕戒饬，俾深恶而痛绝之焉。”四是痞棍。如新安《柯氏宗谱》卷二十四《规训》规定：“每见世俗大族良莠不齐，多有游手好闲之徒，逞其血气，结党成群，恃势横行，妒人富贵，欺人贫穷，或蛊毒魇魅，或唆起词讼，或佐证扛帮，或搬弄是非，或私行械斗，或出入公门，或暗贴谤讪……族有此等痞棍，应由族长动口责罚，倘仍不悛，即行革逐出祠，并送官究治。”五是争讼。如新安《柯氏宗谱》卷二十四《规训》规定：“每见争讼频年，有破中产之家者，有遗誓死之仇者，此固两造不能忍一朝之忿，亦缘本宗无刚直仗义之人为之劝息。自今事有得已者，当投鸣族中尊长绅衿理论，务核事情真实，从公分剖，但以曲直分胜负，不以尊卑论是非，务期平息和解，毋得轻遽涉讼。其有以富吞贫，以贵凌贱，以众欺寡，以智虐愚，以汇缘健讼凌侮懦弱，以刁钻无藉图害良善者，族众当以家法治之，有强梁顽梗不服者，并由族众呈具实情送县惩治。”六是忤逆。如徽州《潜川胡氏宗谱》规定：“吾族中上有祖辈、有父辈、有兄辈，皆分之尊者也，下有弟辈、有侄辈、有孙辈，皆分之卑者也……卑者当守礼以承尊，毋恃强以犯上……有强悍子弟欺凌长上，则宗子族长等命入祠堂，重加责罚。如是则名分既正，族无悖逆而礼让之风成矣。”[3]七是淫荡。如休宁《茗洲吴氏家典》规定：妇女“无故不出中门，夜行以烛，无烛则止。如其淫狎，即宜屏放。若有妒忌长舌者，故诲之。诲之不悛，则出之”[4]。八是不孝。如歙县《济阳江氏宗谱·家训》规定：“倘有不孝子孙，族长当先申家诫警之；再犯则扑

① 绩溪《明经胡氏龙井派宗谱》卷首《明经胡氏龙井派祠规》，胡宝铎、胡宣铎纂修，民国十年木活字本。

② 休宁《茗洲吴氏家典》卷一《家规八十条》，吴翟等纂修，清雍正十一年木活字本。

③ 徽州《潜川胡氏宗谱》卷首《家训八条》，胡国瓒纂修，清同治十二年崇德堂刻本。

④ 休宁《茗洲吴氏家典》卷一《家规八十条》，吴翟等纂修，清雍正十一年木活字本。

之，不悛则告官治罪。切勿优容，酿成大逆。”[①]九是乱伦。如绩溪《程里程叙伦堂世谱》卷十二《祠规》规定：“犯奸，国有例禁，家亦宜然。夫一族本同一气，若乱伦，丧尽仁义之心，与禽兽何以异哉！如有犯奸乱伦，并卖妻女与人为妾者，生死黜祠，永不许进主。若有受贿隐瞒冒进，查出，一并条革不贷。”

三、典型示范

明清时期徽州家训在此方面有一个突出的表现，即对义行的大力表彰。义行是对义的实现。明清时期徽州家训所谓“义”与儒家所言之义并无不同，同样是指道德原则，有时也指一种道德境界。作为道德原则，“义”是判断君子与小人的标准，“君子喻于义，小人喻于利。”作为一种道德境界，“义”是一种道德情感以及高尚行为的体现，“仁人正谊不谋利，儒者重礼而轻财。然仁爱先以亲亲孝友，终于任恤。辟家塾而教秀，刘先哲具有成规；置义田以赈贫，范夫子行兹盛举”[②]。

明清时期徽州家训重义轻利，视义为兴家之本，如休宁胡氏《家训》所云：“人家之兴，未有不自敦伦笃义始者……为兄为叔者，以抚爱弟侄为念；为弟为侄者，以敬事叔兄为心……祐尔孙枝叶蕃盛，奕世弥昌，望诸甥以是自勖云尔。”有关“义行”的规定也因此在明清时期徽州家训中广泛存在，如休宁《商山吴氏宗法规条》中的“孝子顺孙、义夫节妇、名宦功德”，新安《程氏阖族条规》中的“孝子顺孙、义夫烈士、恤孤怜寡、敦谊睦族、救灾恤患”，绩溪华阳邵氏《新增祠规》中的“孝子顺孙、义夫节妇，或务学而荣宗，或分财而惠众”，等等，举不胜举。表彰义行这一做法在明清时期徽州家训中也被广泛采用，如在歙县东门许氏《家规》、婺源清华东园胡氏《家规》、休宁商山吴氏《宗规》、绩溪鱼川耿氏《祖训》、婺源槐溪王氏《宗规十六条》、黟县鹤山李氏《家典》、新安《吕氏训典》中都有

① 歙县《济阳江氏宗谱·家训》，江国华、江德新纂修，明崇祯十七年刻本。

② 绩溪《明经胡氏龙井派宗谱》卷首《明经胡氏龙井派祠规》，胡宝铎、胡宣铎纂修，民国十年木活字本。

记载。

明清时期徽州家训表彰义行的形式可以划分为两大类：一是请求官府表彰，即整理家族中孝子、贤达等的事迹，由族长或尊长呈报地方官府，请官府旌表、赐匾、树立牌坊、赐予官祭[①]。如现存于歙县棠樾牌坊群中的“鲍逢昌孝子坊”是旌表清代孝子鲍逢昌的。据记载，鲍逢昌千里寻父，割股疗母，事父母至孝。乾隆三十九年，奉旨旌表建坊。又如歙县棠樾牌坊群中的“乐善好施”义行坊是旌表“诰授通奉大夫议叙盐运使司鲍漱芳同子即用员外郎鲍均”的。据民国《歙县志》卷九《人物志·义行》记载，鲍漱芳和鲍均父子的义行昭昭，诸如“集众商输饷，奉旨从优议叙盐运使职衔”，“集众输银三百万两，以佐工需”，“集议公捐米六万石助赈”，“捐修府学，创建府学西偏久圮之忠烈祠”，等等，嘉庆皇帝据此恩准建坊旌表[②]。二是采取各种措施，进行族内表彰。明清时期徽州家训中这类表彰大致有：（1）题名于祠。如休宁《商山吴氏宗法规条》规定：“凡有孝子顺孙、义夫节妇、名宦功德及尚义为善者，宗正、副约会族众，告祠，动支银一两，备办花红鼓乐，行奖劝礼，即题名于祠。”（2）登簿表扬。如新安《程氏阖族条规》规定：“凡有孝子顺孙、义夫烈士、恤孤怜寡、敦谊睦族、救灾恤患一切有善可风者，小则众共声举，登簿表扬，散胙之时，另席中堂，以斯文陪之。”[③]（3）修谱立传。如绩溪《华阳邵氏宗谱》规定：“三代以还，全人罕觏。苟有一行一节之美，如孝子顺孙、义夫节妇，或务学而荣宗，或分财而惠众，是皆祖宗之肖子，乡党之望人，族之人宜加敬礼，贫乏则周恤之，患难则扶持之，异日修谱，则立传以表扬之。”[④]（4）物质奖励。如歙县《重修古歙城东许氏世谱》规定：“节义者，天地之正气，士人之懿行，非所望于妇人女子者也……吾宗以忠厚传家，而立节守义者亦多。今特疏名于簿籍，第其事势之难易，列为二等，剂量胙之厚薄，每祭必

---

① 费成康：《中国的家法族规》，上海社会科学院出版社2002年版，第143页。

② 李琳琦：《徽商与明清徽州教育》，湖北教育出版社2003年版，第187—189页。

③ 赵华富：《徽州宗族研究》，安徽大学出版社2004年版，第375页。

④ 绩溪《华阳邵氏宗谱》卷首《新增祠规》，邵玉琳、邵彦彬等纂修，清宣统二年叙伦堂木活字本。

颁，以分之用，示优待之意，抑亦表彰之义也。”[①]

四、以规治家

这里所说的“规”，是指“家规”。“家规”一词源于司马光的《居家杂仪》，原意是规矩、约束和惩罚。长期以来，它与宗规、宗法、家范、家诫、家法、族规、族训等词交叉使用，并且主要用于家庭或家族内部的对家人、族人的教育、引导与管理。制订严格而良好的家规，可以说是我国传统家训一以贯之的传统，也是我国古代家庭、家族治家、治族的一条宝贵经验。于是，家规就被逐步推广，其内容和形式也逐步成熟。传诸后世的司马光的《居家杂仪》、蒋伊的《蒋氏家训》、石成金的《天基遗言》、曹端的《家规辑要》、庞尚鹏的《庞氏家训》、刘德新的《余庆堂十二戒》等，都是较为有代表性的家规。

明清时期徽州的家规，虽然其涵盖的内容没有超出这些传统的经典，流传的范围也与之相去甚远，但普及的程度并不逊色。它不仅在世家大族使用，还在寻常百姓家庭流行；不仅局限于家庭，也被广泛用于宗族。徽州家规也因此成为家人、族人立身处世的教材，“辑谱必载家训，然多蹈袭陈言，阅之亦觉生厌。兹特制五言古诗十二章，每章二十韵，只如俗说，俾人易晓。凡族中子弟于就傅后各录一本，令之熟读。”[②]徽州家规成为调整家人和族人的约定，“家规之设，所以约束族人也。规之当循者难以指数，安能一一胪列？谨就尊祖敬宗敦本睦族之大端，与族众商酌裁为十二条，亦觉简而能该，我族务各凛遵，勿以纸上空谈而忽之也”[③]。徽州家规也成为国法的补充，“家法治轻不治重，家法所以济国法之所不及。极重，至革出祠堂，永不归宗而止。若罪不止此，即当鸣官究办，不得僭用私刑”[④]。因而受到徽州家庭、家族的普遍重视。

综合明清时期徽州家规在此问题上的观点，我们可以发现，徽州

① 《重修古歙城东许氏世谱》卷七《家规》，许光勋纂修，明崇祯八年家刻本。
② 徽州《朱氏宗谱》卷首《家训》，朱世恩纂修，明嘉靖间刻本。
③ 徽州《朱氏宗谱》卷首《家训》，朱世恩纂修，明嘉靖间刻本。
④ 绩溪《仙石周氏宗谱》卷二《家法》，周善鼎等纂修，清宣统三年善述堂木活字本。

家规有四个方面的特点：一是注重教化，“拟《家法》一篇，以示后人。犯者惩之，切能改者，恕焉，亦明刑弼教之意也。”[①]如徽州环山《余氏家规》所云：“家规之设专主于教，宜无事于法，然不能不借法以行教。”[②]二是目的明确，即“修身、齐家”，“五子述皇祖之训，三命垂考父之铭，以及历代名宦大儒著有《家训格言》，以诏来许，使后之人修身慎行，毋玷箕裘。其载于简篇者，何可胜道？今以阅历有得之言，垂为家诫。”[③]三是奖惩分明，“睦族君子于其善之所当勉，与不善之所当戒者，编为宗约。歆之以作德之休，使跃然而知趋；示之以作伪之拙，使竦然而知避。条分目析，衡平鉴明，而俾有聪听者，罔不信从”[④]。四是合乎礼教，“昔元公作周礼以命百官，官以正民，民以立身，身以齐家，达乎乡国以及天下莫不有礼”。“及紫阳朱子出，究览古今之典籍，悯时俗之鄙塞，择有切于伦常日用者，辑为家礼。”“故述冠昏丧祭诸礼谨遵朱子家礼及吾先世所传，有合于家礼者以著于编而附愚按于后，以俟秉礼君子增其美而补其阙。”[⑤]

五、以教兴家

教育问题是明清时期徽州家族普遍关心的问题。从明清时期徽州家训中可以清楚地看到：家训所提出的发展教育的思路，就是“读书”“业儒”“科第”。绩溪的积庆坊葛氏《家训》、歙县潭渡孝里的黄氏《家训》、歙县的方氏《家训》、歙县东门的许氏《家规》、绩溪东关的冯氏《祖训》、休宁的《汪氏黎阳家范》等，都从各个角度论证了读书、业儒、科第的重要性。如绩溪《积庆坊葛氏重修族谱》卷三《家训》记载称：“年少子孙须教，绝去轻薄相态。盖其幼而气豪，有学问则恃才以傲物，有资财则挟富以凌人。不知学问、资财亦只了得自己事，于人何与，而敢以骄人乎？为父兄者，必自其志气之飞

① 《馆田李氏宗谱》卷二十二《家礼引》，李嘉宾等纂修，清光绪三十一年木活字本。

② 《古黟环山余氏宗谱》卷一《余氏家规》，余攀荣总纂，余旭昇修，民国六年木活字本。

③ 歙县《济阳江氏宗谱·家训》，江国华、江德新纂修，明崇祯十七年刻本。

④ 《徽州汪氏统宗正脉·汪氏族规》，汪仲鲁纂修，汪进、王奎等续修，明隆庆五年歙县虬川黄氏刻本。

⑤ 《馆田李氏宗谱》卷二十二《家礼引》，李嘉宾等纂修，清光绪三十一年木活字本。

扬……如此，不惟作成子弟，做得好人，而亦不至贻累门户。否则，其祸有不可胜言者。诗云：‘温温恭人，惟德之基。’此‘温’‘恭’二字，轻薄之药石也。犯此病者，不可不服此药。”[①]

从对明清时期徽州教育的研究中可以发现，明清时期的徽州教育带有明显的区域色彩。从明至清，徽州家庭、家族重视子弟教育的动因，都不是简单的家庭教育需要，而是和家族发展紧密联系在一起。如歙县方氏《家训》规定：“人才之盛，宗族之光。惟无可教之子弟，则虽勉强诲养，无所用也。苟有贤俊子弟，乃由祖宗积德所生，增光门户，正在于彼。虽或生于窘迫之家，而衣食不给，不能自立，在我亦当委曲处分，资其诵读，他日有成，则吾之祖宗因之益显矣。”[②]绩溪南关许氏《家训》规定：“如果子弟聪明，可以读书，富厚之家自不必说。如或孤贫，在亲房及祠堂均宜帮贴，将来发达荣宗耀祖，宗族皆受其庇荫。如果一族无绅衿，非但被人轻薄，而且被人欺侮，乃祖宗之不幸也。在读书人受恩不可忘，无恩不可怨，不可恃才学而傲慢乡党，不可挟绅衿而出入衙门。如果品学都好，就不发达，一样有光门户。”[③]生于窘迫之家的子弟成为家族资助的对象，在徽州家族助学的过程中，大量的资助措施应用于徽州家训实践，并成为该地区家庭经济困难子弟得以上学、读书、业儒的措施保障。如歙县《潭渡孝里黄氏族谱》载：“生童赴试，应酌给卷赀；孝廉会试，应酌给路费；登科、登甲、入庠、入监及援例授职者，应给发花红，照例输赀。倘再有余，应于中开支修脯，敦请明师，开设蒙学，教育各堂无力读书子弟。”

读书、业儒、科第与“兴家”“旺族”具有因果关系，以至读书、业儒、科第这三个方面从一开始就不是分立的，而是一个联系的整体。正因为如此，明清时期徽州家训特别重视子弟读书、业儒、科第，提出的措施，自成体系。首先，重视方式的选择。“小成若天性，习惯如自然。身为祖父，不能教训子孙，贻他日门户之玷，岂是小

① 绩溪《积庆坊葛氏重修族谱》卷三《家训》，葛文简等纂修，明嘉靖四十四年刻本。
② 歙县《方氏族谱》卷七《家训》，方怀德等纂修，清康熙四十年刻本。
③ 绩溪《南关许氏惇叙堂宗谱》卷八《家训》，许文源等纂修，清光绪十五年木活字本。

事？但培养德性，当在少年时。平居无事，讲明孝弟、忠信、礼义、廉耻的道理，使他闻善言又戒放言、戒胡行、戒交匪类，无使体披绸绢、口厌膏粱。其有天性明敏者，令从良师习学。不然，令稍读书，计力耕田亩，毋误终身可也。”[1]其次，重视教师的选聘。“天下之本在国，国之本在家，家之本在身。格物致知，诚意正心，皆所以修身也。《易》曰：‘蒙以养正，圣功也。’家学之师，必择严毅方正者为师法。苟非其人，则童蒙何以养正哉。”[2]第三，重视学子膏火的资助。“今后凡遇族人子弟肄习举业，其聪明俊伟而迫于贫者，厚加作兴。始于五服之亲，以至于人之殷富者，每月给以灯油、笔札之类，量力而助之，委曲以处之，族之斯文又从而诱掖奖劝之，庶其人之有成，亦且有光于祖也。”[3]第四，重视升学科第的奖励。“族有初进学者，众具贺仪五钱，为衣巾之助。其进学者，二倍之，以覆一两五钱，入众；有中举者，输十五两；中进士者，输三十两。有岁贡纳粟出仕者，输银七两；有吏员出仕者，输银五两。”[4]

六、德教为先

德教，就是育德。明清时期徽州家训既重视知识的传授，也重视思想道德的培养。如绩溪《石川周氏祖训十二条》记载说：“诗书所以明圣贤之道，本不可不重。况一族子弟无论将来读书成名，即农工商贾亦须稍读书本，略知礼义……凡读书人受恩不可忘，无恩不可怨，不可恃才学而傲慢乡党，不可挟绅衿而出入衙门。如果品学都好，就不发达，一样有光门户。”[5]两者相比，后者备受关注。我们注意到，明清时期徽州家训就思想道德的培养问题有一系列的论述，如歙县《周氏宗规》记载说：“积书以遗子孙，子孙未必能读；积金以遗子孙，子孙未必能守。不如积阴德于冥冥之中，以为子孙长久之

---

① 祁门《平阳汪氏族谱》卷首《家规》，汪大樽等纂修，清同治七年木活字本。

② 绩溪《程里程叙伦堂世谱》卷十二《家范》，程敬忠纂修，民国二十九年叙伦堂铅印本。

③ 《重修古歙东门许氏宗谱》卷八《家规》，许登瀛纂修，清乾隆十年刻本。

④ 休宁《茗洲吴氏家记》卷七《家典记》，吴子玉编修，明万历十九年写本。

⑤ 绩溪《仙石周氏宗谱》卷二《石川周氏祖训十二条》，周善鼎等纂修，清宣统三年善述堂木活字本。

计。诚哉，言也！凡我族人，务行方便，广积阴功。”[①]显然，明清时期徽州家训重视知识传授的同时，更重视思想道德的培养。

休宁《宣仁王氏族谱·宗规》记载：“今俗教子弟者何如？上者教之作文，取科第功名止矣！功名之上，道德未教也；次者教之杂字柬笺，以便商贾书记；下者教之状词活套，以为他日刁滑之地。是虽教之，实害之矣。”[②]从中可以看出明清时期徽州家训中教训子孙最关键的问题在于“思想道德的培养”。这种家训思想有着深厚的中国传统家训文化渊源。孔子讲：“行（德行）有余力，则以学文。”[③]《朱子语类》记载朱熹曾说：“学，本以修德。古之学者，维务善德，其他则不学。”明清时期徽州家训对这一思想不仅做了较为全面的阐述，而且做了明确、具体的内容安排。这种安排被分成两类，第一类是伦理道德规范，第二类是生活行为规范。例如，绩溪《仙石周氏祖训》，分为明伦理、孝父母、敬祖宗、重诗书、正闺门、睦宗族、务正业、早完粮、息争讼、杜邪风、积阴功、择交友，其中既有伦理道德的表述，又有生活行为的要求。徽州其他家训大多如此，均以极大的篇幅列出了伦理道德和生活行为规范。

明清时期徽州家训中的伦理道德和生活行为规范，从“教”的角度，还可分为两条：一是教会家人、族人做人的道理，二是教会家人、族人做事的方法。明清时期徽州家训重视做人道理的阐述，如绩溪《石川周氏祖训十二条》，开篇就是“明伦理”，指出“我周氏祖宗教训子孙做人的道理，人与禽兽不同，皆因人有伦理，禽兽无伦理耳。宇宙中的人富贵贫贱不齐，而惟读书人贵重，只因他知道伦理……一切事都照本心做去，便是一个好人，与读书人一样。假如儒生满口诗书，而做事不存本心，反不如农夫了。天地中间的人都是五伦中间的人……我子孙、男妇、大小肯依伦理做事，便是个好人”[④]。

① 歙县《周氏族谱》卷九《周氏宗规》，周德炽总修，周德灿等纂修，民国二十九年六顺堂木活字本。

② 休宁《宣仁王氏族谱·宗规》，王宗本纂修，明万历三十八年刻本。

③ 喻本伐，熊贤君：《中国教育发展史》，华中师范大学出版社1991年版，第63页。

④ 绩溪《仙石周氏宗谱》卷二《石川周氏祖训十二条》，周善鼎等纂修，清宣统三年善述堂木活字本。

明清时期徽州家训也重视做事方法的讲解，几乎都有这方面的剖析，如李绿园的《家训谆言》，通过大量的生活行为的训条，讲清了“读书做人”的道理：“凡办事者，曰才，曰智。智者，识见之谓也；才者，本领之谓也。予谓认得‘谨慎小心’四字，才谓之真识见；把住‘谨慎小心’四字，才谓之真本领。”[①]“试思圣贤言孝、言悌、言齐家、言治国，是教人徒知此理乎？抑教人实做其事乎？”[②]不难看出，“教会家人、族人做人的道理”与“教会家人、族人做事的方法”在明清时期徽州家训中是相互依存、互相渗透的。

七、严而有度

明清时期徽州家训对子孙的要求非常严格，无一例外。以绩溪《东关冯氏家谱》卷首《祖训》为代表的家训重视“训诫”。根据该家训的“训诫”定律，如果要使家庭、家族兴旺发达，就必须保证家族子弟皆好。要做到这一点，家庭、家族就要将“训子弟”常态化、制度化。此处的“训子弟”就是：“凡为父兄者，务须严约束，谨关防，毋许偷惰习馋，毋许亲近恶少，毋许性狂气傲，毋许游荡嬉戏。稍识字义，即宜以《小学》《呻吟语》《五总［种］遗规》及《先哲格言》等书，常常与之观看。弹词、小说最坏心术，切勿令其入目，见即立刻焚毁，勿留祸根。”[③]以休宁《茗洲吴氏家典》为代表的家训则进一步明确了家庭、家族中的家训是如何“禁戒”的。该家训要求子孙孝顺父母、友爱兄弟、和睦宗族、遵礼崇德、强学厉行、节俭持家、谨守名分、勤于生业，规定子孙不得赌博、不得偷盗、不得迷信、不得游惰、不得争讼、不得忤逆、不得淫荡，否则，惩罚不可避免，或痛箠之，或放绝之，或于祭祀除其胙，或于宗谱削其名。这两种不同倾向的家训，可名为训诫式家训和禁戒式家训。两者虽然倾向不同，但在取向和视角上并无不同，都是望子成龙，望女成凤，二者可以互为补充，相得益彰。徽州的家长、族长注意到了这个问题并做了积极的

① 陆林：《中华家训》，安徽人民出版社2000年版，第474页。
② 陆林：《中华家训》，安徽人民出版社2000年版，第470页。
③ 绩溪《东关冯氏家谱》卷首《祖训》，冯景坡、冯景坊纂修，清光绪二十九年木活字本。

探索，结果是，很多家训既有训诫式的要求，又有禁戒式的规定。以祁门文堂陈氏《文堂乡约家法》为例，该家法“惟以劝善习礼为重”，要求子孙遵守乡约家法，不挟仇报复，不假公言私，不玩亵圣谕，不忤犯父母，否则“定依条款罚赎”。

对子孙、族中子弟严格要求，严格管理，是家长、族长的基本职责之一，也是家长和族长爱护、关心子孙和族中子弟的一个重要方面。当然，严格要求要为家人所接受，就必须做到适度。这里有个对度的把握问题。通过对明清时期徽州家训进行分析，我们得出一个深刻的认识，即明清时期徽州家训对家人、族人要求严格，但并不苛刻。以“教家”为例，明清时期徽州家训坚持实施针对性、训导式“教家”，一方面，注重“教家”对象的全覆盖，各项“教家”规定做到要求到人；另一方面，重视穷究“教家”之理，真正针对“教家”的需要，并区分不同人的不同需要。如绩溪《鱼川耿氏祖训》：“父慈子孝，兄友弟恭。纵到极尽处，只是合当如此，著不得一毫感激、居功念头。如施者视为德，受者视为恩，便是路人，便成市道矣。”“父之于子，惟当教以道。谚曰：‘孔子家儿不识骂，曾子家儿不识斗。’习于善，则善也。”“父子、弟兄、夫妇，人伦之大，一家之中，惟此三亲而已，不可稍有乖张。父子尤其本也，一处乖张，即处处乖张，安有缺于此而全于彼者。”“孩提之童，无不知爱其亲。及其长也，无不知敬其兄。可知孝亲悌长，是天性中事，不是有知有不知、有能有不能者也。”

应当承认，明清时期徽州家训对女子的贞节要求是苛刻的，但这并不影响我们对明清时期徽州家训的整体感觉。因为从总体上看，明清时期徽州家训做到了严格适度。第一，明清时期徽州家训提出的要求有很多是合理的。在明清时期徽州家训中，不难找到家长对家人、族长对族人提出的要求，这些要求涉及多方面的内容，如人生理想、道德信念、品德修养、做人准则、行为规范等。把明清时期徽州家训中涉及的这些要求进行对照，可以看到它们之间几乎是相同的。这也说明各家对家人、各族对族人的要求所碰到的问题是基本一致的，不同的只是处理这些问题时的态度、思路和具体措施。无论是涉及重大

的原则性问题和方向性问题，还是生活中的具体问题，相互之间都存在内在逻辑关联性，所起作用都是引导和约束，促使家人、族人全面发展，实现家长、族长所期望的目标。

第二，明清时期徽州家训涉及的内容大多是现实的。明清时期徽州家训涉及的内容很多，除了一些重大的原则性和方向性问题以外，更多的都是生活和学习中的具体问题。诸如："交游之间，尤当审择，虽是同学，亦不可无亲疏之辨，此皆当请于先生。""见人嘉善行，则敬慕而录纪之，见人好文字胜己者，则借来熟看或传录之而咨问之，思与之齐而后已。"[①]"渠之言，一一谨守之，不可一毫违之，按渠之言而力行之，永永无失。""每日早起晏眠，除登厕外，莫妄出一步，并与人闲说一句，惹是非。"[②]这些内容大多是现实的，也是能够做到的，所以能够为家人、族人所接受。

第三，明清时期徽州家训进行的惩罚是慎重的。明清时期徽州家训大多具有"教"的特点，进行的惩罚多是在屡教不改的情况下进行的。如歙县《潭渡孝里黄氏族谱》规定："卑幼不得抵抗尊长，其有出言不逊、制行悖戾者，会众诲之。诲之不悛，则惩之。"[③]祁门文堂陈氏《文堂乡约家法》也规定："有过者，初会姑容，以后仍不悛者，书之……如更不服，遵廖侯批谕，家长送究。"徽州其他家训大多有类似的规定。这些规定非常清楚地表明，明清时期徽州家训即使是进行惩罚，也是以教为先的，所做的惩罚"诚不得已也"[④]。

第二节　明清时期徽州家训的局限

明清时期徽州家训实践，既积累了丰富的经验，又留下了覆于其上的历史尘埃。我们在明清时期徽州家训研究中发现，中国传统家训的封建性、宗族性、保守性、不平等性等特性，不仅在明清时期徽州

① 朱熹：《与长子受子》，载翟博：《中国家训经典》，海南出版社2002年版，第435页。
② 陆林：《中华家训大观》，安徽人民出版社1994年版，第366页。
③ 歙县《潭渡孝里黄氏族谱》卷四《家训》，黄臣槐等修纂，清雍正九年刻本。
④ 颜之推：《颜氏家训·教子》，载翟博：《中国家训经典》，海南出版社2002年版，第125页。

家训中有着丰富的表现，而且作为一种观念内化于徽州家庭、家族成员心中。该结论可以从明清时期徽州家训的封建性、宗族性、保守性、不平等性四个方面去解释。

一、封建性

对于这一点，中国传统家训中有明显的体现。中国传统家训有维护封建制度、封建礼教的传统，苏洵的《安乐铭》记载说："人禀天地正气，原为万物之灵。家齐而后国治，正己始可修身。圣贤千言万语，无非纲纪人伦。"薛瑄的《戒子书》记载称："人之所以异于禽兽者，伦理而已。何谓伦？父子、君臣、夫妇、长幼、朋友，五者之伦序，是也。何谓理？即父子有亲，君臣有义，夫妇有别，长幼有序，朋友有信，五者之天理，是也。于伦理明而且尽，始得称为人之名。苟伦理一失，虽具人之形，其实与禽兽何异哉……圣贤所谓父子当亲，吾则于父子求所以尽其亲；圣贤所谓君臣当义，吾则于君臣求所以尽其义；圣贤所谓夫妇有别，吾则于夫妇思所以有其别；圣贤所谓长幼有序，吾则于长幼思所以有其序；圣贤所谓朋友有信，吾则于朋友思所以有其信。于此五者，无一而不致其精微曲折之详，则日用身心，自不外乎伦理。"[①]

中国传统家训维护封建制度、封建礼教的传统，在徽州得到延续。明清时期徽州家训无不体现中国传统家训中封建因素的影响，体现在片面要求卑幼服从尊长，宣扬明哲保身的处世哲学，倡导男尊女卑、男女有别观念。前者如黟县《鹤山李氏宗谱》卷末《家典》："卑幼不得抵抗尊长，其有出言不逊、制行悖戾者，姑诲之。诲之不悛，则众叱之。"[②]中者如李绿园的《家训谆言》："戒多言。古人云：'看来招灾惹祸，言语占了八分。'幼时也谓此老生常谈耳，今阅历既久，始知其为不易之论。"[③]后者如《古歙义成朱氏宗谱》卷首《祖训十二则》："'家人'之象曰：'男正位乎外，女正位乎内。'位分内外，若

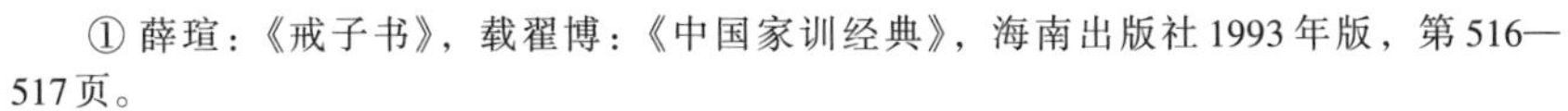

① 薛瑄：《戒子书》，载翟博：《中国家训经典》，海南出版社1993年版，第516—517页。

② 黟县《鹤山李氏宗谱》卷末《家典》，李世禄纂修，民国六年活字本。

③ 陆林：《中华家训》，安徽人民出版社2000年版，第472页。

不两安乎内外之位，不得谓正……所以夫妇一伦，必有别也。”[①]

明清时期徽州家训或为维护封建制度服务，或为维护封建社会秩序服务，或为维护封建礼教服务，成为维护封建专制制度和封建礼教的工具。这种工具的内在要素决定了其在家训实践过程中的强制作用。从这个意义说，徽州家训是一种具有强制性的外部力量，家人、族人如违反封建秩序、违背封建礼教、顶撞封建制度，就要受到严惩。如歙县方氏家族：“族内有父纲不整，不能制其妇，与妇悍戾不受制于夫者，族长当申明家规以正之，其有不孝舅姑及帷薄不修玷及门户者屏之出族，不与之齿。”[②]新安柯氏家族：“礼始于谨夫妇、别男女，若有不肖子孙不守礼制，丞淫荒乱败坏人伦，此系禽兽之行，家门大不幸也。无论服制轻重有无，凡当场捉获者，不问男女，悉行斥革出祠。与奴仆通奸者亦如之。若妇与外人私奸，查有实据者，当废出之。如其夫溺爱不能裁以义者，是无廉耻之心，应一并斥逐出祠。”[③]绩溪宅坦龙井胡氏家族：“下不干上，贱不替贵，古之例也。然间有主弱仆强、主懦仆悍者，逞其忿戾，不顾统尊。或至骂詈相加，甚且拳掌殴辱……族下如有此婢仆，投明祠首，祠首即唤入祠内，重责示惩，仍令其叩首谢罪。”[④]

二、宗族性

明清时期徽州家训是在这个时期徽州宗族社会背景中产生的，是徽州宗族在本族范围内维护宗族根本利益的制度和规范。这意味着明清时期徽州家训的实现形式是以宗族为核心、满足宗族的需要展开的。

其一，明清时期徽州家训的主要目的，是族内尊长从维护宗族利益的角度确定的。即是说，明清时期徽州家训的主要目的是为了维护宗族的利益，巩固宗族的统治，促进宗族的兴旺发达。如黟县环山

① 《古歙义成朱氏宗谱》卷首《祖训十二则》，汪掬如等纂修，清宣统三年存仁堂木活字本。

② 歙县《方氏宗谱》卷一《家规》，方远富纂修，明隆庆六年刻本。

③ 新安《柯氏宗谱》卷二十四《规训》，胡祥木等纂修，民国十四年汤乙照斋刻本。

④ 绩溪《明经胡氏龙井派宗谱》卷首《明经胡氏龙井派祠规》，胡宝铎、胡宣铎纂修，民国十年木活字本。

《余氏家规》记载称："吾族列祖所订《家规》，其大纲有十：曰严宗庙、曰省茔墓、曰重祭祀、曰正彝伦、曰崇礼教、曰辨内外、曰睦族邻、曰重输纳、曰禁游侠、曰御僮仆。其纲又别为目，计共四十三条，悬于祖庙，使子孙观览取法，亦古人规正之意。其后族丁繁衍，付之枣梨，以期传播多而谕晓易。立教垂训，既详且备。"[①]绩溪《南关许氏惇叙堂宗谱》记载称："家训所以济圣训之所不及也。盖六经惟读书人知之，至愚夫愚妇，不读诗书，若无家训，则全不知伦理，此风俗所以坏也。故家训必须粗言俗语，妇孺皆知。又必每年春分、冬至祭祖以后宣讲一次。其有关风俗非浅，后世子孙慎勿视为具文，庶男女皆知向善，而我后克昌矣。"[②]

其二，明清时期徽州家训所处理的事务，包括家庭事务和宗族事务。在宗族制度极度强盛的徽州社会里，由于家庭是宗族的细胞，几乎所有的宗族对族内各家庭的事务都要进行干预，致使明清时期徽州家训所处理的事务都是为了满足宗族的需要。即使济贫救灾，也是从宗族的需要出发，救济的对象是族内需要救济的家庭。如休宁《茗洲吴氏家典》卷一《家规十八条》规定："族内贫穷孤寡，实堪怜悯，而祠贮绵薄，不能周恤，赖族彦维佐，输租四佰，当依条议，每岁一给。顾仁孝之念，人所同具。或贾有余财，或禄有余资，尚祈量力多寡输入，俾族众尽沾嘉惠，以成巨观。"类似的家训规定显然带有强烈的宗族狭隘色彩。

其三，明清时期徽州家训所进行的重要活动，如圣谕宣讲、族规家法宣讲等活动，几乎都是在宗族祠堂进行的。例如，祁门文堂陈氏《文堂乡约家法》重视"圣谕"的宣讲，"会日，管会之家先期设圣谕牌位于堂上，设香案于庭中，同约人如期毕至。升堂，端肃班立。东西相向，如坐图。赞者唱，排班以次北面序立。班齐，宣《圣谕》。司讲出位，南面朗宣。太祖高皇帝《圣谕》：孝顺父母，尊敬长上，和睦乡里，教训子孙，各安生理，毋作非为。宣毕，退，就位。赞者

① 《古黟环山余氏宗谱》卷一《余氏家规》，余攀荣总纂，余旭昇修，民国六年木活字本。

② 绩溪《南关许氏惇叙堂宗谱》卷八《家训》，许文源等纂修，清光绪十五年木活字本。

唱，鞠躬拜，兴，凡五拜。三叩头，平身。分班，少者出排班……圆揖，各就坐，坐定。歌生进班，依次序立庭中或阶下。揖，平身分班。分立两行……礼毕，先长者出，以次相继，鱼贯而出”[①]。休宁《茗洲吴氏家典》则重视族规家法的宣讲，“族讲定于四仲月，择日行之。先释菜，后开讲，族之长幼，俱宜赴祠肃听，不得喧哗。其塾讲有实心正学，则于朔、望日，二三同志虚心商兑体验，庶有实得”[②]。它们所要解决的同样是加强族人的宗族意识和宗族观念等问题。

明清时期徽州家训所具有的这种宗族性，是时代的产物，反映了徽州社会的要求和徽州宗族的需要，具有积极的一面，但存在的问题也是明显的。突出的表现是，加剧了家人、族人宗族认同心理和排外意识的积淀。徽州社会中存在的排外及宗族冲突，甚至械斗的现象，不能说与此无关。

三、保守性

在严密的宗法制度安排下，明清时期徽州家训的真正主体已经不是家长，也不是族长，而是一种权威。权威约束着整个家庭，更重要的是，它的权力越过家庭，指向整个家族，把族人的行为秩序化。即族人的各种行为事先都被安排，如“晨昏定省左右，侍养无方下气怡声，依依膝下庶足以娱老人。”“男无故昼不处私室，妇无故不窥中门，夜行必以烛。男仆无故不入中门，女仆无故不出中门。”[③]“幼年子弟到人前，第一要恭敬简默，即有羞涩愧郝之意，亦属不妨。若揖让娴熟，言语敏捷，便是不好的消息。”“与人并坐，不可倒身后靠，摇腿颤脚。二者既惹人生厌，亦非厚福之相。对尊长，则尤不可。”“与人言，不可夸富，不可诉贫。夸富，贱人也；诉贫，谄人也。士自有所以振拔自立者，岂必斤斤于此。”“凡人衣饰言动，不可与人故异，虽富贵时亦要恂恂；凡人心思胸襟，不可与人苟同，虽贫贱时亦要矫矫。”[④]妇女“必须安详恭敬，奉舅姑以孝，事丈夫以礼，待娣姒

① 祁门《文堂乡约家法》，陈昭祥辑，明隆庆六年刻本。
② 休宁《茗洲吴氏家典》卷一《家规八十条》，吴翟等纂修，清雍正十一年木活字本。
③ 歙县《济阳江氏宗谱·家训》，江国华、江德新纂修，明崇祯十七年刻本。
④ 陆林：《中华家训大观》，安徽人民出版社1994年版，第490—491页。

以和。无故不出中门，夜行以烛，无烛则止”。族讲“先释菜，后开讲，族之长幼，俱宜赴祠肃听，不得喧哗”[①]。祭祀“必精洁，必诚敬，否则祖宗不歆。如苟且应以故事，当事者从公声罚，毋得徇情缄默，且祖宗之灵无所不鉴，可不致慎?”[②]祖墓“盖以人之根本在是，不宜轻动耳。苟轻动之，犹植木而戕其根，欲枝叶之茂得乎？故凡所当保者，不可忽也。”[③]等。

在这种情况下，家人、族人只能按照家训的要求做人、做事，不能越雷池半步，以追求平平安安、顺顺利利、守分安命。父母有过，“不能几谏，使父母陷于不义，亦是不孝”[④]。妇女“不幸寡居”，也要“丹心铁石，白首冰霜”[⑤]。奴仆无令，不“进中堂”。妇女无事，不得“出外游”，“至于入寺赛愿并观演剧”，更是“禁绝”[⑥]。族长“总率一族，恩义相维，无不可通之情。凡我族人知所敬信，庶令推行而人莫之敢犯也”[⑦]。如此等等，表明明清时期徽州家训需要家人、族人“墨守成规”“照章办事”，而不是推陈出新。只有遵守并执行家训的各种规定，才能获得“孝子”“良民”“义夫”等称号，才能受到表彰和奖励，“如孝子顺孙、义夫节妇，或务学而荣宗，或分财而惠众，是皆祖宗之肖子，乡党之望人，族之人宜加敬礼，贫乏则周恤之，患难则扶持之，异日修谱，则立传以表扬之。”[⑧]违者，则要受到惩罚，以下资料可作佐证：(1)“拟《家法》一篇以示后人。犯者惩之，切能改者，恕焉，亦明刑弼教之意也。”[⑨](2)“忠孝节义与有功于族，及科甲显著之人，毋论辈数尊卑，当时视为榜样，后世奉作仪型，合族钦敬。此在百世不祧之列，不仅焜耀一时已也。不孝父母、不敬伯叔、不知兄弟及败坏祖产、玷辱家声与奸淫犯义等事，即邀全

① 休宁《茗洲吴氏家典》卷一《家规八十条》，吴翟等纂修，清雍正十一年木活字本。
② 祁门《窦山公家议》卷三《祠祀议》，程昌撰，程钫增补，明万历三年刻本。
③ 祁门《窦山公家议》卷二《墓茔议》，程昌撰，程钫增补，明万历三年刻本。
④ 歙县《济阳江氏宗谱·家训》，江国华、江德新纂修，明崇祯十七年刻本。
⑤ 休宁《宣仁王氏族谱·宗规》，王宗本纂修，明万历三十八年刻本。
⑥ 祁门《平阳汪氏族谱》卷首《家规》，汪大樽等纂修，清同治七年木活字本。
⑦《重修古歙东门许氏宗谱》卷八《家规》，许登瀛纂修，清乾隆十年刻本。
⑧ 绩溪《华阳邵氏宗谱》卷首《新增祠规》，邵玉琳、邵彦彬等纂修，清宣统二年叙伦堂木活字本。
⑨《馆田李氏宗谱》卷二十二《家法》，李嘉宾等纂修，清光绪三十一年木活字本。

族众，早为戒约。如实不悛，即禀官究治，或逐出不许入祠，毋令效尤，致他人沾染。”[1]从中可以看出，明清时期徽州家训缺乏创造力。

四、不平等性

明清时期徽州家训是中国传统家训的一个组成部分，具有与同一时期其他地区的家训相同的一般属性，即家庭、家族成员之间关系的不平等性。最突出的表现是父子、夫妻之间存在支配与被支配的关系，所谓“父为子纲”“夫为妻纲”。“父为子纲”“夫为妻纲”之说，均缘起于韩非子的“三顺说”：“臣事君、子事父、妻事夫，三者顺则天下治，三者逆则于下乱。此天下之常道也。”[2]明确提出的是董仲舒，他在《春秋繁露·基义》中提出：“凡物必有合……有寒必有暑，有昼必有夜，此皆其合也。阴者阳之合，妻者夫之合，子者父之合，臣者君之合。物莫无合，而合各有阴阳……君臣、父子、夫妇之义，皆与诸阴阳之道。君为阳，臣为阴，父为阳，子为阴，夫为阳，妻为阴……王道之三纲，可求于天。”而最终确立于班固编撰的《白虎通义·三纲六纪》：“三纲者，何谓也？谓君臣、父子、夫妇也……故君为臣纲、父为子纲、夫为妻纲。”南宋的朱熹则将之绝对化，他于《孟子集注》中引用李侗的言论：“舜之所以能使瞽瞍底豫者，尽事亲之道，其为子职，不见父母之非而已。昔罗仲素语此云：‘只为天下无不是底父母。’了翁闻而善之曰：‘惟如此而后天下之为父子者定。’”强调“君臣父子，定位不易，事之常也。君令臣行，父传子继，道之径也”。他的《朱子文集·劝女道还俗榜》认为“夫为妻纲”乃“三纲之首”：“盖闻人之大伦，夫妇居一，三纲之首，理不可废。”明清时期徽州家训继承并发展了这一思想，明确提出“父为子纲”“夫为妻纲”。如歙县江氏《家训》记载称：“夫妇为人伦之始，夫者妇之纲也。夫孝父母，则妇自孝舅姑，夫睦兄弟，则妇自睦妯娌。夫倡妇随，凡事类然。”[3]歙县方氏《家规》记载说：“易云：‘有夫妇然

① 《古歙义成朱氏宗谱》卷首《祠规》，汪掬如等纂修，清宣统三年存仁堂木活字本。

② 宋希仁，陈劳志，赵仁光等：《伦理学大辞典》，吉林人民出版社1989年版，第42页。

③ 歙县《济阳江氏宗谱·家训》，江国华、江德新纂修，明崇祯十七年刻本。

后有父子，有父子然后有兄弟，有兄弟然后有君臣。'是以人伦始夫妇。夫者妇之纲也，夫孝父母，则妇自孝于舅姑，夫睦兄弟则妇自睦于妯娌，盖舅姑一如父母，……犯七出中不顺父母之条当去。"

"父为子纲"强调父母的中心地位，认为父母是家训的权威，强调父权至上，父母对子女无论怎样都是对的，子女对父母只能绝对服从。正如歙县《方氏族谱》所云："人子于父母，不得不愉色婉容，以欢其情，承颜顺意，以适其志；或其惑于宠嬖，厚于庶孽，而情有不均，为之子者，但当逆来顺受而已，不敢于之较也……古人于父母之所爱者亦爱之，父母之所恶者亦恶之，正为此耳。"[①]"夫为妻纲"则强调夫妻关系中丈夫的中心地位，认为夫权至上，要求妻子绝对服从丈夫。正如歙县江氏《家训》所说："族内有夫纲不整，不能制其妇，与妇悍泼不受制于夫者，族长当申家诫以正之，其不孝舅姑及帷薄不修玷辱门户，令其夫去之，否则屏之出族。"[②]

"父为子纲""夫为妻纲"都是时代的产物，反映了当时的时代背景，但它们的弊端是显而易见的。以它们为指导思想进行家训实践，结果只能是，子女、妻子没有独立人格，只能被动服从。突出表现是：（1）父母、丈夫教训，子女、妻子被教训；（2）父母、丈夫无所不知，子女、妻子一无所知；（3）父母、丈夫制订族规家法，子女、妻子遵守族规家法；（4）父母、丈夫说一不二，子女、妻子唯命是从；（5）父母、丈夫唯我独尊，子女、妻子不敢有半点违怨。这种做法是不能处理好父母与子女、丈夫与妻子之间的对立统一关系的，只能使父母与子女、丈夫与妻子的关系绝对化。

① 歙县《方氏族谱》卷七《家训》，方怀德等纂修，清康熙四十年刻本。
② 歙县《济阳江氏宗谱·家训》，江国华、江德新纂修，明崇祯十七年刻本。

主要参考文献

［1］歙县《泽富王氏宗谱》，王仁辅等纂修，明万历元年刻本。

［2］休宁《宣仁王氏族谱》，王宗本纂修，明万历三十八年刻本。

［3］婺源《武口王氏统宗世谱》，王铣等纂修，明天启四年刻本。

［4］歙县《济阳江氏宗谱》，江国华、江德新纂修，明崇祯十七年刻本。

［5］歙县《潭渡孝里黄氏族谱》，黄臣槐等修纂，清雍正九年刻本。

［6］休宁《茗洲吴氏家典》，吴翟等纂修，清雍正十一年木活字本。

［7］祁门《锦营郑氏宗谱》，郑道选修，清道光元年刻本。

［8］祁门《平阳汪氏族谱》，汪大樽等纂修，清同治七年木活字本。

［9］歙县《仙源吴氏家谱》，吴永凤等纂修，清光绪五年木活字本。

［10］绩溪《南关惇叙堂宗谱》，许文源等纂修，清光绪十五年木活字本。

［11］绩溪《姚氏宗谱》，姚士童等纂修，清光绪十六年叙伦堂木活字本。

［12］绩溪《华阳邵氏宗谱》，邵玉琳、邵彦彬等纂修，清宣统二年叙伦堂木活字本。

［13］绩溪《仙石周氏宗谱》，周善鼎等纂修，清宣统三年善述堂木活字本。

［14］黟县《鹤山李氏宗谱》，李世禄纂修，民国六年活字本。

［15］绩溪《明经胡氏龙井派宗谱》，胡宝铎、胡宣铎纂修，民国

十年木活字本。

［16］袁采：《袁氏世范》，中华书局1985年版。

［17］张海鹏，王廷元：《明清徽商资料选编》，黄山书社1985年版。

［18］张文立：《宋明理学研究》，中国人民大学出版社1985年版。

［19］宋希仁，陈劳志，赵仁光等：《伦理学大辞典》，吉林人民出版社1989年版。

［20］张岱年：《中国伦理思想研究》，上海人民出版社1989年版。

［21］喻本伐、熊贤君：《中国教育发展史》，华中师范大学出版社1991年版。

［22］翟博：《中国家训经典》，海南出版社1993年版。

［23］陆林：《中华家训大观》，安徽人民出版社1994年版。

［24］张海鹏，王廷元：《徽商研究》，安徽人民出版社1995年版。

［25］周秀才，王若，李晓菲等：《中国历代家训大观》，大连出版社1997年版。

［26］吴寿宜：《黄山楹联》，黄山书社1997年版。

［27］李军：《教育学志》，上海人民出版社1998年版。

［28］李秀忠，曹文明：《名人家训》，山东友谊出版社1998年版。

［29］承载：《春秋穀梁传译注》，上海古籍出版社1999年版。

［30］唐力行：《明清以来徽州区域社会经济研究》，安徽大学出版社1999年版。

［31］包东坡：《中国历代名人家训荟萃》，安徽文艺出版社2000年版。

［32］崔高维：《礼记》，辽宁教育出版社2000年版。

［33］郭齐家，王炳照：《中国教育史研究》（宋元分卷），华东师范大学出版社2000年版。

［34］许承尧：《歙事闲谭》，黄山书社2001年版。

［35］喻岳衡：《历代名人家训》，岳麓书社2001年版。

［36］陈瑞，方英：《十户之村不废诵读：徽州古书院》，辽宁人民出版社2002年版。

［37］费成康：《中国的家法族规》，上海社会科学院出版社2002年版。

［38］潘富恩，徐洪兴：《中国理学》（四），东方出版中心2002年版。

［39］徐建华：《中国的家谱》，百花文艺出版社2002年版。

［40］李琳琦：《徽商与明清徽州教育》，湖北教育出版社2003年版。

［41］徐少锦，陈延斌：《中国家训史》，陕西人民出版社2003年版。

［42］卞利：《明清徽州社会研究》，安徽大学出版社2004年版。

［43］程敏政辑撰；何庆善，于石点校：《新安文献志》，黄山书社2004年版。

［44］戴廷明，程尚宽撰；朱万曙，王平，何庆善等校点：《新安名族志》，黄山书社2004年版。

［45］黄山市徽州文化研究院编：《徽州文化研究》第二辑，安徽人民出版社2004年版。

［46］叶显恩：《徽州与粤海论稿》，安徽大学出版社2004年版。

［47］赵华富：《徽州宗族研究》，安徽大学出版社2004年版。

［48］王廷元，王世华：《徽商》，安徽人民出版社2005年版。

［49］王长金：《传统家训思想通论》，吉林人民出版社2006年版。

［50］孟子著；顾长安整理：《孟子》，万卷出版公司2009年版。

［51］王世华：《徽商家风》，安徽师范大学出版社2014年版。

［52］陈宏谋：《五种遗规》，线装书局2015年版。

后　　记

我于2004年开始在安徽师范大学历史与社会学院中国古代史专业攻读博士学位，2007年毕业并获得历史学博士学位。这期间徽州家训研究受到学术界的广泛关注，一些徽学研究者认为徽州蒙学的发达、徽州家风的传承、徽俗的形成、儒学在徽州的普及、徽州宗族制度的强化、徽州世家大族的辉煌、徽商的兴盛与宋元明清时期徽州家训的成功实践不无关系。受到这些研究的启发，我对宋元明清时期的徽州家训进行了研究，以期引出有意义的话题，引起学界更多的关注。

提起我与宋元明清时期徽州家训研究的结缘，首先要感谢的是我的恩师王世华教授。2005年元月，为博士学位论文的选题，我到王老师的办公室，求教于王老师。王老师分析了我从事徽学研究的优势与劣势，建议我扬长避短，在徽州社会教化上做文章。受到王老师建议的启发，我将博士论文的题目确定为：徽州传统家训研究。

我的博士论文写作得到了南京大学的范金民教授，安徽大学的卞利教授，安徽师范大学历史与社会学院的裘士京、李琳琦、周晓光等教授的指导和帮助。他们始终关心我的学业进步，在家训资料的查找、研究文献的阅读、开题报告的撰写、论文质量的把关、毕业论文的修改等方面，给予极大的鼓励和支持。

我能如期完成博士论文写作，还得益于师兄、师弟的关心与支持。黄山学院图书馆向我开放了馆藏的徽州家谱和文书，方春生、吴伟逸等师兄为我提供了获取徽州家训资料的便利。刘道胜、梁仁志、陈敬宇、董家魁等博士利用各种机会帮助我查找收集相关书籍、报刊资料。所有这些，对我完成博士论文的写作，无疑都是重要的。

2007年博士毕业后至今，我一直在安徽师范大学从事党政管理工作，进行思想政治教育研究和青年社会学研究，本应早该完成的博士

论文修改、出版却被忽略、拖延。直至2017年，安徽师范大学出版社有出版我的博士论文选题意向时，我才回到博士论文的修改中来。很感谢王世华、房列曙、张奇才、徐彬等教授的鼓励与鞭策，使我能够把博士论文修改出来，给我的博士论文写作画上了一个句号。

本书是依据我的博士论文修改而成，参阅和吸收了朱为民、高文娟相关研究成果，由于它主要涉及明清时期徽州家训问题，故取书名为《明清徽州家训研究》，亦有将它作为深化徽州传统家训研究之意趣。需要说明三点：一是明代和清代的徽州家训既相互联系，也相互区别。为便于研究，聚焦问题，本书主要围绕明清两代徽州家训的共同之处讨论明清时期徽州家训问题。二是明清时期的徽州家训内容丰富、范围广泛、数量颇多。笔者尽量按照分类来收集与研究有关的徽州家训资料，但收集到的徽州家训资料并非全面、完整，这可能会影响明清时期徽州家训的研究。三是虽然试图将明清时期的徽州家训放在大徽州的空间背景下进行考察，但本书所用的明清时期徽州家训资料大多形成于明清时期的徽州。考虑到目前尚无学者对明清时期徽州家训进行专门研究，故不揣浅陋成书，不当之处，尚祈求方家赐教。